新形态计算机专业系列规划教材

数据库系统原理

◎主　编 万亚平　刘征海
◎副主编 肖建田　成国栋

大连理工大学出版社
Dalian University of Technology Press

图书在版编目(CIP)数据

数据库系统原理 / 万亚平，刘征海主编． -- 大连 ：大连理工大学出版社，2024.1(2025.1 重印)
新形态计算机专业系列规划教材
ISBN 978-7-5685-4382-8

Ⅰ．①数… Ⅱ．①万… ②刘… Ⅲ．①数据库系统—教材 Ⅳ．①TP311.13

中国国家版本馆 CIP 数据核字(2023)第 102856 号

SHUJUKU XITONG YUANLI

大连理工大学出版社出版
地址:大连市软件园路 80 号　邮政编码:116023
营销中心:0411-84707410　84708842　邮购及零售:0411-84706041
E-mail:dutp@dutp.cn　URL:https://www.dutp.cn
大连图腾彩色印刷有限公司印刷　　大连理工大学出版社发行

幅面尺寸:185mm×260mm　印张:17.25　字数:417 千字
2024 年 1 月第 1 版　2025 年 1 月第 3 次印刷

责任编辑:孙兴乐　责任校对:齐　欣
封面设计:奇景创意

ISBN 978-7-5685-4382-8　定　价:56.80 元

新形态计算机专业系列
规划教材编审委员会

前言

《数据库系统原理》是新形态计算机专业系列规划教材编审委员会组编的计算机类课程规划教材之一。

数据库技术是计算机科学中一个非常重要的部分，已成为计算机信息管理系统及其应用系统的核心技术和重要基础，是计算机科学与技术、软件工程等相关专业学生必需学习和掌握的技术之一。

数据库技术是20世纪60年代末发展起来的一种数据管理技术。它的出现标志着以应用程序管理数据、数据无法共享等为特点的传统管理数据阶段的结束。经过几十年的发展，数据库技术已经建立起一套较为完整的理论体系。

随着移动通信、物联网、云计算、大数据等新技术的发展，信息技术深刻地改变着人类的思维、生产、生活、学习方式，与之相关的计算思维成为人们认识和解决问题的基本能力之一。我们将计算思维的训练融入数据库原理的教学当中，对课程体系结构进行了重构，形成数据库知识体系及与其对应的计算思维核心概念对照表。

本教材具有如下特色：

• 从数据库基础理论、数据库设计、数据库发展、数据库实践等方面阐述了数据库技术的应用体系，并选用SQL Server 2019作为数据库管理系统，其应用范围广泛且功能完善、操作界面友好。

• 将计算思维核心概念融入数据库原理的知识体系之中，使学生能够更好地掌握数据库的基本概念、数据库开发及编程技术，能够熟练运用数据库技术开发和管理数据库系统，提高学生的实际应用能力及创新能力。

• 根据教材内容，在智慧树平台建设了线上课程，提供了与教材内容配套的讲解视频、习题、单元测试等在线教学资源。

• 深入推进党的二十大精神融入教材，充分认识党的二十大报告提出的“实施科教兴国战略，强化现代人才建设支撑”精神，落实“加强教材建设和管理”新要求，在教材中加入思政元素，紧扣二十大精神，围绕专业育人目标，结合课程特点，注重知识传授、能力培养与价值塑造的统一。

• 为响应二十大精神，推进教育数字化，建设全民终身学习的学习型社会、学习型大国，及时丰富和更新了数字化微课资源，以二维码形式融合纸质教材，使得教材更具及时性、内容的丰富性和环境的可交互性等特征，使读者学习时更轻松、更有趣味，促进了碎片化学习，提高了学习效果和效率。

本教材由12个章节组成，具体内容如下：

第1章对数据库的基本概念、数据库系统的体系结构等内容进行了探讨。

第2章对数据模型的概念、组成、常用数据模型进行了介绍。

第 3 章重点讲解了关系数据模型以及关系代数。

第 4 章从 SQL 语言的发展、SQL 支持的数据类型出发，全面讲解了 SQL 语言的定义、操纵、查询和控制功能。

第 5 章从实例出发介绍了查询处理的过程以及查询优化的常用方法。

第 6 章对数据库的物理存储介质、文件组织方式以及索引等进行了详细分析。

第 7 章对数据库的安全性、完整性、并发控制和恢复等数据保护技术进行了深入分析。

第 8 章介绍了实体-联系模型及其表达形式。

第 9 章主要讨论了数据库规范化理论中的函数依赖、关系模式的规范化以及关系模式的分解，为数据库设计打下基础。

第 10 章重点讲述了数据库设计的概念模型设计、逻辑模型设计以及物理结构设计的方法和步骤。

第 11 章全面介绍了 T-SQL 高级编程，包括游标的使用、存储过程和触发器的编写。

第 12 章通过对学生信息管理系统案例的分析、设计以及实现，将基础知识融入实践中。

本教材由南华大学万亚平、刘征海任主编，南华大学肖建田、成国栋任副主编。具体编写分工如下：万亚平编写了第 1 章至第 3 章、第 6 章、第 8 章，刘征海编写了第 4 章、第 5 章、第 9 章、第 10 章、第 12 章，肖建田编写了第 7 章，成国栋编写了第 11 章。

在编写本教材的过程中，编者参考、引用和改编了国内外出版物中的相关资料以及网络资源，在此表示深深的谢意！相关著作权人看到本教材后，请与出版社联系，出版社将按照相关法律的规定支付稿酬。

限于水平，书中仍有疏漏和不妥之处，敬请专家和读者批评指正，以使教材日臻完善。

编　者

2024 年 1 月

所有意见和建议请发往：dutpbk@163.com

欢迎访问高教数字化服务平台：https://www.dutp.cn/hep/

联系电话：0411-84708445　84708462

目录

第1章 数据库

数据库是管理数据的一种技术，是信息世界的基础之一。现在数据库技术已经被广泛应用到日常生活中的方方面面。本章首先介绍数据管理技术发展的过程，然后介绍使用数据库技术管理数据的特点和好处。

1.1 数据库概述

概述

我们生活在一个充满想象和希望的信息世界，信息不仅仅围绕着我们的日常生活，信息也成为企业的重要财富和资源。数据库就是信息世界的基础之一。

数据库对大家来说，可能是既陌生又熟悉的一个概念。陌生是因为它一般会藏在背后，不会让人轻易地看到它，熟悉是因为我们天天在使用它。其实数据库和大家的生活、学习、工作是息息相关的。

那么就来看一看我们日常生活中无处不在的数据库吧！

你是怎样来到学校的？有同学是坐火车来的；有同学是坐汽车来的；有同学是坐飞机来的；还有些同学是家长自驾来的。

无论你乘坐什么样的公共交通工具都需要订票系统为大家提供服务，自驾的家长也需要高速公路的收费系统为其提供服务。

到学校之后，大家需要采购一些日常用品和学习用品，这时候就需要使用超市的收银系统、支付宝等支付系统。

安顿下来之后就要开始学习了，这时候就需要使用教务系统进行选课，查看自己的课表，查询自己的成绩，使用智慧树、学习通等学习平台进行自主的学习。

学习之余，还需要和亲朋好友联络感情，增进了解。这时候需要使用通过 QQ、微信等即时通信软件。

肚子饿了，就需要到食堂就餐，或者点外卖，这时候就需要使用学校的一卡通系统进行消费，或者使用美团等城市生活服务类软件。

上面所提到的所有软件或系统都是因为有强大的数据库为它们提供支撑，它们才能很好地为我们提供各种服务。

数据库是数据管理的最新技术，其主要研究内容是如何对数据进行科学的管理，以提供可共享、安全、可靠的数据。数据库技术一般包含数据管理和数据处理两部分。

数据库系统本质上是一个用计算机存储数据的系统，数据库本身可以看作是一个电子文件柜，但它的功能不仅仅只是保存数据，而且还提供了对数据进行各种管理和处理的功能，比如安全管理、数据共享管理、数据查询处理等。

本章将介绍数据库的基本概念，包括数据管理的发展过程、数据库系统的组成等。读者可从本章了解为什么要学习数据库技术，并为后续章节的学习做好准备。

基本概念

1.2 基本概念

在系统介绍数据库技术之前，首先介绍数据库中最常用的一些术语和基本概念。

结绳记事是在文字发明之前，古人用粗细不同的绳子和大小不同的节表示不同的事物。结绳其实就是最古老的数据。

1. 数据(Data)

数据是数据库中存储的基本对象。早期的计算机系统主要应用于科学计算领域，处理的数据基本是数值型数据，因此数据在人们头脑中的直觉反应就是数字，但数字只是数据的一种最简单的形式，是对数据的传统和狭义的理解。目前计算机的应用范围已十分广泛，因此数据种类也更加丰富，如文本、图形、图像、音频、视频、商品销售情况等都是数据。

我们可以把数据定义为描述事物的一种符号记录。描述事物的符号在远古就是结绳，在现代就是你在纸上写的一个字，或者在计算机当中存储的一条销售记录。也可以是文字、图形、图像、声音、语言等，数据有多种表现形式，它们都可以经过数字化后保存在计算机中。

数据的表现形式并不一定能完全表达其内容，有些还需要经过解释才能明确其表达的含义，比如 20，当解释其代表人的年龄时就是 20 岁；当解释其代表商品价格时，就是 20 元。因此，数据和数据的解释是不可分的。数据的解释是对数据语义的说明，数据的含义称为数据的语义。因此数据和数据的语义是不可分的。

在日常生活中，人们一般直接用自然语言来描述事物，例如描述一门课程的信息：数据库原理 A，3 个学分，第 4 学期开设。但在计算机中经常按如下形式描述：

(数据库原理 A，3，4)

即把课程名、学分、开课学期信息组织在一起，形成一个记录，这个记录就是描述课程的数据，这样的数据是有结构的。记录是计算机表示和存储数据的一种格式或方法。

2. 数据库(Database，DB)

数据库，顾名思义，就是存放数据的仓库，只是这个仓库是存储在计算机存储设备上的，而且是按照一定的格式存储的。

人们在收集并抽取出一个应用所需要的大量数据之后，希望将这些数据保存起来，以供进一步从中得到有价值的信息，并进行相应的加工和处理。在科学技术飞速发展的今天，人们对数据的需求越来越多，数据量也越来越大。最早人们把数据存放在文件柜里，现在人们可以借助计算机和数据库技术来科学地保存和管理大量的复杂数据，以便能方便而充分地利用宝贵的数据资源。

严格地讲，数据库是长期存储在计算机中的有组织的、可共享的、大量数据的集合。数据库中的数据按一定数据模型组织、描述和存储，具有较小的数据冗余、较高的数据独立性和易扩展性，并可为多种用户共享。

总的来说，数据库数据具有永久存储、有组织和可共享三个基本特点。

3. 数据库管理系统(Database Management System，DBMS)

数据库管理系统要完成的任务是如何科学有效地组织和存储数据，如何从大量的数据中快速地获得所需的数据以及如何对数据进行维护。数据库管理系统是一个专门用于实现对数据进行管理和维护的系统软件。

数据库管理系统位于开发工具与操作系统之间，如图 1-1 所示。数据库管理系统与操作系统一样都是计算机的基础软件，同时也是一个非常复杂的大型系统软件，其主要功能包括以下几个方面：

图 1-1 数据库管理系统在计算机系统中的位置

(1)数据库的建立与维护功能

数据库的建立与维护功能包括创建数据库及对数据库空间的维护，数据库的转储与恢复功能，数据库的重组功能，数据库的性能监视与调整功能等。这些功能一般是通过数据库管理系统中提供的一些实用工具实现的。

(2)数据定义功能

数据定义功能包括定义数据库中的对象，如表、视图、存储过程等。这些功能的实现一般是通过数据库管理系统提供的数据定义语言(Data Definition Language，DDL)来实现的。

(3)数据组织、存储和管理功能

为提高数据的存取效率，数据库管理系统需要对数据进行分类存储和管理。数据库中的数据包括数据字典、用户数据和存取路径数据等。数据库管理系统要确定这些数据的存储结构、存取方式、存储位置，以及如何实现数据之间的关联。确定数据的组织和存储的主要目的是提高存储空间利用率和存取效率。一般的数据库管理系统都会根据数据的具体组织和存储方式提供多种数据存取方法，如索引查找、Hash 查找、顺序查找等。

(4)数据操作功能

数据操作功能包括对数据库数据的查询、插入、删除和更改操作，这些操作一般是通过数据库管理系统提供的数据操作语言(Data Manipulation Language,DML)来实现的。

(5)事务的管理和运行功能

数据库中的数据是可供多个用户同时使用的共享数据,为保证数据能够安全、可靠地运行,数据库管理系统提供了事务管理功能,这些功能保证数据能够并发使用并且不会产生相互干扰的情况,而且在数据库发生故障时能够对数据库进行正确的恢复。

(6)其他功能

其他功能包括与其他软件的网络通信功能、不同数据库管理系统间的数据传输以及互访问功能等。

4. 数据库系统(Database System,DBS)

数据库系统是指在计算机中引入数据库后的系统,一般由数据库、数据库管理系统(及相关的实用工具)、应用程序、数据库管理员组成。为保证数据库中的数据能够正常、高效地运行,除了数据库管理系统软件之外,还需要一个(或一些)专职人员来对数据库进行维护,这个专职人员就称为数据库管理员(Database Administrator,DBA)。

一般在不引起混淆的情况下,常常把数据库系统简称为数据库。

数据管理技术的发展

1.3 数据技术的发展

数据库技术是应数据管理任务的需要而产生和发展的。数据管理是指对数据进行分类、组织、编码、存储、检索和维护,它是数据处理的核心,而数据处理则是指对各种数据的收集、存储、加工和传播等一系列活动的总和。

自计算机产生之后,人们就希望用它来帮助我们对数据进行存储和管理。最初对数据的管理是以人工或文件方式进行的,也就是用户通过编写应用程序来实现对数据的存储和管理。后来,随着数据量越来越大,人们对数据的要求越来越多,希望达到的目的也越来越复杂,文件管理方式已经很难满足人们对数据的需求,由此产生了数据库技术,也就是用数据库来存储和管理数据。数据管理技术的发展因此也就经历了人工管理、文件管理和数据库管理三个阶段。

本节将介绍人工管理、文件管理和数据库管理在管理数据上的主要差别。

1.3.1 人工管理阶段

20 世纪 50 年代中期以前,计算机主要用于科学计算。外部存储器只有磁带、卡片和纸带等,还没有磁盘等直接存取存储设备。软件只有汇编语言,暂无数据管理方面的软件。

数据处理方式基本是批处理。这个阶段有如下几个特点:

(1)计算机系统不提供对用户数据的管理功能

当用户编制程序时,必须全面考虑相关的数据,包括数据的定义、存储结构以及存取方法等。程序和数据是一个不可分割的整体,数据脱离了程序就无任何存在的价值,数据无独立性。

(2)数据不能共享

不同的程序均有各自的数据,这些数据对不同的程序通常是不相同的,不可共享;即使不同的程序使用了相同的一组数据，这些数据也不能共享，程序中仍然需要各自加入这组数据，谁也不能省略。基于这种数据的不可共享性，必然导致程序与程序之间存在大量的重复数据，浪费存储空间。

(3)不单独保存数据

基于数据与程序是一个整体，数据只为本程序所使用，数据只有与相应的程序一起保存才有价值，否则就毫无用处。所以，所有程序的数据均不单独保存。

1.3.2 文件管理阶段

20 世纪 50 年代后期到 60 年代中期，计算机的硬件方面已经有了磁盘等直接存取的存储设备，操作系统中也已经有了专门的数据管理软件，一般称为文件管理系统。文件管理系统把数据组织成相互独立的数据文件，利用“按文件名访问，按记录进行存取”的管理技术，可以对文件中的数据进行修改、插入和删除等操作。

在出现程序设计语言之后，开发人员不但可以创建自己的文件并将数据保存在自己定义的文件中，而且还可以编写应用程序来处理文件中的数据，即编写应用程序来定义文件的结构，实现对文件内容的插入、删除、修改和查询操作。当然，真正实现磁盘文件的物理存取操作的还是操作系统中的文件管理系统，应用程序只是告诉文件管理系统对哪个文件的哪些数据进行哪些操作。由开发人员定义存储数据的文件及文件结构，并借助文件管理系统的功能编写访问这些文件的应用程序，以实现对用户数据的处理的方式称为文件管理。在本章后面的讨论中，为描述简单我们将忽略操作系统中的文件管理系统，假定应用程序是直接对磁盘文件进行操作。

用户通过编写应用程序来管理存储在自定义文件中的数据的操作模式如图 1-2 所示。

假设某学校要用文件的方式保存学生及其选课的数据，并针对这些数据文件构建对学生及选课情况进行管理的系统。此系统主要实现两部分功能：学生基本信息管理和学生选课管理。假设教务部门管理学生选课情况，各系管理自己的学生基本信息。学生基本信息管理只涉及学生的基本信息数据，假设这些数据保存在 F1 文件中；学生选课管理涉及学生的部分基本信息、课程基本信息和学生选课信息，假设文件 F2 和 F3 分别保存课程基本信息和学生选课信息的数据。

设 A1 为实现“学生基本信息管理”功能的应用程序，A2 为实现“学生选课管理”功能的应用程序。图 1-3 所示为用文件存储并管理数据的实现示例(图中省略了操作系统部分)。

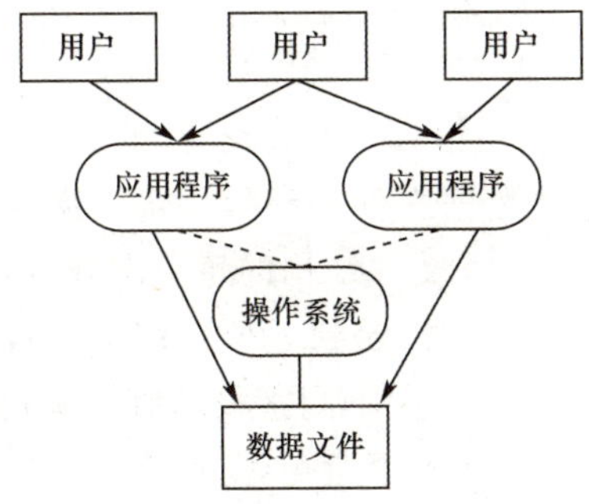

图 1-2　用文件存储数据的操作模式

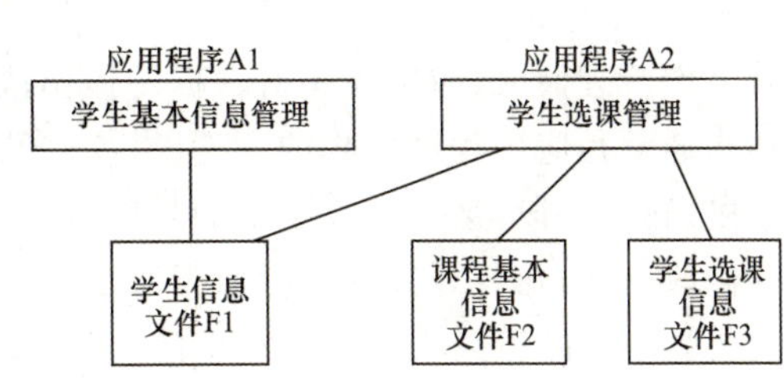

图 1-3　用文件存储数据的实现示例

假设文件 F1、F2 和 F3 分别包含如下信息：

F1 文件：学号、姓名、性别、出生日期、联系电话、所在系、专业、班号。

F2 文件：课程号、课程名、授课学期、学分、课程性质。

F3 文件：学号、姓名、所在系、专业、课程号、课程名、修课类型、修课时间、考试成绩。

我们将文件中所包含的每一个子项称为文件结构中的“字段”或“列”，将每一行数据称为一个“记录”。

“学生选课管理”的处理过程大致为：若有学生选课，则先查 F1 文件，判断有无此学生；若有，则访问 F2 文件，判断其所选的课程是否存在；若一切符合规则，就将学生选课信息写到 F3 文件中。

这看似很好，文件管理阶段相比人工管理阶段已经进步了，但仔细分析就会发现，用文件方式管理数据有如下缺点：

(1)编写应用程序不方便

应用程序开发者必须清楚地了解所用文件的逻辑及物理结构，如文件中包含了多少个字段，每个字段的数据类型，采用何种逻辑结构和物理存储结构。操作系统只提供了打开、关闭、读、写等几个底层的文件操作命令，而对文件的查询、修改等操作都必须在应用程序中编程实现。这样就容易造成各应用程序在功能上的重复，比如图 1-3 中的“学生基本信息管理”和“学生选课管理”都要对 F1 文件进行操作，而共享这两个功能相同的操作却很难。

(2)数据冗余不可避免

由于学生选课信息文件(F3 文件)中包含学生的一些基本信息，比如学号、姓名、所在系、专业等，而这些信息同样包含在学生信息文件(F1 文件)中，因此 F3 文件和 F1 文件中存在重复数据，从而造成数据的重复，称为数据冗余。

数据冗余所带来的问题不仅仅是存储空间的浪费(其实，随着计算机硬件技术的飞速发展，存储容量不断扩大，空间问题已经不是我们关注的主要问题)，更为严重的是造成了数据的不一致(Inconsistency)。例如，某个学生所学的专业发生了变化，我们一般只会想到在 F1 文件中进行修改，而往往忘记了在 F3 文件中应做同样的修改。由此就造成了同一名学生在 F1 文件和 F3 文件中的“专业”不一样，也就是数据不一致。当发生数据不一致时，用户不能判定哪个数据是正确的，尤其是当系统中存在多处数据冗余时，更是如此。这样数据就失去了可信性。

文件本身并不具备维护数据一致性的功能，这些功能完全要由用户(应用程序开发者)负责维护。这在简单的系统中还可以勉强应对，但在复杂的系统中，若让应用程序开发者来保证数据的一致性，几乎是不可能的。

(3)应用程序依赖性

就文件管理而言，应用程序对数据的操作依赖于存储数据文件的结构。定义文件和记录的结构通常是应用程序代码的一部分，如 C 程序的 struct。文件结构的每一次修改，比如添加字段、删除字段，甚至修改字段的长度(如电话号码从 7 位扩展到 8 位)，都将导致应用程序的修改，因为在打开文件进行数据读取时，必须将文件记录中不同字段的值对应到应用程序的变量中。随着应用环境和需求的变化，修改文件的结构不可避免，这些都需要在应用程序中做相应的修改，而(频繁)修改应用程序是很麻烦的。用户首先要熟悉原有程序，修改后还需要对程序进行测试、安装等；甚至修改了文件的存储位置或者文件名，也需要对应用程序进行修改，这显然给程序的维护带来很多麻烦。

所有这些都是由于应用程序对文件的结构以及文件的物理特性过分依赖造成的，换句话说，用文件管理数据时，其数据独立性(Data Independence)很差。

(4)不支持对文件的并发访问

在现代计算机系统中，为了有效利用计算机资源，一般允许同时运行多个应用程序(尤其是在现在的多任务操作系统环境中)。文件最初是作为程序的附属数据出现的，它一般不支持多个应用程序同时对同一个文件进行访问。例如，某个用户打开了一个 Word 文件，当第二个用户在第一个用户未关闭此文件前打开此文件时，会得到什么信息呢？他只能以只读方式打开此文件，而不能在第一个用户打开的同时对此文件进行修改。再例如，如果用某种程序设计语言编写一个对某文件中内容进行修改的程序，其过程是先以写的方式打开文件，然后修改其内容，最后再关闭文件。在关闭文件之前，不管是在其他的程序中，还是在同一个程序中都不允许再次打开此文件，这就是文件管理方式不支持并发访问的含义。

对于以数据为中心的系统来说，必须要支持多个用户对数据的并发访问，如火车或飞机的订票点、银行营业网点等。

(5)数据间联系弱

当用文件管理数据时，文件与文件之间是彼此独立、毫不相干的，文件之间的联系必须通过程序来实现。比如对上述的 F1 文件和 F3 文件，F3 文件中的学号、姓名等学生的基本信息必须是 F1 文件中已经存在的(选课的学生必须是已经存在的学生)；同样，F3 文件中的课程号等与课程有关的基本信息也必须存在于 F2 文件中(学生选的课程也必须是已经存在的课程)。这些数据之间的联系是实际应用当中所要求的很自然的联系，但文件本身不具备自动实现这些联系的功能，用户必须通过编写应用程序，即手工地建立这些联系。不但增加了编写代码的工作量和复杂度，而且当联系很复杂时，也难以保证其正确性。因此，用文件管理数据时很难反映现实世界事物间客观存在的联系。

(6)难以满足不同用户对数据的需求

不同的用户(数据使用者)关注的数据往往不同。例如，对于学生基本信息，对负责分配学生宿舍的部门可能只关心学生的学号、姓名、性别和班号，而对教务部门可能关心的是学号、姓名、所在系和专业。

若多个不同用户希望看到的是学生的不同基本信息，那么就需要为每个用户建立一个文件，这势必造成数据冗余。

可能还会有一些用户，所需要的信息来自多个不同的文件，假设各班班主任关心的是班号、学号、姓名、课程名、学分、考试成绩等。这些信息涉及了三个文件：从 F1 文件中得到“班号”，从 F2 文件中得到“学分”，从 F3 文件中得到“考试成绩”；而“学号”“姓名”可以从 F1 文件或 F3 文件中得到，“课程名”可以从 F2 文件或 F3 文件中得到。在生成结果数据时，必须对从三个文件中读取的数据进行比较，然后组合成一行有意义的数据。比如，将从 F1 文件中读取的学号与从 F3 文件中读取的学号进行比较，学号相同时，才可以将 F1 文件中的“班号”与 F3 文件中的当前记录所对应的学号和姓名组合起来，之后还需要将组合结果与 F2 文件中的内容进行比较，找出课程号相同的课程的学分，再与已有的结果组合起来。然后再从组合后的数据中提取出用户需要的信息。如果数据量很大，涉及的文件比较多时，这个过程就会很复杂。因此，这种复杂信息的查询，在按文件管理数据的方式中是很难处理的。

(7)无安全控制功能

在文件管理方式中，很难控制某个人对文件能够进行的操作，比如只允许某个人查询和修改数据，但不能删除数据，或者对文件中的某个或者某些字段不能修改等。而在实际应用中，数据的安全性是非常重要且不可忽视的。比如，在学生选课管理中，我们不允许学生修改其考试成绩，但允许他们查询自己的考试成绩。在银行系统中，更是不允许一般用户修改其存款数额。

由于人们对数据需求的增加，因此需要对数据进行有效、科学、正确、方便的管理。针对文件管理方式的这些缺陷，人们逐步开发出了以统一管理和共享数据为主要特征的数据库管理系统。

1.3.3 数据库管理阶段

20 世纪 60 年代后期以来，计算机管理数据的规模越来越大，应用范围越来越广泛，数据量急剧增加，同时多种应用同时共享数据集合的要求也越来越强烈。

随着大容量磁盘的出现，硬件价格的不断下降，软件价格的不断上升，编制和维护系统软件和应用程序的成本相应地不断增加。在数据处理方式上，对联机实时处理的需求越来越多，同时开始提出和考虑分布式处理技术。在这种背景下，以文件方式管理数据已经不能满足应用的需求，于是出现了新的管理数据的技术——数据库技术，同时出现了统一管理数据的专门软件——数据库管理系统。

在数据库管理系统出现之前，人们对数据的操作是通过直接针对数据文件编写应用程序实现的，这种模式会产生很多问题。在有了数据库管理系统之后，人们对数据的操作全部是通过数据库管理系统实现的，而且应用程序的编写也不再直接针对存放数据的文件。有了数据库技术和数据库管理系统之后，人们对数据的操作模式发生了根本的变化，如图 1-4 所示。

比较图 1-2 和图 1-4，可以看到主要区别有：第一，是在操作系统和用户应用程序之间增加了一个系统软件——数据库管理系统，使得用户对数据的操作都是通过数据库管理系统实现的；第二，是有了数据库管理系统之后，用户不再需要有数据文件的概念，即不再需要知道数据文件的逻辑和物理结构及物理存储位置，而只需要知道存放数据的场所——数据库即可。

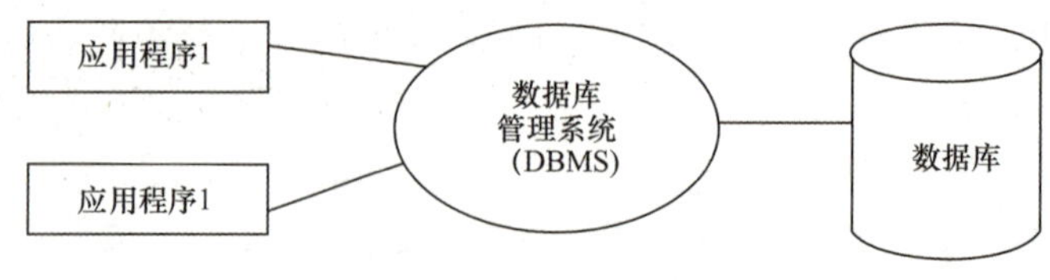

图 1-4 数据库管理阶段

从本质上讲，即使在有了数据库技术之后，数据最终还是以文件的形式存储在磁盘上的(这点我们可以在本书附录 A 中的创建数据库部分体会到)，只是这时对物理数据文件的存取和管理是由数据库管理系统统一实现的，而不再是每个用户通过编写应用程序实现。数据库和数据文件既有区别又有联系，它们之间的关系类似于单位的名称和地址之间的关系。单位地址代表了单位的实际存在位置，单位名称是单位的逻辑代表。而且一个数据库可以包含多个数据文件，就像一个单位可以有多个不同地址一样，每个数据文件存储数据库的部分数据。不管一个数据库包含多少个数据文件，对用户来说只针对数据库进行操作，而无须对数据文件进行操作。这种模式极大地简化了用户对数据的访问。

在有了数据库技术之后，用户只需要知道存放所需数据的数据库名，就可以对数据库中数据文件的数据进行操作。将对数据库的操作转换为对物理数据文件的操作是由数据库管理系统自动实现的，用户不需要知道，也不需要干预。

对于 1.3.2 中列举的学生基本信息管理和学生选课管理两个子系统，如果使用数据库技术来实现，其实现方式如图 1-5 所示。

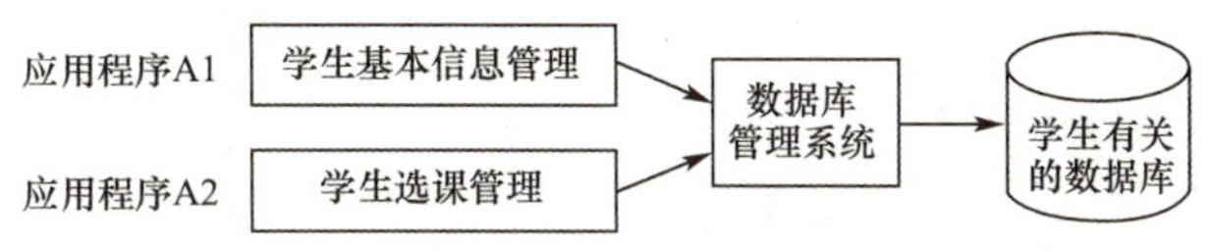

图 1-5　用数据库存储数据的实现示例

与用文件管理数据相比，用数据库技术管理数据具有以下特点：

(1)相互关联的数据集合

在用数据库技术管理数据时，所有相关的数据都被存储在一个数据库中，它们作为一个整体定义，因此可以很方便地表达数据之间的关联关系。比如学生基本信息中的“学号”与学生选课管理中的“学号”，这两个学号之间是有关联的，即学生选课管理中的“学号”的取值范围在学生基本信息管理的“学号”取值范围内。在关系数据库中，数据之间的关联关系是通过参照完整性实现的。

(2)较少的数据冗余

由于数据是被统一管理的，因此可以从全局着眼，对数据进行最合理的组织。例如，将 1.3.2 节中文件 F1、F2 和 F3 的重复数据挑选出来，进行合理的管理，这样就可以形成如下的几部分信息：

学生基本信息：学号、姓名、性别、出生日期、联系电话、所在系、专业、班号。

课程基本信息：课程号、课程名、授课学期、学分、课程性质。

学生选课信息：学号、课程号、修课类型、修课时间、考试成绩。

在关系数据库中，可以将每一类信息存储在一个表中(关系数据库的概念将在后边介绍)，重复的信息只存储一份，当在学生选课中需要学生的姓名等其他信息时，根据学生选课中的学号，可以很容易地在学生基本信息中找到此学号对应的姓名等信息。因此，消除数据的重复存储不影响对信息的提取，同时还可以避免由于数据重复存储而造成的数据不一致问题。比如，当某个学生所学的专业发生变化时，只需在“学生基本信息”中进行修改即可。

同 1.3.2 节中的问题一样，当所需的信息来自不同地方，如班号、学号、姓名、课程名、学分、考试成绩等信息，这些信息需要从 3 个地方(关系数据库为 3 张表)得到，这种情况下，也需要对信息进行适当的组合，即学生选课中的学号只能与学生基本信息中学号相同的信息组合在一起，同样，学生选课中的课程号也必须与课程基本信息中课程号相同的信息组合在一起。过去在文件管理方式中，这个工作是由开发者编程实现的，而现在有了数据库管理系统，这些烦琐的工作完全交给了数据库管理系统来完成。

因此，在用数据库技术管理数据的系统中，避免数据冗余不会增加开发者的负担。在关系数据库中，避免数据冗余是通过关系规范化理论实现的。

(3)程序与数据相互独立

在数据库中，组成数据的数据项以及数据的存储格式等信息都与数据存储在一起，它们通过 DBMS 而不是应用程序来操作和管理，应用程序不再需要处理文件和记录的格式。

程序与数据相互独立有两方面的含义：一方面是当数据的存储方式发生变化时（这里包括逻辑存储方式和物理存储方式），比如从链表结构改为散列结构，或者是顺序存储和非顺序存储之间的转换，应用程序不必做任何修改；另一方面是当数据所包含的数据项发生变化时，比如增加或减少了一些数据项，如果应用程序与这些修改的数据项无关，就不用修改应用程序。这些变化都将由 DBMS 负责维护。大多数情况下，应用程序并不知道也不需要知道数据存储方式或数据项已经发生了变化。

(4)保证数据的安全和可靠

数据库技术能够保证数据库中的数据是安全的和可靠的，它的安全控制机制可以有效防止数据库中的数据被非法使用和非法修改；其完整的备份和恢复机制可以保证当数据遭到破坏时（由软件或硬件故障引起的）能够很快地将数据库恢复到正确的状态，并使数据不丢失或只有很少的丢失，从而保证系统能够连续、可靠地运行。保证数据的安全是通过数据库管理系统的安全控制机制实现的，保证数据的可靠是通过数据库管理系统的备份和恢复机制实现的。

(5)最大限度地保证数据的正确性

数据的正确性也称为数据的完整性，它是指存储到数据库中的数据必须符合现实世界的实际情况，比如人的性别只能是“男”和“女”，人的年龄应该在 0 到 150 之间（假设没有年龄超过 150 岁的人）。如果在性别中输入了其他值，或者将一个负数输入年龄，在现实世界中显然是不对的。数据的正确性是通过在数据库中建立完整性约束来实现的。当建立好保证数据正确的约束之后，如果有不符合约束的数据要存储到数据库中，数据库管理系统能主动拒绝这些数据。

(6)数据可以共享并能保证数据的一致性

数据库中的数据可以被多个用户共享，即允许多个用户同时操作相同的数据。当然，这个特点是针对支持多用户的大型数据库管理系统而言的，对于只支持单用户的小型数据库管理系统（比如 Access），在任何时候最多只允许一个用户访问数据库，因此不存在共享的问题。

多用户共享问题是数据库管理系统内部解决的问题，它对用户是不可见的。这就要求数据库管理系统能够对多个用户进行协调，保证多个用户之间对相同数据的操作不会产生矛盾和冲突，即在多个用户同时操作相同数据时，能够保证数据的一致性和正确性。例如火车订票系统，如果多个订票点同时对某一天的同一车次火车进行订票，那么必须保证不同订票点订出票的座位不能重复。

数据可共享并能保证共享数据的一致性是由数据库管理系统的并发控制机制实现的。

目前，数据库技术已经发展成为一门比较成熟的技术，通过上述讨论，可以概括出数据库具备如下特征：

数据库是相互关联的数据的集合，它用综合的方法组织数据，具有较小的数据冗余，可供多个用户共享，具有较高的数据独立性和安全控制机制，能够保证数据的安全、可靠，允许并发地使用数据库，能有效、及时地处理数据，并能保证数据的一致性和正确性。

需要强调的是，所有这些特征并不是数据库中的数据固有的，而是靠数据库管理系统提供和保证的。

1.4 数据库的结构

数据库的结构可以有不同的层次或不同的角度。从数据库管理角度看，数据库通常采用三级模式结构，这是数据库管理系统内部的系统结构。

从数据库最终用户角度看，数据库的结构分为集中式结构、文件服务器结构、客户/服务器结构等，这是数据库的外部结构。

本节我们讨论数据库的内部结构，它是为后续章节的内容建立一个框架结构，这个框架用于描述一般数据库管理系统的概念，但并不是所有的数据库管理系统都一定要使用这个框架，它在数据库管理系统中并不是唯一的，特别是一些“小”的数据库管理系统是难以支持这个结构的所有方面的。这里介绍的数据库的结构基本上能很好地适应大多数数据库管理系统，而且它基本上和 ANSI/SPARC DBMS 研究组提出的数据库管理系统的体系结构（称为 ANSI/SPARC 体系结构）是相同的。

1.4.1 模式的基本概念

数据模型（组织层数据模型）是描述数据的组织形式，模式是用给定的数据模型对具体数据的描述（就像用某一种编程语言编写具体应用程序一样）。

模式是数据库中全体数据的逻辑结构和特征的描述，它只涉及“型”的描述，不涉及具体的值。关系模式是对关系的“型”或元组结构共性的描述，它实际上对应的是关系表的表头。

模式的一个具体值称为模式的一个实例，每一行数据就是其表头结构（模式）的一个具体实例。一个模式可以有多个实例。模式是相对稳定的（结构不会经常变动），而实例是相对变动的（具体的数据值可以经常变化）。数据模式描述一类事物的结构、属性、类型和约束，实质上是用数据模型对一类事物进行模拟，而实例是反映某类事物在某一时刻的当前状态。

虽然实际的数据库管理系统产品种类很多，支持的数据模型和数据库语言也不尽相同，数据的存储结构也各不相同，但它们在体系结构上通常都具有相同的特征，即采用三级模式结构并提供两级映像功能。

1.4.2 三级模式结构

三级模式结构

数据库的三级模式结构是指数据库的外模式、模式和内模式，如图 1-6 所示。

外模式是最接近用户的，也就是用户所看到的数据视图。

模式是介于内模式和外模式之间的中间层，是数据的逻辑组织方式。

内模式是最接近物理存储的，也就是数据的物理存储方式，包括数据存储位置、数据存储方式等。

外模式是面向每类用户的数据需求的视图，而模式描述的是一个部门或公司的全体数据。换句话说，外模式可以有许多个，每一个都或多或少地抽象表示整个数据库的某一部分数据；而模式只有一个，它是对包含现实世界业务中的全体数据的抽象表示，注意这里的抽象指的是记录和字段这些更加面向用户的概念，而不是位和字节那些面向机器的概念。内模式也只有一个，它表示数据库的物理存储。

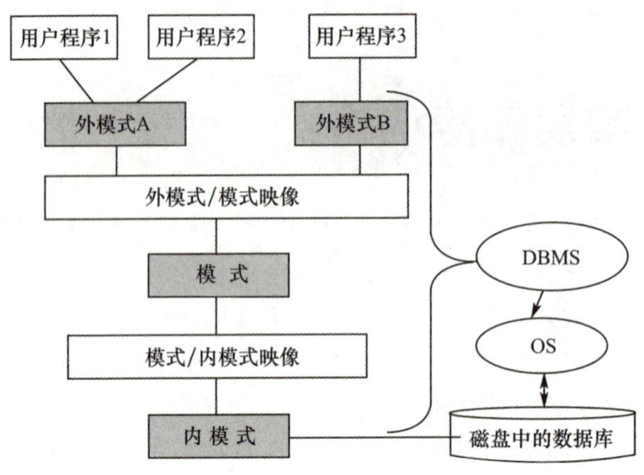

图 1-6 数据库的三级模式结构

1. 外模式

外模式称为用户模式或子模式，它的内容来自模式。外模式是对现实系统中用户感兴趣的整体数据的局部描述，用于满足数据库不同用户对数据的需求。外模式是对数据库用户能够看见和使用的局部数据的逻辑结构和特征的描述，是数据库整体数据结构（模式）的子集或局部重构。

外模式通常是模式的子集。一个数据库可以有多个外模式。由于它是各个用户的数据视图，如果不同的用户在应用需求、看待数据的方式、对数据保密要求等方面存在差异，则其外模式的描述就是不同的。即使在模式中同样的数据，其在外模式中的结构、类型、长度等都可以不同。

例如，学生性别信息（学号、姓名、性别）视图就是学生表（学号、姓名、年龄、性别、所在系）关系的子集，它是宿舍分配部门所关心的信息，是学生基本信息的子集。又例如，学生成绩（学号、姓名、课程号、成绩）外模式是任课教师所关心的信息，这个外模式的数据就是学生表（学号、姓名、年龄、性别、所在系）和选课表（学号、课程号、成绩）所含信息的组合（或称为重构）。

外模式同时也是保证数据库安全的一个措施。每个用户只能看到和访问其所对应的外模式中的数据，并屏蔽其不需要的数据，因此保证不会出现由于用户的误操作和有意破坏而造成数据损失。假设有职工信息表结构如下：

职工表（职工号、姓名、所在部门、基本工资、职务工资、奖励工资）

如果不希望一般职工看到每个职工的奖励工资，就可生成一个包含一般职工可以看的信息的外模式，结构如下：

职工信息（职工号、姓名、所在部门、基本工资、职务工资）

这样就可保证一般用户不会看到“奖励工资”项。

外模式对应到关系数据库中是“外部视图”或简称为“视图”（视图的概念我们将在第 4 章介绍）。

2. 模式

模式又称为逻辑模式或概念模式，是对数据库中全体数据的逻辑结构和特征的描述，是所有用户的公共数据视图。模式表示数据库中的全部信息，其形式要比数据的物理存储方式抽象。它是数据库结构的中间层，既不涉及数据的物理存储细节和硬件环境，也与具体的应用程序、所使用的应用开发工具和环境无关。

模式由许多概念记录类型的值构成。例如，可以包含学生记录值的集合，课程记录值的集合，选课记录值的集合，等等。概念记录既不等同于外部记录，也不等同于存储记录，它是数据的一种逻辑表达。

模式实际上是数据库数据在逻辑级上的视图。一个数据库只有一种模式。数据库模式以某种数据模型为基础，综合考虑了所有用户的需求，并将这些需求有机结合成一个逻辑整体。定义数据库模式时不仅要定义数据的逻辑结构，比如数据记录由哪些数据项组成，数据项的名字、类型、取值范围等，而且还要定义数据之间的联系，定义与数据有关的安全性、完整性要求。

模式不涉及存储字段的表示，不涉及存储记录对列、索引、指针或其他存储的访问细节。如果模式以这种方式真正地实现了数据独立性，那么根据这些模式定义的外模式就会有很强的独立性。

关系数据库中的模式一定是关系的，关系数据库管理系统提供了模式定义语言（DDL）来定义数据库的模式。

3. 内模式

内模式又称为存储模式。内模式是对整个数据库的底层表示，它描述了数据的存储结构，比如数据的组织与存储方式，是顺序存储、B 树存储还是散列存储，索引按什么方式组织、是否加密等。需要注意的是，内模式与物理层不一样，它不涉及物理记录的形式（物理块或页，输入/输出单位），也不考虑具体设备的柱面或磁道大小。换句话说，内模式假定了一个无限大的线性地址空间，地址空间到物理存储的映射细节是与特定系统有关的，并不反映在体系结构中。

内模式不是关系的，它是数据的物理存储方式。其实，不管是什么系统，其内模式都是一样的，都是存储记录、指针、索引、散列表等。事实上，关系模型与内模式无关，它关心的是用户的数据视图。

1.4.3 模式映像与数据独立性

数据库的三级模式是对数据的三个抽象级别，它把数据的具体组织留给 DBMS，使用户能逻辑、抽象地处理数据，而不必关心数据在计算机中的具体表示方式与存储方式。为了能够在内部实现这三个抽象层的联系和转换，DBMS 在三个模式之间提供了以下两级映像：外模式/模式映像、模式/内模式映像。

两级映像功能保证了数据库中的数据能够具有较高的逻辑独立性和物理独立性，使数据库应用程序不随数据库数据的逻辑或存储结构的变动而变动。

1. 外模式/模式映像

模式描述的是数据的全局逻辑结构，外模式描述的是数据的局部逻辑结构。对于每个外模式，数据库管理系统都有一个外模式到模式的映像，它定义了该外模式与模式之间的对应关系，即如何从外模式找到其对应的模式。这些映像定义通常包含在各自的外模式描述中。

当模式改变时（如增加新的关系、新的属性、改变属性的数据类型等），可由数据库管理员用外模式定义语句，调整外模式到模式的映像，从而保持外模式不变。由于应用程序一般是依据数据的外模式编写的，因此也不必修改应用程序，保证了程序与数据的逻辑独立性。

2. 模式/内模式映像

模式/内模式映像定义了数据库的逻辑结构与物理存储之间的对应关系，该映像关系通常被保存在数据库的系统表(由数据库管理系统自动创建和维护，用于存放维护系统正常运行的表)中。当数据库的物理存储改变了，比如选择了另一个存储位置时，只需要对模式/内模式映像做相应的调整，就可以保持模式不变，从而也不必改变应用程序。因此，保证了数据与程序的物理独立性。

在数据库的三级模式结构中，模式(全局逻辑结构)是数据库的中心与关键，它独立于数据库的其他层，设计数据库时也是先设计数据库的逻辑模式。

数据库的内模式依赖于数据库的全局逻辑结构，但它既独立于数据库的用户视图(也就是外模式)，又独立于具体的存储设备。内模式将全局逻辑结构中所定义的数据结构及其联系按照一定的物理存储策略进行组织，以达到较好的时间与空间效率。

数据库的外模式面向具体的用户需求，它定义在模式之上，但独立于内模式和存储设备。当应用需求发生变化，相应的外模式不能满足用户的要求时，就需要对外模式做相应的修改以适应这些变化。因此设计外模式时应充分考虑到应用的扩充性。

原则上，应用程序是在外模式描述的数据结构上编写的，并且它应该只依赖于数据库的外模式，并与数据库的模式和存储结构相独立(但目前很多应用程序都是直接针对模式进行编写的)。不同的应用程序有时可以共用同一个外模式。数据库管理系统提供的两级映像功能既保证了数据库外模式的稳定性，又从底层保证了应用程序的稳定性，除非应用需求本身发生变化，否则应用程序一般不需要修改。

数据与程序之间的独立性，使得数据的定义和描述可以从应用程序中分离出来。另外，由于数据的存取由 DBMS 负责管理和实施，因此用户不必考虑存取路径等细节，从而简化了应用程序的编制，减少了对应用程序的维护和修改工作。

1.5 数据库与计算思维

随着计算机和互联网技术的快速发展和普及，现代社会已经跨入了信息时代，数据是信息时代最重要的资源之一。数据库技术作为计算机科学中一门重要的技术，在各领域有着非常广泛的应用。因此，创新型人才的培养，必须使其具备对大量数据进行管理、从数据中获取信息和知识以及利用数据进行决策的能力。

在科学思维的谱系中，真正具备了系统和专业与课程建设“数据库原理”课程中计算思维的培养完善表达体系的思维模式只有三个，分别是实证思维、逻辑思维和计算思维。其中计算思维是随着计算机技术的发展，在最近的 10 年里才被研究和整理出来的，现已成为信息时代解决问题最有力的工具，也成为现代人类必备的一种科学素养。计算思维是学生应该具备的一种核心能力，作为控制、管理、认知活动的基础，能够帮助学生提高在各个学科领域解决问题的能力。因此，将“普及计算机知识，培养专业应用技能，训练计算思维能力”作为数据库原理课程的教学总体目标，推行以“计算思维”为导向的课程改革已在各大高校形成共识。

1.5.1 数据库课程中的计算思维核心概念

关于计算思维的核心概念，周以真教授指出，这些基础概念可用外延的形式给出，如约简、嵌入、转化、仿真、递归、并行、抽象、分解、建模、预防、保护、恢复、冗余、容错、纠错、启发式推理、规划、学习、调度等。而 ACM 和 IEEE 联合制定的 CC1991 也给出了计算机科学领域里重复出现的 12 个核心概念，即绑定、大问题的复杂性、概念模型和形式模型、一致性和完备性、效率、演化、抽象层次、按空间排序、重用、安全性、折中、结论。显然，CC1991 的这 12 个核心概念与周以真给出的基础概念都是用罗列的方式来表述计算机科学领域中最基本的思维方式的。2013 年，在教育部高等学校教学指导委员会发布的“计算思维教学改革白皮书”中，进一步用类概念关系图对计算思维的表述框架进行了描述，如图 1-7 所示。在该体系框架中，“计算”是一个中心词，其他概念以“计算”为中心并服务于“计算”；“抽象”、“自动化”和“设计”是第二层次的概念，从不同方面对“计算”进行描述；而“通信”、“协作”、“记忆”和“评估”蕴含在第二层次的三个概念中，属于框架中第三层次的概念。

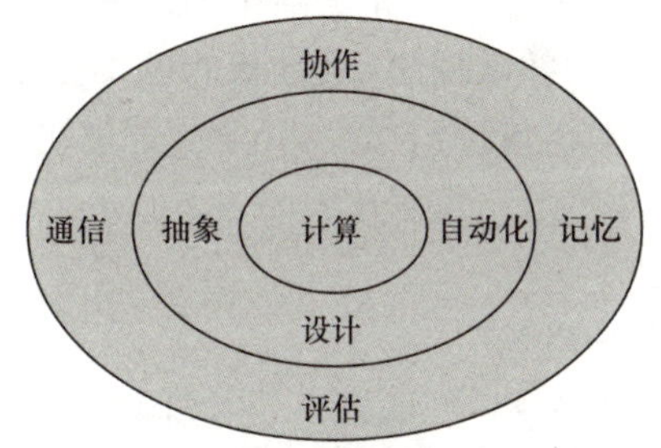

图 1-7 计算思维表述体系框架中的类概念关系图

事实上，在编者的教学改革中，更关心地是如何在课程教学中渗透和强化这些核心概念，通过何种教学方式让学生理解和掌握这些核心概念，以及如何让学生将这些核心概念内化成自己的知识和智慧，并在生活和工作中能自觉运用并解决实际问题。为此，编者对本课程内容进行了认真梳理，将计算思维中的核心概念和教学内容进行了对照映射，形成“数据库”课程的核心思维概念，以便将这些思维方式有效地融入每一堂课。编者对课程体系结构进行了重构，形成了如下所示的数据库知识体系和其对应的计算思维核心概念对照表(表 1-1)。

表 1-1 数据库知识体系和其对应的计算思维核心概念对照表

知识体系	知识单元	核心知识点	计算思维核心概念
基础理论	数据库系统	信息、数据、数据库、数据库系统	抽象、规约、冗余
	实体-联系模型(E-R模型)	实体、属性、实体集、键、实体型、联系	抽象、规约、冗余、聚类、约简、分解、建模、概念建模
	关系模型	关系、关系数据库、关系的规范化理论、关系操作	抽象、冗余、聚类、分解、建模、优化、计算、形式模型、一致性和完备性
	E-R 模型向关系模型的转换	实体、属性、实体之间联系的转换	转换、嵌入、分解、折中

（续表）

知识体系	知识单元	核心知识点	计算思维核心概念
技术方法	数据库设计	需求分析、概念设计、逻辑设计、数据库实施	设计、抽象、分解、规约、聚类、仿真、转换、折中、优化、冗余
	数据库管理系统	安全性控制、完整性控制、并发控制、数据库恢复	保护、恢复、容错、纠错、并行、调度、协同、
	SQL 语言	查询、插入、更新、删除	自动化、分解、嵌入、协作
综合应用	综合应用开发	表、查询、窗体、报表、数据访问页、模块	记忆、自动、聚类、分解、抽象、建模、递归、通信、复杂性、推理、规划

1.5.2 数据库教学中的计算思维训练

思维习惯并非是天生的，而是可以在受教育过程中和在社会实践中逐渐培养的。毫无疑问，比起技能培养和能力培养，思维的培养是困难的。为了培养学生的计算思维能力，在本课程的教学过程中，引入先进的教学理念，通过新的教学方法和实践体系，把渗透和融入了计算思维相关特征的数据库知识传授给学生，让学生能够更好地掌握数据库的基本概念、数据库开发及编程技术，能够熟练运用数据库技术去开发和管理数据库系统，提高学生的实际应用能力及创新能力。

1. 突出计算思维训练的教学内容

在教学内容的组织与呈现方面，可根据表 1-1 中归纳的数据库知识体系和计算思维核心概念的对应关系，将有关计算思维的思维特征和方法分解到每一个具体的知识点中。通过每堂课程的讲授，让学生在学习知识的同时，逐步理解和掌握计算思维的一些基本内容和方法。例如，在讲解数据库设计的时候，需求分析有两种策略：自上而下的方法和自下而上的方法。其中，自上而下的方法从客观现实的整体出发，要求理解实际问题的业务规则和业务流程，站在系统角度从结构和功能上来把握系统。由于系统是由相互联系的若干部分组成的，因此可根据用户需求，采用“抽象”、“分解”、“规约”和“冗余”等思维方法对其进行构造。而自下而上的方法，通常从描述事物最终提供的各种报表及经常需要的查询信息着手，分析出数据库应该包含的数据及结构，采用的是“聚类”、“约简”、“冗余”和“完整性”等思维方法。又例如，在讲解创建索引的时候，因为索引有助于快速查找和排序记录，所以通常对经常要搜索的字段、要排序的字段或要在查询中连接到其他表中字段的字段（外键）建立索引。但在数据表中进行记录更新时，由于已建立索引的字段的索引也需要更新，所以过多的索引又会降低更新速度，而且创建索引也需要占用一定的物理存储空间。因此，创建索引时就需要权衡时间和空间之间的取舍问题，也就是体现了计算思维中的“折中”思想。再进一步，还可将这种思维方式拓展到现实生活中，当我们面对一个选择机会时，常常是有得也有失，学会权衡和折中的思维方式就显得极为重要。

2. 强调与专业方向融合的案例教学方法

为了激发学生学习的积极性，与专业方向相融合的案例教学是一种重要的教学方法。数据库是一门理论和实践相结合的课程，教学方式中包括课堂教学和实验教学，两种教学方式都可以引入案例教学法。

在理论教学中引入案例教学，重在让学生深刻理解数据库的基本原理，培养学生的计算思维意识，从而从本质上和全局上建立对问题的解决思路。

案例设计应具备以下4个特征：

①应该有具体的专业背景；

②没有明显答案，能给学生带来挑战性；

③提供必要的线索，帮助学生找到解决问题的方法；

④案例材料要给出能进行拓展分析的信息，便于引导学生进行批判性、分析性思考，以激发创新思维。

例如，在讲解实体联系模型设计时，让其设计一个超市管理会员制客户的数据库系统概念模型。学生通常都会先设计出一个超市和多个会员客户之间的E-R模型。在分析和点评之后，可以让学生进一步思考“如果这个超市是连锁超市，会员共享，那么这个E-R模型应该怎么设计?”如此一来，便拓展了学生的思维空间，有效激发了学生的潜能。在实验教学中引入案例教学，重在激发学生的学习兴趣和热情，培养学生的知识运用能力和动手实践能力，从而帮助学生将知识“内化”为能力。实验教学案例的设计要注重趣味性，最好是贴近生活并融入专业知识的案例，才可最大限度地激发学生的学习兴趣。在系统实现的各个环节，学生都会自觉发挥自己的专业特长，主动查阅相关知识或求助辅导教师来完成任务，在教学过程中充分体现了学生的主体地位。

3. 采用“课堂讲授＋网络学习”的立体教学模式

为了进一步激发学生学习的自主性，课程组在智慧树平台创建了线上数据库原理课程，可采用“课堂讲授＋网络学习”的多层次立体教学模式。

在课堂上讲授数据库核心的理论知识和关键技术及方法，培养和训练学生用计算思维的核心思想考虑问题和解决问题。利用网络课程向学生讲授具体的操作方法，如表的创建和操作、查询和报表的创建、窗体设计以及编程的实现等。网络课程不受课堂学时限制，有利于学生拓展知识范围，对于重点难点问题学生也可进行反复学习，有效解决了学生学习进度不同步的问题，在一定程度上起到了因材施教的效果。

习题1

1. 解释下列名词

   数据、数据库、数据系统、数据库管理系统

2. 简述数据管理技术主要经历的几个阶段。
3. 简述数据库系统由哪几部分组成，每部分在数据库系统中的作用大致是什么。
4. 文件管理方式在管理数据方面有哪些缺点?
5. 数据库管理方式在管理数据方面有哪些优点?

第 2 章　数据模型

本章介绍数据模型的一些基本概念。本章的内容是理解数据库技术特色的基础。

数据与
数据模型

2.1　数据和数据模型

现实世界的数据是杂乱无章的,散乱的数据不利于人们对其进行有效的管理和处理,特别是海量数据。因此,必须把现实世界的数据按照一定的格式组织起来,以方便对其进行操作和使用,数据库技术也不例外。在用数据库技术管理数据时,数据被按照一定的格式组织起来,比如二维表结构或者是层次结构,以使数据能够被更高效地管理和处理。本节就对数据和数据模型进行简单介绍。

2.1.1　数据与信息

在介绍数据模型之前,我们先来了解数据与信息的关系。数据是数据库中存储的基本对象。为了了解世界、研究世界和交流信息,人们需要描述各种事物。用自然语言来描述虽然很直接,但是过于烦琐,不便于形式化,而且也不利于用计算机来表达。为此,人们常常只抽取那些感兴趣的事物特征或属性来描述事物。例如,一名学生可以用信息(张三,202212101,男,湖南,计 2201,软件工程)描述,这样的一行数据称为一条记录。单看这行数据我们不一定能准确知道其含义,但对其进行如下解释:张三的学号是 202212101,他是计 2201 班的男生,湖南生源,软件工程专业,其内容就是确定的。我们将描述事物的符号记录称为数据,将从数据中获得的有意义的内容称为信息。数据有一定的格式,例如,姓名是长度不超过 4 个汉字的字符串(假设学生的姓名都不超过 4 个汉字),性别是 1 个汉字的字符串。这些格式的规定是数据的语法,而数据的含义是数据的语义。因此,数据是信息存在的一种形式,只有通过解释或处理才能成为有用的信息。

一般来说，数据库中的数据具有静态特征和动态特征两个方面：

1. 静态特征

数据的静态特征包括数据的基本结构、数据间的联系以及对数据取值范围的约束。比如 1.2.1 节中给出的学生管理的例子。学生基本信息包含学号、姓名、性别、出生日期、联系电话、所在系、专业、班号，这些都是学生所具有的基本性质，是学生数据的基本结构。学生选课信息包括学号、课程号和考试成绩等，这些是学生选课的基本性质。但学生选课信息中的学号与学生基本信息中的学号是有一定关联的，即学生选课信息中的“学号”所能取的值应在学生基本信息中的“学号”取值范围之内，因为只有这样，学生选课信息中所描述的学生选课情况才是有意义的（无须记录不存在的学生的选课情况），这就是数据之间的联系。最后我们看数据取值范围的约束，人的性别一项的取值只能是“男”或“女”、课程的学分一般是大于 0 的整数值、学生的考试成绩一般在 0～100 分等，这些都是对某个列的数据取值范围进行的限制，目的是在数据库中存储正确的、有意义的数据。

2. 动态特征

数据的动态特征是指对数据可以进行的操作以及操作规则。对数据库数据的操作主要有查询数据和更改数据，更改数据一般又包括插入、删除和更新数据。

一般将对数据的静态特征和动态特征的描述称为数据模型三要素，即在描述数据时要包括数据的基本结构、数据的约束条件（这两个属于静态特征）和定义在数据上的操作（属于数据的动态特征）三个方面。

2.1.2 数据模型

对于模型，特别是具体的模型，人们并不陌生。一张地图、一组建筑设计沙盘、一架飞机模型等都是具体的模型。人们可以从模型联想到现实生活中的事物。计算机中的模型是对事物、对象、过程等客观系统中感兴趣的内容的模拟和抽象表达，是理解系统的思维工具。数据模型（Data Model）也是一种模型，它是对现实世界数据特征的抽象。

数据库是企业或部门相关数据的集合，它不仅要反映数据本身的内容，而且要反映数据之间的联系。由于计算机不可能直接处理现实世界中的具体事物，因此必须要把现实世界中的具体事物转换成计算机能够处理的对象。在数据库中用数据模型这个工具来抽象、表示和处理现实世界中的数据和信息。

数据库管理系统是基于某种数据模型对数据进行组织的，因此，了解数据模型的基本概念是学习数据库知识的基础。

在数据库领域中，数据模型用于表达现实世界中的对象，即将现实世界中杂乱的信息用一种规范的、易于处理的方式表达出来，而且这种数据模型既要面向现实世界（表达现实世界信息），同时又要面向机器世界（因为要在机器上实现出来），因此一般要求数据模型满足三个方面的要求：

第一，能够真实模拟现实世界。

因为数据模型是将现实世界对象信息抽象，并经过整理、加工，成为一种规范的模型。构建模型的目的是真实、形象地表达现实世界情况。

第二，容易被人们理解。

由于构建数据模型一般是数据库设计人员做的事情，而数据库设计人员往往并不是所构建的业务领域的专家。因此,数据库设计人员所构建的模型是否正确、是否与现实情况相符,需要由精通业务的人员来评判,而精通业务的人员往往又不是计算机领域的专家。因此要求所构建的数据模型要形象化,要容易被业务人员理解,以便于他们对模型进行评判。

第三,能够方便地在计算机上实现。

由于对现实世界业务进行设计的最终目的是能够在计算机上实现出来,用计算机来表达和处理现实世界的业务。因此所构建的模型必须能够方便地在计算机上实现,否则就没有任何意义。

用一种模型同时满足这三方面的要求在目前看来是比较困难的,因此在数据库领域中,针对不同的使用对象和应用目的,应采用不同的数据模型来实现。

数据模型实际上是模型化数据和信息的工具。根据模型应用的不同目的,可以将模型分为两大类,它们分别属于两个不同的层次。

第一类是概念层数据模型,又称为概念模型或信息模型,它从数据的应用语义视角来抽取现实世界中有价值的数据并按用户的观点来对数据进行建模。这类模型主要用在数据库的设计阶段,它与具体的数据库管理系统无关,也与具体的实现方式无关。

第二类是组织层数据模型,也称为组织模型(有时也直接简称为数据模型,本书中凡是称数据模型的都指的是组织层数据模型),它从数据的组织方式来描述数据。所谓组织层就是指用什么样的逻辑结构来组织数据。数据库发展到现在主要采用了如下几种组织方式(组织模型):层次模型(用树型结构组织数据)、网状模型(用图型结构组织数据)、关系模型(用简单二维表结构组织数据)以及对象-关系模型(用复杂的表格以及其他结构组织数据)。组织层数据模型主要是从计算机系统的观点对数据进行建模,它与所使用的数据库管理系统的种类有关,因为不同的数据库管理系统支持的数据模型可以不同。

为了把现实世界中的具体事物抽象、组织为某一具体 DBMS 支持的数据模型,人们通常首先将现实世界抽象为信息世界,然后再将信息世界转换为机器世界。首先把现实世界中的客观对象抽象为某一种描述信息的模型,这种模型并不依赖于具体的计算机系统,而且也不与具体的 DBMS 有关,而是概念意义上的模型,也就是我们前边所说的概念层数据模型;其次再把概念层数据模型转换为具体的 DBMS 支持的数据模型,也就是组织层数据模型(比如关系数据库的二维表)。注意从现实世界到概念层数据模型使用的是“抽象”技术,从概念层数据模型到组织层数据模型使用的是“转换”技术,也就是说先有概念模型,然后再到组织模型。从概念模型到组织模型的转换是比较直接和简单的,我们将在数据库设计中详细介绍转换方法。从现实世界到机器世界的过程如图 2-1 所示。

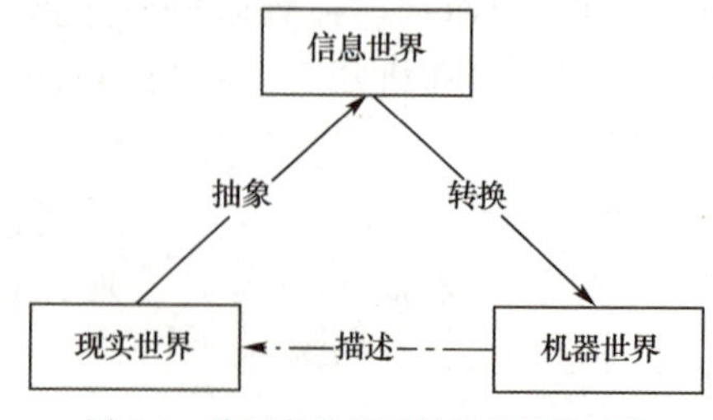

图 2-1　从现实世界到机器世界的过程

概念层数据模型

2.2 概念层数据模型

从图 2-1 可以看出，概念层数据模型实际上是现实世界到机器世界的一个中间层，机器世界实现的最终目的是反映和描述现实世界。本节主要介绍概念层数据模型的基本概念及基本构建方法。

2.2.1 基本概念

概念层数据模型是指抽象现实系统中有应用价值的元素及其关联关系，反映现实系统中有应用价值的信息结构，并且不依赖于数据的组织层数据模型。

概念层数据模型用于对信息世界进行建模，是现实世界到信息世界的第一层抽象，是数据库设计人员进行数据库设计的工具，也是数据库设计人员和业务领域的用户之间进行交流的工具。因此，该模型一方面应该具有较强的语义表达能力，能够方便、直接地表达应用中的各种语义知识；另一方面它还应该简单、清晰和易于被用户理解。因为概念模型设计的正确与否，即所设计的概念模型是否合理、是否正确地表达了现实世界的业务情况，是由业务人员来判定的。

概念层数据模型是面向用户、面向现实世界的数据模型，它与具体的 DBMS 无关。采用概念层数据模型，设计人员可以把主要精力放在了解现实世界上，而把涉及 DBMS 的一些技术性问题推迟到后面去考虑。

常用的概念层数据模型有实体-联系(Entity-Relationship，E-R)模型、语义对象模型。本书只介绍实体-联系模型，这也是最常使用的一种概念模型。

2.2.2 实体-联系模型

如果直接将现实世界数据按某种具体的组织模型进行组织，必须同时考虑很多因素，设计工作也比较复杂，并且效果并不一定理想，因此需要一种方法能够对现实世界的信息结构进行描述。P. P. S. Chen 于 1976 年提出的实体-联系方法，即通常所说的 E-R 方法，这种方法由于简单、实用，因此得到了广泛的应用，也是目前描述信息结构最常用的方法。

实体-联系方法使用的工具称为 E-R 图，它所描述的现实世界的信息结构称为企业模式(Enterprise Schema)，也把这种描述结果称为 E-R 模型。

在实体-联系模型中主要涉及三方面内容：实体、属性和联系。

1. 实体

实体是具有公共性质、并可相互区分的现实世界对象的集合，或者说是具有相同结构的对象的集合。实体是具体的，如职工、学生、教师、课程都是实体。

在 E-R 图中用矩形框表示具体的实体，把实体名写在框内，如图 2-2(a)中的“经理”和“部门”实体。

实体中每个具体的记录值(一行数据)，比如学生实体中每个具体的学生，我们称为实体的一个实例。(注意：有些书也将实体称为实体集或实体类型，而将每行具体的记录称为实体)

2. 属性

每个实体都具有一定的特征或性质，这样我们才能根据实体的特征来区分一个个实例。属性就是描述实体或者联系的性质或特征的数据项，属于一个实体的所有实例都具有相同的性质，在 E-R 模型中，这些性质或特征就是属性。比如学生的学号、姓名、性别等都是学生实体具有的特征，这些特征就构成了学生实体的属性。实体具有多少个属性是由用户对信息的需求决定的。假设用户还需要学生的出生日期信息，则可以在学生实体中增加一个"出生日期"属性。

在实体的属性中，将能够唯一标识实体的一个属性或最小的一组属性（称为属性集或属性组）称为实体的标识属性，这个属性或属性组也称为实体的码。例如，"学号"就是学生实体的码。

属性在 E-R 图中用圆角矩形表示，在圆角矩形框内写上属性的名字，并用连线将属性框与它所描述的实体联系起来，如图 2-2(c)所示。

3. 联系

在现实世界中，事物内部以及事物之间是有联系的，这些联系在信息世界反映为实体内部的联系和实体之间的联系。实体内部的联系通常是指一个实体内部属性之间的联系；实体之间的联系通常是指不同实体属性之间的联系。比如在"职工"实体中，假设有职工号、职工姓名、所在部门和部门经理号等属性，其中"部门经理号"描述的是这个职工所在部门的经理的编号。一般来说，部门经理也属于单位的职工，而且通常与职工采用的是一套职工编码方式，因此"部门经理号"与"职工号"之间有一种关联关系，即"部门经理号"的取值在"职工号"取值范围内，这就是实体内部的联系。而"学生"和"系"之间就是实体之间的联系，"学生"是一个实体，假设该实体中有学号、姓名、性别、所在系等属性，"系"也是一个实体，假设该实体中包含系名、系联系电话、系办公地点等属性，则"学生"实体中的"所在系"与"系"实体中的"系名"之间存在一种关联关系，即"学生"实体中"所在系"属性的取值范围必须在"系"实体中"系名"属性的取值范围内。因此，"系"和"学生"这种关联到两个不同实体的联系就是实体之间的联系。通常情况下我们遇到的联系大多都是实体之间的联系。

联系是数据之间的关联关系，是客观存在的应用语义链。在 E-R 图中联系用菱形框表示，框内写上联系名，并用连线将联系框与它所关联的实体连接起来，如图 2-2(a)中的"管理"联系。

联系也可以有自己的属性，如图 2-2(c)所示的"选课"联系中有"成绩"属性。

两个实体之间的联系通常有如下三类：

(1)一对一联系(1∶1)

如果实体 A 中的每个实例在实体 B 中至多有一个（也可以没有）实例与之关联，反之亦然，则称实体 A 与实体 B 具有一对一联系，记作 1∶1。

例如，部门和经理（假设一个部门只允许有一个经理，一个人只允许担任一个部门的经理）、系和正系主任（假设一个系只允许有一个正系主任，一个人只允许担任一个系的主任）都是一对一的联系。一对一联系示例如图 2-2(a)所示。

(2)一对多联系(1∶n)

如果实体 A 中的每个实例在实体 B 中有 n 个实例($n \geqslant 0$)与之关联，而实体 B 中的每个实例在实体 A 中最多只有一个实例与之关联，则称实体 A 与实体 B 是一对多联系，记作 1∶n。

例如，假设一个部门有若干职工，而一个职工只允许在一个部门工作，则部门和职工之间就是一对多联系。又例如，假设一个系有多名教师，而一个教师只允许在一个系工作，则系和教师之间也是一对多联系。一对多联系示例如图 2-2(b)所示。

(3)多对多联系($m:n$)

如果实体 A 中的每个实例在实体 B 中有 n 个实例($n\geqslant 0$)与之关联，而实体 B 中的每个实例，在实体 A 中也有 m 个实例($m\geqslant 0$)与之关联，则称实体 A 与实体 B 是多对多联系，记作 $m:n$。

例如，学生和课程，一个学生可以选修多门课程，一门课程也可以被多个学生选修，因此学生和课程之间是多对多的联系。多对多联系示例如图 2-2(c)所示。

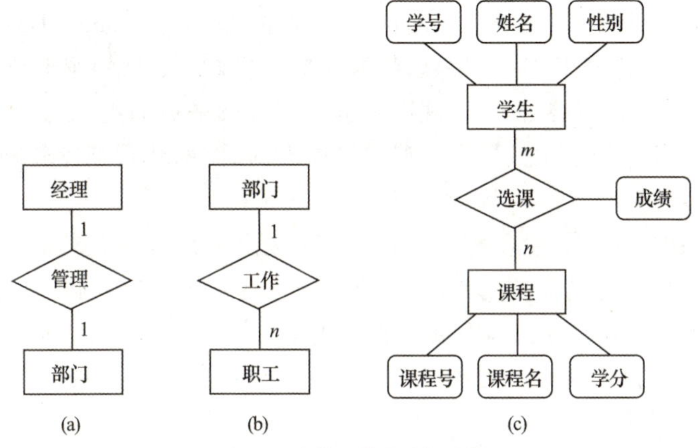

图 2-2 实体及其联系的示例

实际上，一对一联系是一对多联系的特例，而一对多联系又是多对多联系的特例。

注意：实体之间联系的种类是与语义直接相关的，也就是由客观实际情况决定的。例如，部门和经理，如果客观情况是一个部门只有一个经理，一个人只担任一个部门的经理，则部门和经理之间是一对一联系。但如果客观情况是一个部门可以有多个经理，而一个人只担任一个部门的经理，则部门和经理之间就是一对多联系。如果客观情况是一个部门可以有多个经理，而且一个人也可以担任多个部门的经理，则部门和经理之间就是多对多联系。

E-R 图不仅能描述两个实体之间的联系，而且还能描述两个以上实体之间的联系。比如有顾客、商品、售货员三个实体，并且有语义：每个顾客可以从多个售货员那里购买商品，并且可以购买多种商品；每个售货员可以向多名顾客销售商品，并且可以销售多种商品；每种商品可由多个售货员销售，并且可以销售给多名顾客。描述顾客、商品和售货员之间的关联关系的 E-R 图如图 2-3 所示，这里将联系命名为“销售”。

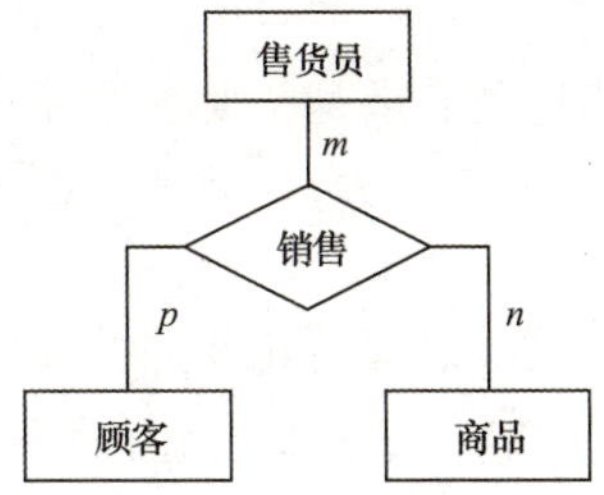

图 2-3 多个实体之间的联系示例

E-R 图广泛用于数据库设计的概念结构设计阶段。用 E-R 模型表示的数据库概念设计结果非常直观，易于用户理解，而且所设计的 E-R 图与具体的数据组织方式无关，并可以被直观地转换为关系数据库中的关系表。

2.3 组织层数据模型

组织层数据模型是从数据的组织形式的角度来描述信息。目前，在数据库技术的发展过程中用到的组织层数据模型主要有：层次模型（Hierarchical Model）、网状模型（Network Model）、关系模型（Relational Model）、面向对象模型（Object Oriented Model）和对象关系模型（Object Relational Model）。组织层数据模型是按组织数据的逻辑结构来命名的，比如层次模型采用树型结构。各数据库管理系统也是按其所采用的组织层数据模型来分类的，比如层次数据库管理系统就是按层次模型来组织数据，而网状数据库管理系统就是按网状模型来组织数据。

1970 年美国 IBM 公司研究员 E. F. Codd 首次提出了数据库系统的关系模型，开创了关系数据库和关系数据理论的研究，为关系数据库技术奠定了理论基础。关系模型从 20 世纪 70 年代至 80 年代开始到现在已经发展得非常成熟，本书的重点也是介绍关系模型。20 世纪 80 年代以来，计算机厂商推出的数据库管理系统几乎都支持关系模型，非关系系统的产品也大都加上了关系接口。

一般将层次模型和网状模型统称为非关系模型。非关系模型的数据库管理系统在 20 世纪 70 年代至 80 年代初非常流行，在数据库管理系统的产品中占主导地位，但现在已逐步被采用关系模型的数据库管理系统所取代。20 世纪 80 年代以来，面向对象的方法和技术在计算机各个领域，包括程序设计语言、软件工程、信息系统设计、计算机硬件设计等方面都产生了深远的影响，也促进了数据库中面向对象数据模型的研究和发展。

2.3.1 层次数据模型

层次数据模型（简称层次模型）是数据库管理系统中最早出现的数据模型。层次数据库管理系统采用层次模型作为数据的组织方式，其典型代表是 IBM 公司的 IMS（Information Management System），这是 IBM 公司 1968 年推出的第一个大型的商用数据库管理系统。

层次数据模型用树形结构表示实体和实体之间的联系。现实世界中许多实体之间的联系本身就呈现出一种自然的层次关系，如行政机构、家族关系等。

构成层次模型的树由节点和连线组成，节点表示实体，节点中的项表示实体的属性，连线表示相连的两个实体间的联系，这种联系是一对多联系。通常把表示“一”的实体放在上方，称为父节点；把表示“多”的实体放在下方，称为子节点，将不包含任何子节点的节点称为叶节点，如图 2-4 所示。

层次模型可以直接、方便的表示一对多的联系，但在层次模型中有以下两点限制：

①有且仅有一个节点无父节点，这个节点即为树的根；

②其他节点有且仅有一个父节点。

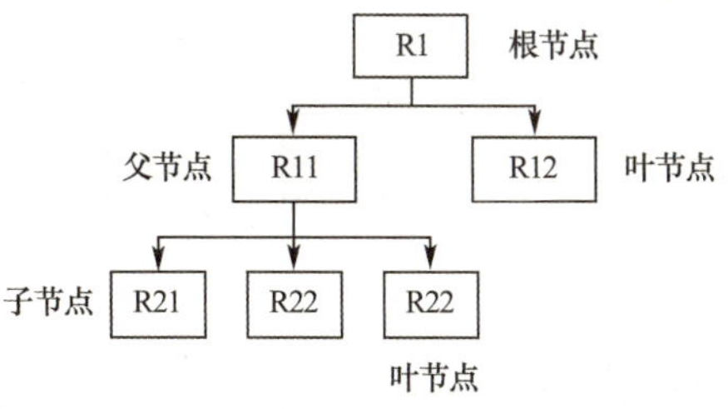

图 2-4 层次模型示意图

层次模型的一个基本特点是，任何一个给定的记录值只有从层次模型的根部开始按路径查看时，才能明确其含义，任何子节点都不能脱离父节点而存在。

图 2-5 所示为一个用层次结构组织的学院层次数据模型，该模型有 4 个节点，“学院”是根节点，由学院编号、学院名称和办公地点三项组成。“学院”节点下有两个子节点，分别为“教研室”和“学生”。“教研室”节点由“教研室名”、“室主任”和“室人数”三项组成，“学生”节点由“学号”、“姓名”、“性别”和“年龄”四项组成。“教研室”节点下又有一个子节点“教师”，因此，“教研室”是“教师”的父节点，“教师”是“教研室”的子节点。“教师”节点由“教师号”、“教师名”和“职称”项组成。

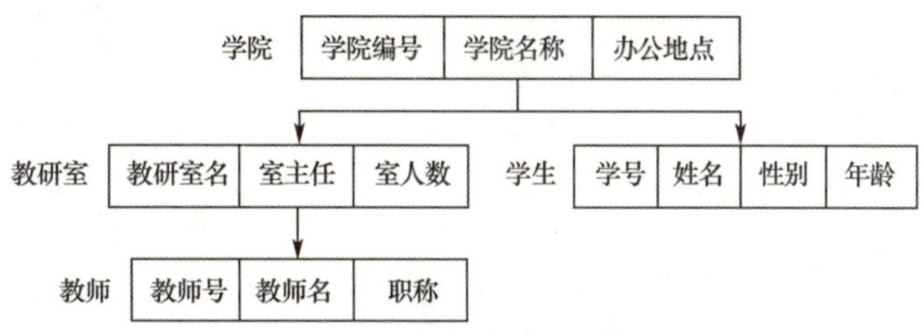

图 2-5 学院层次数据模型

如图 2-6 所示是图 2-5 数据模型对应的一些值。

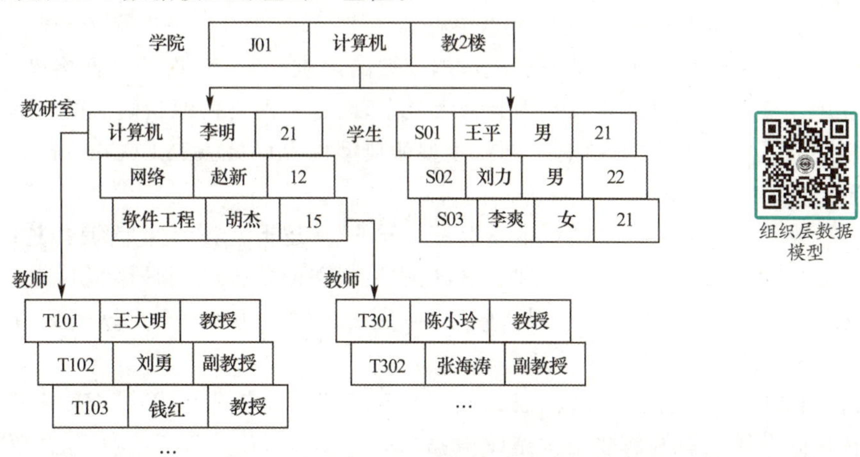

图 2-6 学院层次数据模型的一个值

组织层数据模型

层次数据模型只能表示一对多联系，不能直接表示多对多联系。但如果把多对多联系转换为一对多联系，又会出现一个子节点有多个父节点的情况(图 2-7 中，学生和课程原本是一个多对多联系，在这里将其转换为两个一对多联系)，这显然不符合层次数据模型的要求。一般常用的解决办法是把一个层次模型分解为两个层次模型，如图 2-8 所示。

层次数据库是由若干个层次模型构成的，或者说它是一个层次模型的集合。

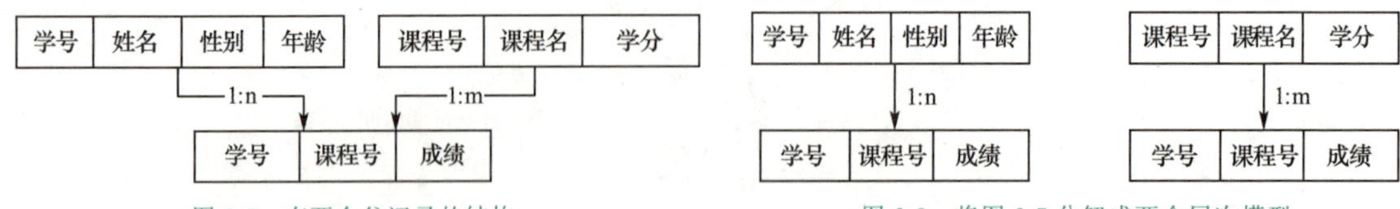

图 2-7　有两个父记录的结构　　图 2-8　将图 2-7 分解成两个层次模型

2.3.2　网状数据模型

在现实世界中事物之间的联系更多的是非层次的，用层次数据模型表达现实世界中存在的联系有很多限制。如果去掉层次模型中的两点限制，即允许一个以上的节点无父节点，并且每个节点可以有多个父节点，便构成了网状模型。

用图结构表示实体和实体之间的联系的数据模型就称为网状数据模型，简称网状模型。在网状模型中，同样使用父节点和子节点这样的术语，并且同样把父节点放置在子节点的上方。如图 2-9 所示为几种不同形式的网状数据模型示例。

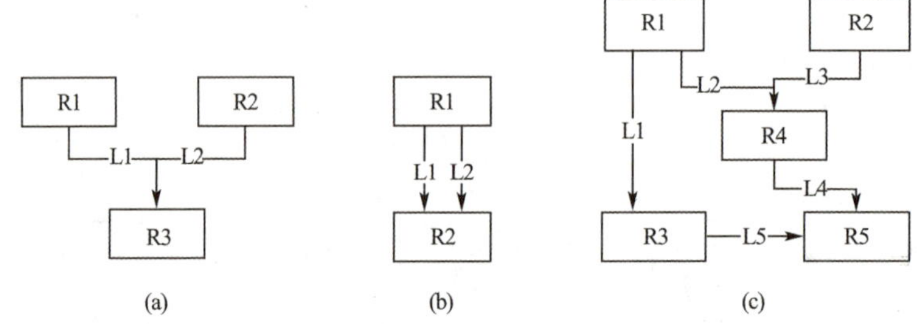

图 2-9　网状数据模型示例

从图 2-9 可以看出，网状模型父节点与子节点之间的联系可以不唯一，因此，就需要为每个联系命名。在图 2-9(a)中，节点 R3 有两个父节点 R1 和 R2，可将 R1 与 R3 之间的联系命名为 L1，将 R2 与 R3 之间的联系命名为 L2。图 2-9(b)和图 2-9(c)与此类似。

由于网状数据模型没有层次数据模型的两点限制，因此可以直接表示多对多联系。但在网状模型中多对多联系实现起来太复杂，因此一些支持网状模型的数据库管理系统，对多对多联系进行了限制。例如，网状模型的典型代表 CODASYL(Conference On Data System Language)就只支持一对多联系。

网状模型和层次模型在本质上是一样的，从逻辑上看，它们都是用连线表示实体之间的联系，用节点表示实体；从物理上看，层次模型和网状模型都是用指针来实现文件以及记录之间的联系，其差别仅在于网状模型中的连线或指针更复杂、更纵横交错，从而使数据结构更复杂。

网状数据模型的典型代表是 CODASYL 系统，它是 CODASYL 组织的标准建议的具体实现。层次模型是按层次组织数据，而 CODASYL 是按系(set)组织数据。所谓“系”可以理解为命名的联系，它由一个父记录型和一个或若干个子记录型组成。如图 2-10 所示为网状模型的一个示例，其中包含四个系，S-G 系由学生和选课记录构成，C-G 系由课程和选课记录构成，C-C 系由课程和授课记录构成，T-C 系由教师和授课记录构成。实际上，图 2-7 所示的具有两个父节点的结构也属于网状模型。

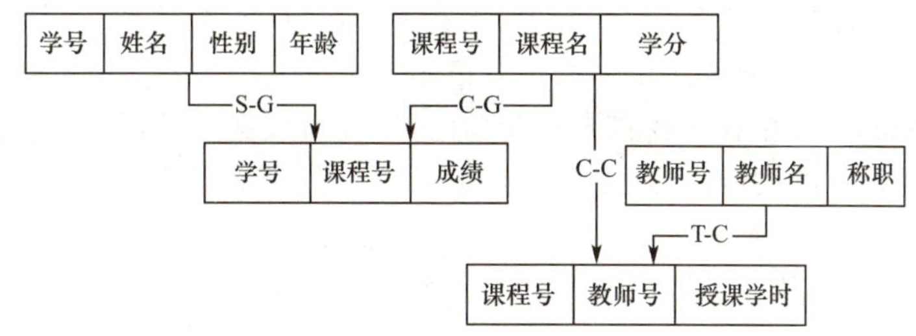

图 2-10 网状结构示意图

组织层数据模型（二）

2.3.3 关系数据模型

关系数据模型是目前最重要的一种数据模型，关系数据库就是采用关系数据模型作为数据的组织方式。关系数据模型源于数学，它把数据看成是二维表中的元素，而这个二维表在关系数据库中就称为关系。

用关系（表格数据）表示实体和实体之间的联系的模型就称为关系数据模型。在关系数据模型中，实体本身以及实体和实体之间的联系都用关系来表示，实体之间的联系不再通过指针来实现。

表 2-1 和表 2-2 所示分别为“学生”和“选课”关系模型的数据结构，其中“学生”和“选课”间的联系是“学号”列实现的。

表 2-1 学生表

学号	姓名	年龄	性别	所在系
0811101	李勇	21	男	计算机系
0811102	刘晨	20	男	计算机系
0811103	王敏	20	女	计算机系
0821101	张立	20	男	信息管理系
0821102	吴宾	19	女	信息管理系

表 2-2 选课表

学号	课程号	成绩
0811101	C001	96
0811101	C002	80
0811101	C003	84
0811101	C005	62
0811102	C001	92
0811102	C002	90
0811102	C004	84
0821102	C001	76
0821102	C004	85
0821102	C005	73

在关系数据库中，记录值仅仅构成关系，关系之间的联系是靠语义相同的字段（称为连接字段）值表达的。理解关系和连接字段（列）的思想在关系数据库中是非常重要的。例如，

要查询“刘晨”的考试成绩，首先要在“学生”关系中得到“刘晨”的学号值，然后根据这个学号值再在“选课”关系中找出该学生的所有考试记录值。

对于用户来说，关系的操作应该是很简单的，但关系数据库管理系统本身是很复杂的。关系操作之所以对用户很简单，是因为它把大量的工作交给了数据库管理系统来实现的。尽管在层次数据库和网状数据库诞生之时，就有了关系模型数据库的设想，但研制和开发关系数据库管理系统却花费了比人们想象的要长得多的时间。关系数据库管理系统真正成为商品并投入使用要比层次数据库和网状数据库晚十几年。但关系数据库管理系统一经投入使用，便显示出了强大的活力和生命力，并逐步取代了层次数据库和网状数据库。现在耳熟能详的数据库管理系统，几乎都是关系数据库管理系统，如 Microsoft SQL Server、Oracle、IBM DB2、Access 等都是关系型的数据库管理系统。

关系数据模型易于设计、实现、维护和使用，它与层次数据模型和网状数据模型的最根本区别是：关系数据模型不依赖于导航式的数据访问系统，数据结构的变化不会影响对数据的访问。

习题 2

1. 解释下列名词

   信息、数据、数据模型
2. 简述由现实世界到机器世界建模的过程。
3. 数据模型分为哪两个层次？
4. 简述常用的概念层数据模型。
5. 什么是组织层数据库模型，有哪些常用的组织层数据库模型？
6. 简述数据库的三级模式体系结构有哪些优点。

第3章　关系数据模型

关系数据库是用数学的方法来处理数据库中的数据，它支持关系数据模型。本章将介绍关系数据模型的基本概念和术语、关系的完整性约束以及关系操作，并介绍关系数据库的数学基础——关系代数。

3.1　关系数据模型和关系数据库

关系数据库使用关系数据模型组织数据，这种思想源于数学，最早提出类似方法的是CODASYL于1962年发表的"信息代数"一文，1968年David Child在计算机上实现了集合论数据结构。而真正系统、严格的提出关系数据模型的是IBM的研究员E. F. Codd，他于1970年在美国计算机学会会刊(《*Communication of the ACM*》)上发表了题为"*A Relational Model of Data for Shared Data Banks*"的论文，开创了数据库系统的新纪元。此后，他连续发表了多篇论文，奠定了关系数据库的理论基础。

关系模型由数据结构、数据操作集合和数据完整性约束三部分组成，这三部分也称为关系模型的三要素。下面我们分别介绍这三个方面的基本概念。

3.1.1　数据结构

关系数据模型源于数学，用二维表来组织数据，而这个二维表在关系数据库中就称为关系。关系数据库就是表或者说是关系的集合。

在关系系统中，表是逻辑结构而不是物理结构。实际上，系统在物理层可以使用任何有效的存储结构来存储数据，如有序文件、索引、哈希表、指针等。因此，表是对物理存储数据的一种抽象表示，是对很多存储细节的抽象，如存储记录的位置、记录的顺序、数据值的表示以及记录的访问结构，如索引等，对用户来说都是不可见的。

3.1.2 数据操作集合

关系数据模型给出了关系操作的能力。关系数据模型中的操作包括：

- 传统的关系运算：并(Union)、交(Intersection)、差(Difference)、广义笛卡尔乘积(Extended Cartesian Product)。
- 专门的关系运算：选择(Select)、投影(Project)、连接(Join)、除(Divide)。
- 有关的数据操作：查询(Query)、插入(Insert)、删除(Delete)和更改(Update)。

关系模型的操作对象是集合(或表)，而不是单个的数据行，也就是说，关系模型中操作的数据以及操作的结果(查询操作的结果)都是完整的集合(或表)，这些集合可以是只包含一行数据的集合，也可以是不包含任何数据的空集合。而非在关系模型数据库中典型的操作是一次一行或一次一个记录。因此，集合处理能力是关系型数据库区别于其他类型数据库的一个重要特征。

在非关系模型中，各个数据记录之间是通过指针等方式连接的，当要定位到某条记录时，需要用户自己按指针的链接方向遍历查找，将这种查找方式称为用户“导航”。而在关系数据模型中，由于是按集合进行操作的，因此用户只需要指定数据的定位条件，数据库管理系统就可以自动定位到该数据记录，而不需要用户来导航。这也是关系数据模型在数据操作上与非关系模型的本质区别。

例如，若采用层次数据模型，对第 2 章如图 2-7 所示的层次结构，若要查找“计算机学院软件工程教研室张海涛老师的信息”，则首先需要从根节点的“学院”开始，根据“计算机”学院指向的“教研室”节点的指针，找到“教研室”层次，然后在“教研室”层次中逐个查找(这个查找过程也许是通过各节点间的指针实现的)，直到找到“软件工程”节点，其次根据“软件工程”节点指向“教师”节点的指针，找到“教师”层次，最后再在“教师”层次中逐个查找教师名为“张海涛”的节点，此时该节点包含的信息即所要查找的信息。这个过程的示意图如图 3-1 所示，其中的虚线表示沿指针的逐层查找过程。

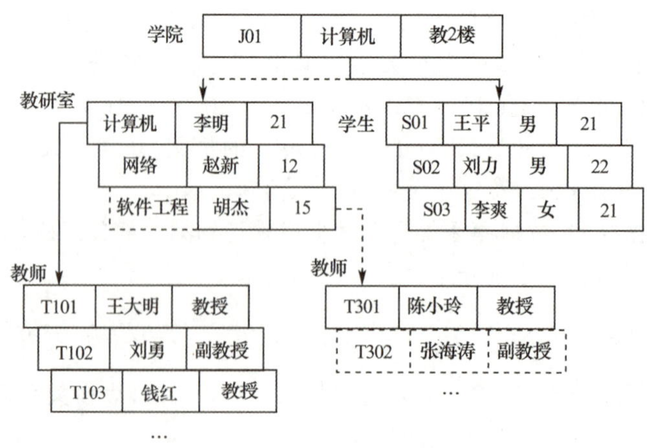

图 3-1 层次模型的查找过程

如果是在关系模型中查找信息，比如在表 3-1 的“学生”关系中查找“信息管理系学号为 0821101 学生的详细信息”，用户只需提出这个要求即可，其余的工作就交给数据库管理系统来实现了。对用户来说，这显然比在层次模型中查找数据要简单得多。

数据库数据的操作主要包括四种：查询、插入、删除和更改数据。关系数据库中的信息只有一种表示方式，就是表中的行列位置有明确的值。这种表示是关系系统中唯一可行的方式（当然，这里指的是逻辑层）。特别地，关系数据库中没有连接一个表到另一个表的指针。在表 3-1 和表 3-2 的关系中，表 3-1 学生表的第一行数据与表 3-2 学生选课表中的第 1 行有联系（当然也与第 2、3、4 行有联系），因为学生 0811101 选了课程。但在关系数据库中这种联系不是通过指针来实现的，而是通过学生表中“学号”列的值与学生选课表中“学号”列的值关联的（学号值相等）。但在非关系系统中，这些信息一般由指针来表示，这种指针对用户来说是可见的。因此，在非关系模型中，用户需要知道数据之间的指针链接关系。

表 3-1 学生表

学号	姓名	年龄	性别	所在系
0811101	李勇	21	男	计算机系
0811102	刘晨	20	男	计算机系
0811103	王敏	20	女	计算机系
0821101	张立	20	男	信息管理系
0821102	吴宾	19	女	信息管理系

表 3-2 选课表

学号	课程号	成 绩
0811101	C001	96
0811101	C002	80
0811101	C003	84
0811101	C005	62
0811102	C001	92
0811102	C002	90
0811102	C004	84
0821102	C001	76
0821102	C004	85
0821102	C005	73

需要注意的是，当说关系数据库中没有指针时，并不是指在物理层没有指针，实际上，在关系数据库的物理层也使用指针，但所有这些物理层的存储细节对用户来说都是不可见的，用户所看到的物理层就是存放数据的数据库文件，他们能够看到的就是这些文件的文件名、存放位置等上层信息，而没有指针这样的底层信息。

关系操作是通过关系语言实现的，关系语言的特点是高度非过程化的。所谓非过程化是指用户不必关心数据的存取路径和存取过程，只需要提出数据请求，数据库管理系统就会自动完成用户请求的操作；用户也无须编写程序代码来实现对数据的重复操作。

3.1.3 数据完整性约束

在数据库中数据的完整性是指保证数据正确性的特征。数据完整性是一种语义概念，它包括两个方面：一方面是与现实世界中应用需求的数据的相容性和正确性；另一方面是数据库内数据之间的相容性和正确性。

例如，每个学生的学号必须是唯一的，性别只能是“男”和“女”，学生所选的课程必须是已经开设的课程等。因此，数据库是否具有数据完整性特征关系到数据库系统能否真实地反映现实世界情况，数据完整性是数据库的一个非常重要内容。

数据完整性由一组完整性规则定义，而关系模型的完整性规则是对关系的某种约束条件。在关系数据模型中一般将数据完整性分为三类，即实体完整性、参照完整性和用户定义的完整性。其中实体完整性和参照完整性（也称为引用完整性）是关系模型必须满足的完整性约束，是系统级的约束。用户定义的完整性主要是限制属性的取值在有意义的范围内，比如限制性别的取值范围为“男”和“女”。这个完整性约束也被称为域的完整性，它属于应用级的约束。数据库管理系统应该提供对这些数据完整性的支持。

3.2 关系模型的基本术语与形式化定义

在关系模型中，将现实世界中的实体、实体与实体之间的联系都用关系来表示，关系模型源于数学，它有自己严格的定义和一些固有的术语。

3.2.1 基本术语

关系模型采用单一的数据结构，也就是关系表示实体与实体之间的联系，并且用直观的观点来看，关系就是二维表。

下面分别介绍关系模型中的有关术语：

1. 关系(Relation)

通俗地讲，关系就是二维表，二维表的名字就是关系的名字，表 3-1 中的关系名是“学生”。

2. 属性(Attribute)

二维表中的每个列称为一个属性(或叫字段)，每个属性有一个名字，称为属性名。二维表中对应某一列的值称为属性值；二维表中列的个数称为关系的元数。如果一个二维表有 n 个列，则称其为 n 元关系。表 3-1 中的学生关系有学号、姓名、年龄、性别、所在系五个属性，是一个五元关系。

3. 值域(Domain)

二维表中属性的取值范围称为值域。例如在表 3-1 关系中，“年龄”列的取值为大于 0 的整数，“性别”列的取值为“男”和“女”两个值，这些都是列的值域。

4. 元组(Tuple)

二维表中的一行数据称为一个元组。表 3-1 学生关系中的元组有：

（0811101，李勇，21，男，计算机系）

（0811102，刘晨，20，男，计算机系）

（0811103，王敏，20，女，计算机系）

（0821101，张立，20，男，信息管理系）

（0821102，吴宾，19，女，信息管理系）

5. 分量(Component)

元组中的每一个属性值称为元组的一个分量，n 元关系的每个元组有 n 个分量。例如，对于元组(0811101，李勇，21，男，计算机系)有 5 个分量，对应“学号”属性的分量是“0811101”、对应“姓名”属性的分量是“李勇”、对应“年龄”属性的分量是“21”、对应“性别”属性的分量是“男”，对应“所在系”属性的分量是“计算机系”。

6. 关系模式(Relation Schema)

二维表的结构称为关系模式，或者说关系模式就是二维表的表框架或表头结构。设有关系名为 R，属性分别为 $A_1,A_2,\cdots,A_n$，则关系模式可以表示为：

$R(A_1,A_2,\cdots,A_n)$

对每个 $A_i(i=1,2,\cdots,n)$ 还包括该属性到值域的映像，即属性的取值范围。例如，表 3-1 所示关系的关系模式为：

学生(学号，姓名，性别，年龄，所在系)

如果将关系模式理解为数据类型，则关系就是该数据类型的一个具体值。

7. 关系数据库(Relation Database)

对应于一个关系模型的所有关系的集合称为关系数据库。

8. 候选键(Candidate Key)

如果一个属性或属性集的值能够唯一标识一个关系的元组而又不包含多余的属性，则称该属性或属性集为候选键。例如，学生(学号，姓名，性别，年龄，所在系)的候选键是学号。

候选键又称为候选关键字或候选码。在一个关系上可以有多个候选键。例如，假设为学生关系增加了“身份证号”列，则学生(学号，姓名，性别，年龄，所在系，身份证号)的候选键就有两个：学号和身份证号。

9. 主键(Primary Key)

当一个关系中有多个候选键时，可以从中选择一个作为主键，但每个关系只能有一个主键。

主键也称为主码或主关键字，是表中的属性或属性组，用于唯一地确定一个元组。主键可以由一个属性组成，也可以由多个属性共同组成。例如，表 3-1 的“学生”关系，学号是主键，因为学号的一个取值可以唯一地确定一个学生。而表 3-2“选课”关系的主键就由学号和课程号共同组成。由于一个学生可以修多门课程，而且一门课程也可以有多个学生选，因此只有将学号和课程号组合起来才能共同确定一行记录。我们称由多个属性共同组成的主键为复合主键。当某个表是由多个属性共同作为主键时，我们就用括号将这些属性括起来，表示共同作为主键。例如，表 3-2“选课”关系的主键是(学号，课程号)。

注意，不能根据关系在某个时刻所存储的内容来决定其主键，这样做是不可靠的，这样做只能是猜测。关系的主键与其实际的应用语义有关，与关系模式设计者的意图有关。例如，对于表 3-2 的“选课”关系，用(学号，课程号)作为主键在一个学生对一门课程只能有一次考试的前提下是成立的，如果实际情况是一个学生对一门课程可以有多次考试，则用(学号，课程号)作为主键就不够了。因为一个学生对一门课程有多少次考试，其(学号，课程号)的值就会重复多少遍。如果是这种情况，就必须为这个关系添加新的列，比如“考试次数”，并用(学号，课程号，考试次数)作为主键。

10. 主属性(Primary Attribute)和非主属性(Nonprimary Attribute)

包含在任一候选键中的属性称为主属性。不包含在任一候选键中的属性称为非主属性。

关系中的术语很多可以与现实生活中的表格所使用的术语进行对应，见表 3-3。

表 3-3　术语对比

关系术语	一般的表格术语
关系名	表名
关系模式	表头(表所含列的描述)
关系	(一张)二维表
元组	记录或行
属性	列
分量	一条记录中某个列的值

3.2.2　形式化定义

在关系模型中，无论是实体还是实体之间的联系均由单一的结构类型表示——关系。关系模型是建立在集合论的基础上的，本节我们将从集合论的角度给出关系数据结构的形式化定义。

1. 关系的形式化定义

为了给出关系的形式化定义，首先定义笛卡儿积：

设 $D_1,D_2,\cdots,D_n$ 为任意集合，定义笛卡儿积 $D_1,D_2,\cdots,D_n$ 为：

$$D_1\times D_2\times\cdots\times D_n=\{(d_1,d_2,\cdots,d_n)\mid d_i\in D_i,i=1,2,\cdots,n\}$$

其中每一个元素$(d_1,d_2,\cdots,d_n)$称为一个 n 元组(n-tuple)，简称元组。元组中每一个 d_i 称为一个分量。

设：

D_1={计算机系，信息管理系}

D_2={李勇，刘晨，吴宾}

D_3={男，女}

则 $D_1\times D_2\times D_3$ 笛卡儿积为：

$D_1\times D_2\times D_3$={(计算机系，李勇，男)，(计算机系，李勇，女)，
(计算机系，刘晨，男)，(计算机系，刘晨，女)，
(计算机系，吴宾，男)，(计算机系，吴宾，女)，
(信息管理系，李勇，男)，(信息管理系，李勇，女)，
(信息管理系，刘晨，男)，(信息管理系，刘晨，女)，
(信息管理系，吴宾，男)，(信息管理系，吴宾，女)}

其中(计算机系，李勇，男)、(计算机系，刘晨，男)等都是元组。“计算机系”“李勇”“男”等都是分量。

笛卡儿积实际上就是一个二维表，上述笛卡儿积的运算如图 3-2 所示。

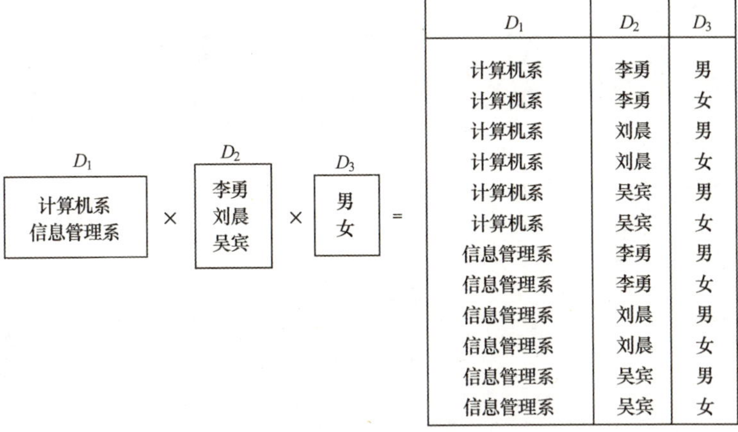

图 3-2 笛卡儿积示意图

图 3-2 中，笛卡儿积的任意一行数据就是一个元组，它的第一个分量来自 D_1，第二个分量来自 D_2，第三个分量来自 D_3。笛卡儿积就是所有这样的元组的集合。

根据笛卡儿积的定义可以给出关系的形式化定义：笛卡儿积 $D_1, D_2, \cdots, D_n$ 的任意一个子集称为 $D_1, D_2, \cdots, D_n$ 上的一个 n 元关系。

形式化的关系定义同样可以把关系看成二维表，给表中的每个列取一个名字，称为属性。n 元关系有 n 个属性，一个关系中属性的名字必须唯一。属性 D_i 的取值范围($i=1,2,\cdots,n$)称为该属性的值域(Domain)。

如上述例子中，取子集：

$R=\{$(计算机系，李勇，男)，(计算机系，刘晨，男)，(信息管理系，吴宾，女)$\}$

就构成了一个关系，其二维表的形式见表 3-4，把第一个属性命名为“所在系”，第二个属性命名为“姓名”，第三个属性命名为“性别”。

表 3-4 一个关系

所在系	姓名	性别
计算机系	李勇	男
计算机系	刘晨	男
信息管理系	吴宾	女

从集合论的观点也可以将关系定义为：关系是一个有 K 个属性元组的集合。

2. 对关系的限定

关系可以看成二维表，但并不是所有的二维表都是关系。关系数据库对关系有一些限定，归纳起来有如下几个方面：

(1)关系中的每个分量都必须是不可再分的最小属性。即每个属性都不能再被分解为更小的属性，这是关系数据库对关系的最基本的限定。例如，表 3-5 就不满足这个限定，因为在这个表中，“高级职称人数”不是最小的属性，它是由两个属性组成的一个复合属性。对于这种情况只需要将“高级职称人数”属性分解为“教授人数”和“副教授人数”两个属性即可，见表 3-6，这时这个表就是一个关系。

表 3-5　　包含复合属性的表

系名	人数	高级职称人数	
		教授人数	副教授人数
计算机系	80	10	20
信息管理系	40	6	18
通信工程系	30	8	10

不是最小属性

表 3-6　　不包含复合属性的表

系名	人数	教授人数	副教授人数
计算机系	80	10	20
信息管理系	40	6	18
通信工程系	30	8	10

(2)表中列的数据类型是固定的，即列中的每个分量都是同类型的数据，来自相同的值域。

(3)不同列的数据可以取自相同的值域，每个列称为一个属性，每个属性有不同的属性名。

(4)关系表中列的顺序不重要，即列的次序可以任意交换，不影响其表达的语义。

(5)行的顺序也不重要，交换行数据的顺序不影响关系的内容。其实在关系数据库中并没有第 1 行、第 2 行这样的概念，而且数据的存储顺序也与数据的输入顺序无关，数据的输入顺序不影响对数据库数据的操作过程，也不影响其操作效率。

(6)同一个关系中的元组不能重复，即在一个关系中任意两个元组的值不能完全相同。

关系代数（一）

关系代数（二）

关系代数（三）

3.3 关系代数

关系模型源于数学，关系是由元组构成的集合，可以通过关系的运算来表达查询要求，而关系代数恰恰是关系操作语言的一种传统的表示方式，它是一种抽象的查询语言。

关系代数是一种纯理论语言，它定义了一些操作，运用这些操作可以从一个或多个关系中得到另一个关系，而不改变源关系。因此，关系代数的操作数和操作结果都是关系，而且一个操作的输出可以是另一个操作的输入。关系代数同算术运算一样，可以出现一个套一个的表达式。关系在关系代数下是封闭的，正如数字在算术操作下是封闭的一样。

关系代数是一种单次关系(或者说是集合)语言，即所有元组可能来自多个关系，但是可以用不带循环的一条语句处理。关系代数命令的语法形式有多种，本书采用的是一套通用的符号表示方法。

关系代数的运算对象是关系，运算结果也是关系。与一般的运算一样，运算对象、运算符和运算结果是关系代数的三大要素。

关系代数的运算可分为以下两大类：

(1)传统的集合运算

这类运算完全把关系看成元组的集合。传统的集合运算包括集合的广义笛卡儿积运算、并运算、交运算和差运算。

(2)专门的关系运算

这类运算除了把关系看成元组的集合外，还通过运算表达了查询的要求。专门的关系运算包括选择、投影、连接和除运算。

关系代数中的运算符可以分为四类：传统的集合运算符、专门的关系运算符、比较运算符和逻辑运算符。表 3-7 列出了这些运算符，其中比较运算符和逻辑运算符是配合专门的关系运算符来构造表达式的。

表 3-7　关系运算符

运算符		含义
传统的集合运算符	∪	并
	∩	交
	−	差
	×	广义笛卡儿积
专门的关系运算符	σ	选择
	Π	投影
	⋈	连接
	÷	除
比较运算符	>	大于
	<	小于
	=	等于
	≠	不等于
	⩽	小于或等于
	⩾	大于或等于
逻辑运算符	¬	非
	∧	与
	∨	或

3.3.1 传统的集合运算

传统的集合运算是二目运算，设关系 R 和 S 均是 n 元关系，且相应的属性值取自同一个值域，则可以定义三种运算：并运算(∪)、交运算(∩)和差运算(−)，但广义笛卡儿积并不要求参与运算的两个关系的对应属性取自相同的域。并、交、差运算的功能示意图如图 3-3 所示。

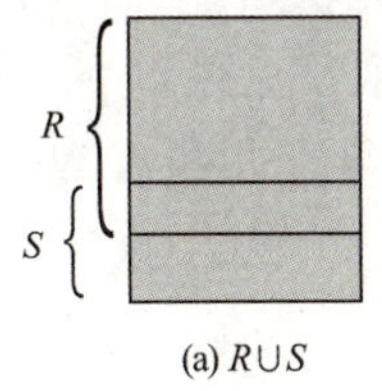

(a) $R\cup S$

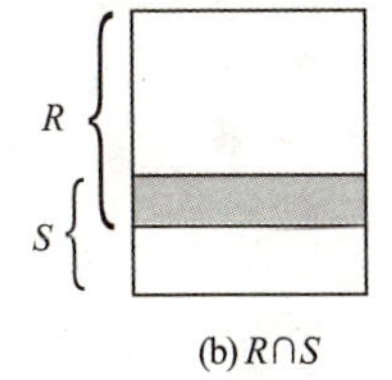

(b) $R\cap S$

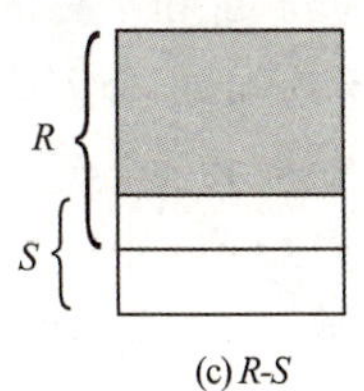

(c) $R-S$

图 3-3　并、交、差运算示意图

以图 3-4(a)和图 3-4(b)所示的两个关系为例,说明这三种传统的集合运算。

顾客号	姓名	性别	年龄
S01	张宏	男	45
S02	李丽	女	34
S03	王敏	女	28

(a)顾客表 A

顾客号	姓名	性别	年龄
S02	李丽	女	34
S04	钱景	男	50
S06	王平	女	24

(b)顾客表 B

图 3-4　描述顾客信息的两个关系

1. 并运算

设关系 R 与关系 S 均是 n 目关系,关系 R 与关系 S 的并记为:

$$R \cup S=\{t \mid t \in R \vee t \in S\}$$

其结果仍是 n 目关系,由属于 R 或属于 S 的元组组成。

图 3-5(a)显示了图 3-4(a)和图 3-4(b)两个关系的并运算结果。

2. 交运算

设关系 R 与关系 S 均是 n 目关系,则关系 R 与关系 S 的交记为:

$$R \cap S=\{t \mid t \in R \wedge t \in S\}$$

其结果仍是 n 目关系,由属于 R 并且也属于 S 的元组组成。

图 3-5(b)显示了图 3-4(a)和图 3-4(b)两个关系的交运算结果。

3. 差运算

设关系 R 与关系 S 均是 n 目关系,则关系 R 与关系 S 的差记为:

$$R-S=\{t \mid t \in R \wedge t \notin S\}$$

其结果仍是 n 目关系,由属于 R 并且不属于 S 的元组组成。

图 3-5(c)显示了图 3-4(a)和图 3-4(b)两个关系的差运算结果。

顾客号	姓名	性别	年龄
S01	张宏	男	45
S02	李丽	女	34
S03	王敏	女	28
S04	钱景	男	50
S06	王平	女	24

(a)顾客表 $A \cup$ 顾客表 B

顾客号	姓名	性别	年龄
S02	李丽	女	34

(b)顾客表 $A \cap$ 顾客表 B

顾客号	姓名	性别	年龄
S01	张宏	男	45
S03	王敏	女	28

(c) 顾客表 $A-$顾客表 B

图 3-5　描述顾客信息的两个关系

4. 广义笛卡儿积

广义笛卡儿积不要求参加运算的两个关系具有相同的目数。

两个分别为 m 目和 n 目的关系 R 和关系 S 的广义笛卡儿积是一个有$(m+n)$个列的元组的集合。元组的前 m 个列是关系 R 的一个元组,后 n 个列是关系 S 的一个元组。若 R 有 $K1$ 个元组,S 有 $K2$ 个元组,则关系 R 和关系 S 的广义笛卡儿积有 $K1 \times K2$ 个元组,记作:

$$R \times S=\{t_r \wedge t_s \mid t_r \in R \wedge t_s \in S\}$$

其中 $t_r \wedge t_s$ 表示由两个元组 t_r 和 t_s 前后有序连接而成的一个元组。

任取元组 t_r 和 t_s，当且仅当 t_r 属于 R 且 t_s 属于 S 时，t_r 和 t_s 的有序连接即为 $R\times S$ 的一个元组。

实际操作时，可从 R 的第一个元组开始，依次与 S 的每一个元组组合，然后，对 R 的下一个元组进行同样的操作，直至 R 的最后一个元组也进行同样的操作为止。即可得到 $R\times S$ 的全部元组。如图 3-6 所示为广义笛卡儿积操作示意图。

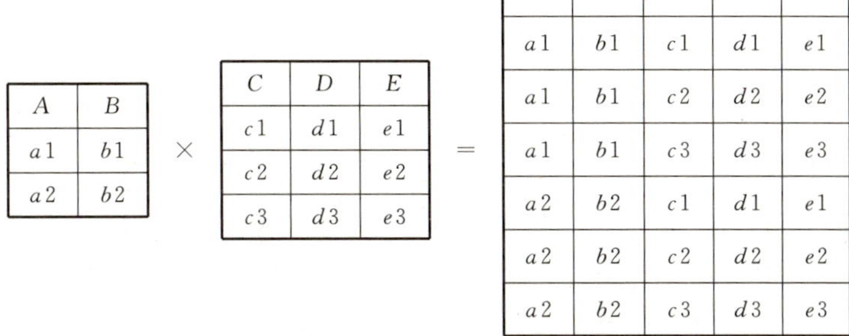

图 3-6　广义笛卡儿积操作示意图

3.3.2 专门的关系运算

专门的关系运算包括：选择、投影、连接、除等操作，其中选择和投影为一元操作，连接和除为二元操作。

下面以表 3-8 到表 3-10 的三个关系为例，介绍专门的关系运算。各关系包含的属性的含义如下：

Student：Sno（学号），Sname（姓名），Ssex（性别），Sage（年龄），Sdept（所在系）。

Course：Cno（课程号），Cname（课程名），Credit（学分），Semester（开课学期），Pcno（直接先修课）。

SC：Sno（学号），Cno（课程号），Grade（成绩）。

表 3-8　Student

Sno	Sname	Ssex	Sage	Sdept
0811101	李勇	男	21	计算机系
0811102	刘晨	男	20	计算机系
0811103	王敏	女	20	计算机系
0811104	张小红	女	19	计算机系
0821101	张立	男	20	信息管理系
0821102	吴宾	女	19	信息管理系
0821103	张海	男	20	信息管理系

表 3-9　Course

Cno	Cname	Credit	Semester	Pcno
C001	高等数学	4	1	NULL
C002	大学英语	3	1	NULL
C003	大学英语	3	2	C002

（续表）

Cno	Cname	Credit	Semester	Pcno
C004	计算机文化学	2	2	NULL
C005	VB	2	3	C004
C006	数据库基础	4	5	C007
C007	数据结构	4	4	C005

表 3-10 SC

Sno	Cno	Grade
0811101	C001	96
0811101	C002	80
0811101	C003	84
0811101	C005	62
0811102	C001	92
0811102	C002	90
0811102	C004	84
0821102	C001	76
0821102	C004	85
0821102	C005	73
0821102	C007	NULL
0821103	C001	50
0821103	C004	80

1. 选择(Selection)

选择运算是从指定的关系中选出满足给定条件(用逻辑表达式表达)的元组而组成一个新的关系。选择运算的功能如图 3-7 所示。

选择运算表示为：

$$\sigma_F(R)=\{\ t \mid t\in R \ \wedge\ F(t)=\text{true}\ \}$$

其中 σ 是选择运算符，R 是关系名，t 是元组，F 是逻辑表达式，取逻辑“真”值或“假”值。

例 3.1 对表 3-8 的学生关系，从中选择计算机系学生信息的关系代数表达式为：

$$\sigma_{\text{Sdept='计算机系'}}(\text{Student})$$

选择结果见表 3-11。

表 3-11 例 3.1 的选择结果

Sno	Sname	Ssex	Sage	Sdept
0811101	李勇	男	21	计算机系
0811102	刘晨	男	20	计算机系
0811103	王敏	女	20	计算机系
0811104	张小红	女	19	计算机系

2. 投影(Projection)

投影运算是从关系 R 中选取若干属性，并用这些属性组成一个新的关系。

投影运算表示为：

$$\prod_A(R)=\{\ t.A\ |\ t\in R\ \}$$

其中 $\prod$ 是投影运算符，R 是关系名，A 是被投影的属性或属性组。

$t.A$ 表示 t 这个元组中相应于属性(集)A 的分量，也可以表示为 $t[A]$。

投影运算一般由两个步骤完成：

①选取出指定的属性，形成一个可能含有重复行的新关系；

②删除重复行，形成结果关系。

例 3.2 对表 3-8 的学生关系，在 Sname、Sdept 两个列上进行投影运算，可以表示为：

$$\prod_{\text{Sname},\text{Sdept}}(\text{Student})$$

投影结果见表 3-12。

表 3-12 例 3.2 的投影结果

Sname	Sdept
李勇	计算机系
刘晨	计算机系
王敏	计算机系
张小红	计算机系
张立	信息管理系
吴宾	信息管理系
张海	信息管理系

3. 连接

连接运算用来连接相互之间有联系的两个关系，从而产生一个新的关系，这个过程由连接属性(字段)来实现。一般情况下连接属性是出现在不同关系中的语义相同的属性。连接是由笛卡儿积导出的，相当于把连接谓词看成选择公式。进行连接运算的两个关系通常是具有一对多联系的父子关系。

连接运算主要有如下几种形式：

- θ 连接
- 等值连接(θ 连接的特例)
- 自然连接
- 外部连接(简称外连接)
- 半连接

θ 连接运算一般表示为：

$$R\underset{A\theta B}{\bowtie}S=\{t_r\wedge t_s|t_r\in R\wedge t_s\in S\wedge t_r[A]\theta t_s[B]\}$$

其中 A 和 B 分别是关系 R 和关系 S 上语义相同的属性或属性组，θ 是比较运算符。

连接运算从 R 和 S 的广义笛卡儿积 $R \times S$ 中选择（R 关系）在 A 属性组上值与（S 关系）在 B 属性组上值满足比较运算符 θ 的元组。

连接运算中最重要也是最常用的连接有两个：一个是等值连接，另一个是自然连接。

当 θ 为"＝"时，连接为等值连接，它是从关系 R 与关系 S 的广义笛卡儿积中选取 A、B 属性组值相等的那些元组，即：

$$R \underset{A=B}{\bowtie} S = \{ t_r \wedge t_s \mid t_r \in R \wedge t_s \in S \wedge t_r[A] = t_s[B] \}$$

自然连接是一种特殊的等值连接，它要求两个关系中进行比较的分量必须是相同的属性或属性组，并且在连接结果中去掉重复的属性列，使公共属性列只保留一个。若关系 R 和关系 S 具有相同的属性组 B，则自然连接可记作：

$$R \bowtie S = \{ t_r \wedge t_{s'} \mid t_r \in R \wedge t_{s'} \in S' \wedge t_r[A] = t_s[B] \}$$

$$S' = S - [B]$$

$$t_{s'} = t_s - [B]$$

一般的连接运算是从行的角度进行运算，但自然连接还需要去掉重复的列，所以是同时从行和列的角度进行运算。

自然连接与等值连接的差别为：

自然连接要求相等的分量必须有共同的属性名，等值连接则不要求；

自然连接要求把重复的属性名去掉，等值连接却不这样做。

例 3.3 设有表 3-13 的"商品"关系和表 3-14 的"销售"关系，分别进行等值连接和自然连接运算：

等值连接：

$$\text{商品} \underset{\text{商品.商品号}=\text{销售.商品号}}{\bowtie} \text{销售}$$

自然连接：

$$\text{商品} \bowtie \text{销售}$$

等值连接的结果见表 3-15，自然连接的结果见表 3-16。

表 3-13　　商品

商品号	商品名	进货价格
P01	34 平面电视	2400
P02	34 液晶电视	4800
P03	52 液晶电视	9600

表 3-14　　销售

商品号	销售日期	销售价格
P01	2009-2-3	2200
P02	2009-2-3	5600
P01	2009-8-10	2800
P02	2009-2-8	5500
P01	2009-2-15	2150

表 3-15 例 3.3 等值连接结果

商品号	商品名	进货价格	商品号	销售日期	销售价格
P01	34 平面电视	2400	P01	2009-2-3	2200
P01	34 平面电视	2400	P01	2009-8-10	2800
P01	34 平面电视	2400	P01	2009-2-15	2150
P02	34 液晶电视	4800	P02	2009-2-3	5600
P02	34 液晶电视	4800	P02	2009-2-8	5500

表 3-16 例 3.3 自然连接结果

商品号	商品名	进货价格	销售日期	销售价格
P01	34 平面电视	2400	2009-2-3	2200
P01	34 平面电视	2400	2009-8-10	2800
P01	34 平面电视	2400	2009-2-15	2150
P02	34 液晶电视	4800	2009-2-3	5600
P02	34 液晶电视	4800	2009-2-8	5500

从例 3.3 可以看到，当两个关系进行自然连接时，连接的结果由两个关系中公共属性值相等的元组构成。从连接的结果中我们看到，在“商品”关系中，如果某商品(这里是“P03”号商品)在“销售”关系中没有出现(没有被销售过)，则关于该商品的信息不会出现在连接结果中。也就是说，在连接结果中会舍弃不满足连接条件(这里是两个关系中的“商品号”相等)的元组，这种形式的连接称为内连接。

如果希望不满足连接条件的元组也出现在连接结果中，则可以通过外连接(Outer Join)操作实现。外连接有三种形式：左外连接(Left Outer Join)、右外连接(Right Outer Join)和全外连接(Full Outer Join)。

左外连接的连接形式为：$R * \bowtie S$

右外连接的连接形式为：$R \bowtie * S$

全外连接的连接形式为：$R * \bowtie * S$

左外连接的含义是把连接符号左边的关系(R)中不满足连接条件的元组也保留到连接后的结果中，并在连接结果中将该元组对应的右边关系(S)的各个属性均置成空值(NULL)。

右外连接的含义是把连接符号右边的关系(S)中不满足连接条件的元组也保留到连接后的结果中，并在连接结果中将该元组对应的左边关系(R)的各个属性均置成空值(NULL)。

全外连接的含义是把连接符号两边的关系(R 和 S)中不满足连接条件的元组均保留到连接后的结果中，并在连接结果中将不满足连接条件的各元组的相关属性均置成空值(NULL)。

"商品"关系和"销售"关系的左外连接表达式为：

$$商品 * \bowtie 销售$$

连接结果见表 3-17。

表 3-17　商品和销售的左外连接结果

商品号	商品名	进货价格	销售日期	销售价格
P01	34 平面电视	2400	2009-2-3	2200
P01	34 平面电视	2400	2009-8-10	2800
P01	34 平面电视	2400	2009-2-15	2150
P02	34 液晶电视	4800	2009-2-3	5600
P02	34 液晶电视	4800	2009-2-8	5500
P03	52 液晶电视	9600	NULL	NULL

设有表 3-18 和表 3-19 的两个关系 R 和 S，则这两个关系的全外连接结果见表 3-20 所示。

表 3-18　关系 ***R***

A	B	C
a1	b1	c1
a2	b2	c1
a3	b1	c2
a4	b3	c1
a5	b2	c1

表 3-19　关系 ***S***

E	B	D
e1	b1	d1
e2	b3	d1
e3	b1	d2
e4	b4	d1
e5	b3	d1

表 3-20　关系 ***R*** 和 ***S*** 的全外连接结果

A	B	C	E	D
a1	b1	c1	e1	d1
a1	b1	c1	e3	d2
a2	b2	c1	NULL	NULL
a3	b1	c2	e1	d1
a3	b1	c2	e3	d2
a4	b3	c1	e2	d1
a4	b3	c1	e5	d1
a5	b2	c1	NULL	NULL
NULL	b4	NULL	e4	d1

4. 除(Division)

(1)除法的简单描述

设关系 S 的属性是关系 R 的属性的一部分，则 $R \div S$ 为这样一个关系：

此关系的属性是由属于 R 但不属于 S 的所有属性组成的；

$R \div S$ 的任一元组都是 R 中某元组的一部分。但必须符合下列要求，即任取属于 $R \div S$ 的一个元组 t，则 t 与 S 的任一元组连接后，都为 R 中原有的一个元组。

除法运算的示意图如图 3-7 所示。

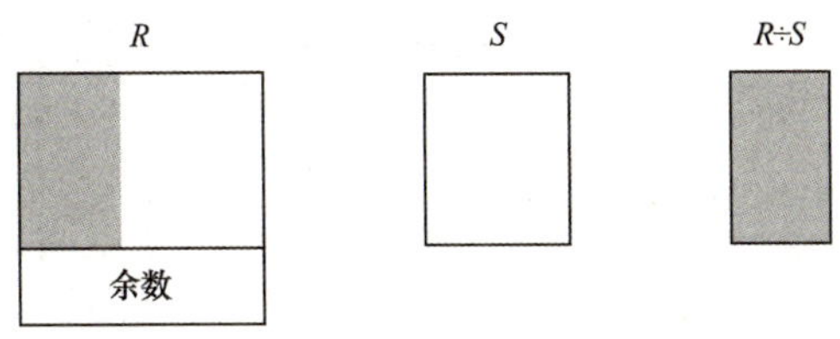

图 3-7 除法运算示意图

(2)除法的一般形式

设有关系 $R(X,Y)$ 和关系 $S(Y,Z)$，其中 X、Y、Z 为关系的属性组，则：

$$R(X,Y) \div S(Y,Z) = R(X,Y) \div \prod Y\ (S)$$

(3)关系的除运算

关系的除运算是关系运算中最复杂的一种，关系 R 与 S 的除运算解决了 $R \div S$ 关系的属性组成及其元组应满足的条件要求，但怎样确定关系 $R \div S$ 元组，应先引入一个概念：

象集：给定一个关系 $R(X,Y)$，X 和 Y 为属性组。当 $t[X]=x$ 时，x 在 R 中的象集(Image Set)为：

$$Yx = \{\ t[Y] \mid tR \wedge t[X]=x\ \}$$

其中 $t[Y]$ 和 $t[X]$ 分别表示 R 中的元组 t 在属性组 Y 和 X 上的分量的集合。

例如在表 3-11 的 Student 关系中，有一个元组值为：

(0821101，张立，男，20，信息管理系)

假设 $X=\{Sdept,Ssex\}$，$Y=\{Sno,Sname,Sage\}$，则上式中的 $t[X]$ 的一个值为：

$x=$(信息管理系，男)

此时，Yx 为 $t[X]=x=$(信息管理系，男)时所有 $t[Y]$ 的值，即：

$Yx=\{$(0821101，张立，20)，(0821103，张海，20)$\}$

也就是由信息管理系全体男生的学号、姓名、年龄所构成的集合。

又例如，对于表 3-13 的 SC 关系，如果设 $X=\{Sno\}$，$Y=\{Cno,Grade\}$，则当 X 取“0811101”时，Y 的象集为：

$$Yx=\{(C001,96),(C002,80),(C003,84),\ (C005,62)\}$$

当 X 取“0821103”时，Y 的象集为：

$$Yx=\{(C001,50),(C004,80)\}$$

现在，我们再回过头来讨论除法的一般形式：

设有关系 $R(X,Y)$ 和 $S(Y,Z)$，其中 X、Y、Z 为关系的属性组，则：

$$R \div S=\{t_r[X] \mid t_r R \wedge \Pi Y(S)\ Yx\ \}$$

如图 3-8 所示的除法运算的结果的语义为至少选了“C001”和“C005”两门课程的学生的学号。

Sno	*Cno*
0611101	C001
0611101	C002
0611101	C003
0611101	C005
0611102	C001
0611102	C002
0611102	C004
0621102	C001
0621102	C004
0621102	C005
0621102	C007

÷

cno	*cname*
C001	高等数学
C005	VB

=

sno
0611101
0621102

图 3-8　除法运算示例

下面以表 3-11 至 3-13 所示 *Student*、*Course* 和 *SC* 关系为例，给出一些关系代数运算的例子。

例 3.4 查询选了 C002 课程的学生的学号和成绩。

$$\Pi_{Sno,Grade}(\sigma_{Cno='C002'}(SC))$$

运算结果如图 3-9 所示。

Sno	*Grade*
0611101	80
0611102	90

图 3-9　例 3.4 的结果

例 3.5 查询信息管理系选了 C004 课程的学生的姓名和成绩。

由于学生姓名信息在 *Student* 关系中，而成绩信息在 *SC* 关系中，因此这个查询同时涉及 *Student* 和 *SC* 两个关系。一种实现形式是首先应对这两个关系进行自然连接，得到同一位学生的有关信息，然后再对连接的结果执行选择和投影操作。具体如下：

$$\Pi_{\text{Sname, Grade}}(\sigma_{\text{Cno}='\text{C004}' \wedge \text{Sdept}='\text{信息管理系}'}(\text{SC} \bowtie \text{Student}))$$

也可以写成：

$$\Pi_{\text{Sname, Grade}}(\sigma_{\text{Cno}='\text{C004}'}(SC) \bowtie \sigma_{\text{Sdept}='\text{信息管理系}'}(\text{Student}))$$

另一种实现形式是首先在 *SC* 关系中查询出选了“C004”课程的子集合，其次从 *Student* 关系中查询出“信息管理系”学生的子集合，最后再对这个子集合进行自然连接运算(*Sno* 相等)，这种查询的执行效率会比第一种形式高。

运算结果如图 3-10 所示。

Sname	*Grade*
吴宾	85
张海	80

图 3-10　例 3.5 的结果

例 3.6 查询选了第 2 学期开设课程的学生姓名、所在系和所选的课程号。

这个查询的查询条件和查询列与 *Student*（包含姓名和所在系信息）和 *Course*（包含课程号和开课学期信息）有关。但由于 *Student* 关系和 *Course* 关系之间没有可以进行连接的属性(要求必须语义相同)，因此如果将 *Student* 关系和 *Course* 关系进行连接，则必须要借助 *SC* 关系，通过 *SC* 关系的 *Sno* 与 *Student* 关系的 *Sno* 进行自然连接，并通过 *SC* 关系的 *Cno* 与 *Course* 关系中的 *Cno* 进行自然连接，可实现 *Student* 关系和 *Course* 关系之间的关联关系。

具体的关系代数表达式如下：

$$\prod_{\text{Sname, Sdept, Cno}}(\sigma_{\text{Semester}=2}(\text{Course} \bowtie \text{SC} \bowtie \text{Student}))$$

也可以写成：

$$\prod_{\text{Sname, Sdept, Cno}}(\sigma_{\text{Semester}=2}(\text{Course}) \bowtie \text{SC} \bowtie \text{Student})$$

运算结果如图 3-11 所示。

Sname	*Sdept*	*Cno*
李勇	计算机系	C003
刘晨	计算机系	C004
吴宾	信息管理系	C004
张海	信息管理系	C004

图 3-11　例 3.6 的运算结果

例 3.7 查询选了“高等数学”且成绩大于或等于 90 分的学生姓名、所在系和成绩。

这个查询涉及 *Student*、*SC* 和 *Course* 三个关系，在 *Course* 关系中可以指定课程名(高等数学)，从 *Student* 关系中可以得到姓名、所在系，从 *SC* 关系中可以得到成绩。

具体的关系代数表达式如下：

$$\prod_{\text{Sname, Sdept, Grade}}(\sigma_{\text{Cname}='高等数学' \wedge \text{Grade}>=90}(\text{Course} \bowtie \text{SC} \bowtie \text{Student}))$$

也可以写成：

$$\prod_{\text{Sname, Sdept, Grade}}(\sigma_{\text{Cname}='高等数学'}(\text{Course}) \bowtie \sigma_{\text{Grade}>=90}(\text{SC}) \bowtie \text{Student})$$

运算结果如图 3-12 所示。

例 3.8 查询未选 *VB* 课程的学生的姓名和所在系。

实现这个查询的基本思路是从全体学生中去掉选了 *VB* 课程的学生，因此需要用到差运算。

具体的关系代数表达式如下：

$$\prod_{\text{Sname, Sdept}}(\text{Student}) - \prod_{\text{Sname, Sdept}}(\sigma_{\text{Cname}='\text{VB}'}(\text{Course} \bowtie \text{SC} \bowtie \text{Student}))$$

也可以写成：

$$\prod_{\text{Sname, Sdept}}(\text{Student}) - \prod_{\text{Sname, Sdept}}(\sigma_{\text{Cname}='\text{VB}'}(\text{Course}) \bowtie \text{SC} \bowtie \text{Student})$$

运算结果如图 3-13 所示。

Sname	Sdept	Grade
李勇	计算机系	96
刘晨	计算机系	92

图 3-12　例 3.7 的运算结果

Sname	Sdept
张海	信息管理系

图 3-13　例 3.8 的运算结果

例 3.9　查询选了全部课程的学生的姓名和所在系。

编写这个查询语句的关系代数表达式的思考过程如下：

①学生选课情况可用 $\prod_{\text{SNO,CNO}}(\text{SC})$ 表示；

② 全部课程可用 $\prod_{\text{CNO}}(\text{Course})$ 表示；

③ 查询选了全部课程的学生可用除法运算得到，即：

$$\prod_{\text{SNO,CNO}}(\text{SC}) \div \prod_{\text{CNO}}(\text{Course})$$

这个关系代数表达式的操作结果为选了全部课程的学生学号(Sno) 的集合。

④ 从得到的 Sno 集合的 Student 关系中找到对应的学生姓名(Sname) 和所在系(Sdept)，这可以用自然连结和投影操作组合实现。最终的关系代数表达式为：

$$\prod_{\text{Sname, Sdept}}(\text{Student} \bowtie (\prod_{\text{SNO,CNO}}(\text{SC}) \div \prod_{\text{CNO}}(\text{Course})))$$

对所有数据来说该运算结果为空集合。

例 3.10　查询计算机系选了第 1 学期开设的全部课程的学生的学号和姓名。

编写这个查询语句的关系代数表达式的思考过程与例 3.9 类似，只是将 ② 改为：查询第 1 学期开设的全部课程，这可用 $\prod_{\text{CNO}}(\sigma_{\text{Semester}=1}(\text{Course})$ 表示。最终的关系代数表达式为：

$$\prod_{\text{Sno, Sname}}(\sigma_{\text{Sdept}='\text{计算机系}'}(\text{Student}) \bowtie (\prod_{\text{SNO,CNO}}(\text{SC}) \div \prod_{\text{cno}}(\sigma_{\text{Semester}=1}(\text{Course}))))$$

运算结果如图 3-14 所示。

Sno	Sname
0611101	李勇
0611102	刘晨

图 3-14　例 3.10 的运算结果

表 3-21 对关系代数操作进行了总结。

表 3-21　**关系代数操作总结**

操作	表示方法	功能
选择	$\sigma_F(R)$	产生一个新关系，其中只包含 R 中满足指定谓词的元组
投影	$\prod_{a1,a2,\cdots,an}(R)$	产生一个新关系，该关系由指定的 R 中属性和一个 R 的垂直子集组成，并且去掉了重复的元组
连接	$R \underset{A\theta B}{\bowtie} S$	产生一个新关系，该关系包含了 R 和 S 的广义笛卡儿积中所有满足 θ 运算的元组
自然连接	$R \bowtie S$	产生一个新关系，由关系 R 和 S 在所有公共属性 x 上的相等连接得到，并且在结果中，每个公共属性只保留一个

（续表）

操作	表示方法	功能
（左）外连接	$R * \bowtie S$	产生一个新关系，将 R 在 S 中无法找到匹配的公共属性的 R 中的元组也保留在新关系中，并将对应 S 关系的各属性值均置为空
并	$R \cup S$	产生一个新关系，由 R 和 S 中所有不同的元组构成。R 和 S 必须是可进行并运算的
交	$R \cap S$	产生一个新关系，由既属于 R 又属于 S 的元组构成。R 和 S 必须是可进行交运算的
差	$R - S$	产生一个新关系，由属于 R 但不属于 S 的元组构成。R 和 S 必须是可进行差运算的
广义笛卡儿积	$R \times S$	产生一个新关系，是关系 R 中的每个元组与关系 S 中的每个元组并联的结果
除	$R \div S$	产生一个属性集合 C 上的关系，该关系的元组与 S 中的每个元组组合都能在 R 中找到匹配的元组，这里 C 是属于 R 但不属于 S 的属性集合

关系运算的优先级按从高到低的顺序为：投影、选择、广义笛卡儿积、连接和除（同级）、交、并和差（同级）。

习题 3

1. 解释以下名词

   主键、候选键、关系、关系模式

2. 数据模型的三要素是什么？
3. 关系数据库的三个完整性是什么，各有什么含义？
4. 利用表 3-8 至表 3-10 给出的三个关系，实现如下查询的关系代数表达式。

(1)查询“信息管理系”学生的选课情况，列出学号、姓名、课程号和成绩。

(2)查询“VB”课程的考试情况，列出学生姓名、所在系和考试成绩。

(3)查询考试成绩高于 90 分的学生的姓名、课程名和成绩。

(4)查询至少选修了 0821103 学生所选的全部课程的学生姓名和所在系。

(5)查询至少选了“C001”和“C002”两门课程的学生姓名、所在系和所选的课程号。

第 4 章　SQL 语言

SQL(Structured Query Language)语言全称是结构化查询语言，它是一种在关系型数据库中定义和操纵数据的标准语言。它实际上包含数据定义、数据查询、数据操作和数据控制等与数据库有关的全部功能。

4.1　SQL 语言概述

SQL 语言是操作关系数据库的标准语言，是一种高级的非过程化编程语言，是沟通数据库服务器和客户端的重要工具，允许用户在高层数据库结构上工作。本节介绍 SQL 语言的发展历史、特点以及主要功能。

4.1.1　SQL 语言的发展历史

最早的 SQL 原型是 IBM 的研究人员在 20 世纪 70 年代开发的，该原型被命名为 SEQUEL(Structured English QUEry Language)。现在许多人仍将在这个原型之后推出的 SQL 语言发音为"sequel"，但根据 ANSI SQL 委员会的规定，其正式发音应该是"ess cue ell"，即把 SQL 这三个字母一个一个读出来。随着 SQL 语言的颁布，各数据库厂商纷纷在其产品中引入并支持 SQL 语言，尽管绝大多数产品对 SQL 语言的支持大部分是相似的，但它们之间还是存在一定的差异，这些差异不利于初学者的学习。因此，我们在本章介绍 SQL 时主要介绍标准的 SQL 语言，我们将其称为基本 SQL。

从 20 世纪 80 年代以来，SQL 就一直是关系数据库管理系统(RDBMS)的标准语言。最早的 SQL 标准是 1986 年 10 月由美国 ANSI(American National Standards Institute)颁布的。随后，ISO(International Standards Organization)于 1987 年 6 月也正式采纳它为国际标准，并在此基础上进行了补充。到 1989 年 4 月，ISO 提出了具有完整性特征的 SQL，并称为 SQL-89。SQL-89 标准的颁布，对数据库技术的发展和数据库的应用起到了很大的推动作用。尽管如此，SQL-89 仍有许多不足或不能满足应用需求的地方。为此，在 SQL-89 的基础上，经过 3 年多的研究和修改，ISO 和 ANSI 共同于 1992 年 8 月颁布了 SQL 的新标准，即 SQL-92（或称为 SQL2）。1999 年又颁布了新的 SQL 标准，称为 SQL-99（或 SQL3）。

不同数据库厂商的数据库管理系统提供的 SQL 语言略有差别，本书主要介绍 Microsoft SQL Server 使用的 SQL 语言（称为 Transact-SQL，简称 T-SQL）的功能，其他的数据库管理系统使用的 SQL 语言绝大部分是一样的。

4.1.2 SQL 语言的特点

SQL 之所以能够被用户和业界所接受并成为国际标准，是因为它是一个综合的、功能强大且又比较简捷易学的语言。SQL 语言集数据定义、数据查询、数据操作和数据控制功能于一身，其主要特点如下：

1. 一体化

SQL 语言风格统一，可以完成数据库活动中的全部工作，包括创建数据库、定义模式、更改和查询数据以及安全控制和维护数据库等。这为数据库应用系统的开发提供了良好的环境。用户在数据库系统投入使用之后，还可以根据需要随时修改模式结构，并且可以不影响数据库的运行，从而使系统具有良好的可扩展性。

2. 高度非过程化

在使用 SQL 语言访问数据库时，用户没有必要告诉计算机“如何”一步步地实现操作，只需要用 SQL 语言描述要“做什么”，然后由数据库管理系统自动完成全部工作。

3. 面向集合的操作方式

SQL 语言采用集合操作方式，不仅查询结果是记录的集合，而且插入、删除和更新操作的对象也是记录的集合。

4. 提供多种方式使用

SQL 语言既是自含式语言，又是嵌入式语言。自含式语言可以独立联机交互，即用户可以直接以命令方式交互使用。嵌入式语言是指 SQL 可以嵌入 Java、C# 等高级程序设计语言中使用。并且不管是哪种使用方式，SQL 语言的语法都是一样的，这就大大改善了最终用户和程序设计人员之间的沟通，为最终用户提供了极大的灵活性与方便性。

5. 语言简洁

SQL 的语法简单，易学易用。利用 SQL 语言提供的 10 个词（表 4-1）就可完成数据库操作的核心功能。

表 4-1 SQL 语言的主要功能

SQL 功能	谓词
数据定义（DDL）	CREATE、DROP、ALTER
数据查询（DQL）	SELECT
数据操纵（DML）	INSERT、UPDATE、DELETE
数据控制（DCL）	GRANT、REVOKE、DENY

4.1.3 SQL 语言的功能

SQL 语言按其功能可分为 4 大部分：数据定义、数据查询、数据操纵和数据控制。表 4-1 列出了实现这 4 部分功能的谓词。

数据定义功能用于定义、删除和修改数据库中的对象，数据库、关系表、视图、索引等都是数据库对象；数据查询功能用于实现查询数据的功能，数据查询是数据库中使用最多的操作；数据操纵功能用于添加、删除和修改数据库数据；数据控制功能用于控制用户对数据的操作权限。

4.2 SQL 支持的数据类型

关系数据库的表由不同的属性组成，属性是由名称、类型和长度等来描述的。因此，在定义表结构时，应该为每个属性指定一个确定的数据类型。

每个数据库厂商提供的数据库管理系统所支持的数据类型并不完全相同，而且与标准的 SQL 也有差异，SQL 数据类型由 13 个基本数据类型组成，它们是由 Microsoft Jet 数据库引擎和几个验证过的有效同义字定义的。常见的有整型，单精度，双精度，可变长度字符，固定长度字符，长型，日期等。下面主要介绍 Microsoft SQL Server 支持的常用数据类型。

4.2.1 数值型

1. 精确数字

精确数字类型(表 4-2)数值是指在计算机中能够精确存储的数据，如整型数、定点小数等都是精确型数据。

表 4-2 精确数字类型

数据类型	描述	存储
tinyint	允许从 0 到 255 的所有数值	1 字节
smallint	允许从 −32 768 到 32 767 的所有数值	2 字节
int	允许从 −2 147 483 648 到 2 147 483 647 的所有数值	4 字节
bigint	允许从 −9,223,372,036,854,775,808 到 9,223,372,036,854,775,807 之间的所有数值	8 字节
decimal(p,s) 或者 numeric(p,s)	固定精度和比例的数值，允许从 −1×38+1 到 1×38−1 之间的数值；p 参数指示可以存储的最大位数(小数点左侧和右侧)，p 必须是 1 到 38 之间的值，默认是 18；s 参数指示小数点右侧存储的最大位数，s 必须是 0 到 p 之间的值，默认是 0	5～17 字节
smallmoney	从 −214,748.364 8 到 214,748.364 7 之间的货币数据	4 字节
money	从 −922,337,203,685,477.580 8 到 922,337,203,685,477.580 7 之间的货币数据	8 字节

2. 近似数字

近似数字类型(表 4-3)用于存储浮点型数据,表示在其数据类型范围内的所有数据在计算机中不一定都能精确地表示。

表 4-3 近似数字类型

数据类型	描述	存储
float(n)	从−1.79E+308 到 1.79E + 308 的浮动精度数字数据,参数 n 指示该字段保存 4 字节还是 8 字节,float(24) 保存 4 字节,而 float(53) 保存 8 字节,n 的默认值是 53	4 或 8 字节
real	从−3.40E + 38 到 3.40E + 38 的浮动精度数值数据	4 字节

4.2.2 日期时间型

SQL Server 2019 提供了丰富的日期和时间类型(表 4-4)。

表 4-4 日期和时间类型

数据类型	描述	存储
datetime	从 1753 年 1 月 1 日到 9999 年 12 月 31 日,精度为 3.33 毫秒	8 字节
datetime2	从 1753 年 1 月 1 日到 9999 年 12 月 31 日,精度为 100 纳秒	6~8 字节
smalldatetime	从 1900 年 1 月 1 日到 2079 年 6 月 6 日,精度为 1 分钟	4 字节
date	仅存储日期,从 0001 年 1 月 1 日到 9999 年 12 月 31 日	3 字节
time	仅存储时间,精度为 100 纳秒	3-5 字节
datetimeoffset	与 datetime2 相同,外加时区偏移	8-10 字节
timestamp	存储唯一的数值,每当创建或修改某行时,该数字会更新,timestamp 基于内部时钟,不对应真实时间,每个表只能有一个 timestamp 变量	

4.2.3 字符串型

字符串型数据由汉字、英文字母、数字、符号或二进制串组成。目前字符的编码方式有两种:一种是普通字符编码,另一种是统一字符编码(Unicode)。普通字符编码指的是不同国家或地区的编码长度不一样,如英文字母的编码是 1 个字节(8 位),中文汉字的编码是 2 个字节(16 位)。统一字符编码是对所有语言中的字符均采用双字节(16 位)编码。

1. 普通字符编码串(表 4-5)

表 4-5 普通字符编码串类型

数据类型	描述	存储
char(n)	固定长度的字符串,最多 8 000 个字符	n 字节
varchar(n)	可变长度的字符串,最多 8 000 个字符	由实际长度决定
varchar(max)	可变长度的字符串,最多 1 073 741 824 个字符	由实际长度决定
text	可变长度的字符串,最多 2 GB 字符数据	由实际长度决定

2. 统一字符编码串(表 4-6)

表 4-6 统一字符编码串类型

数据类型	描述	存储
nchar(n)	固定长度的 Unicode 数据，最多 4 000 个字符	n 字节
nvarchar(n)	可变长度的 Unicode 数据，最多 4 000 个字符	由实际长度决定
nvarchar(max)	可变长度的 Unicode 数据，最多 536 870 912 个字符	由实际长度决定
ntext	可变长度的 Unicode 数据，最多 2 GB 字符数据	由实际长度决定

3. 二进制字符串(表 4-7)

表 4-7 二进制字符串类型

数据类型	描述	存储
bit	允许 0、1 或 NULL	
binary(n)	固定长度的二进制数据，最多 8 000 字节	n 字节
varbinary(n)	可变长度的二进制数据，最多 8 000 字节	由实际长度决定
varbinary(max)	可变长度的二进制数据，最多 2 GB 字节	由实际长度决定
image	可变长度的二进制数据，最多 2 GB 字节	由实际长度决定

4.2.4 其他类型

除了以上常用的数据类型之外，SQL Server 2019 还提供了一些其他的数据类型，见表 4-8。

表 4-8 其他类型

数据类型	描述
sql_variant	存储最多 8 000 字节不同数据类型的数据，除了 text、ntext 以及 timestamp
uniqueidentifier	存储全局标识符 (GUID)
xml	存储 XML 格式化数据，最多 2 GB 字节
cursor	存储对用于数据库操作的指针的引用
table	存储结果集，供稍后处理

数据定义功能

4.3 数据定义功能

SQL Server 2019 中数据定义功能主要由 CREATE、DROP 和 ALTER 三个动词组成，它们分别完成对数据库对象的创建、删除和修改。这些数据库对象包括数据库(DATABASE)、架构(SCHEMA)、表(TABLE)、视图(VIEW)以及索引(INDEX)等。下面主要介绍数据库、架构和表的定义，视图与索引的定义在相应的章节中讲解。

4.3.1 数据库的定义

1. 数据库创建

数据库创建使用 CREATE DATABASE 语句，其语法格式如下：

```
CREATE DATABASE <数据库名>
[ ON [ PRIMARY ] <文件> [,... n ]
    [, <文件组> [,... n ] ]
    [ LOG ON <文件> [,... n ] ] ]
[ COLLATE <校验方式名> ]
[ WITH <选项> [,... n ] ] [;]
```

例 4.1 创建一个名为 StudentCourse 的数据库。

SQL 语句如下：

```
CREATE DATABASE StudentCourse
```

2. 数据库修改

数据库修改使用 ALTER DATABASE 语句，其语法格式如下：

```
ALTER DATABASE <数据库名>
  ADD FILE <文件> [,... n ]
    [ TO FILEGROUP { 文件组} ]
| ADD LOG FILE <文件> [,... n ]
| REMOVE FILE <文件>
| MODIFY FILE <文件>[;]
```

例 4.2 将一个数据文件 student_Data. mdf 添加到 StudentCourse 数据库中，该文件的大小为 10 MB，最大的文件大小为 100 MB，增长速度为 2 MB，物理地址为 D 盘。

SQL 语句如下：

```
ALTER DATABASE StudentCourse
ADD FILE
(
    Name=student_Data,
    FILENAME='D:\sql\student_Data. mdf',
    Size=10MB,
    Maxsize=100MB,
    Filegrowth=2MB
)
```

3. 数据库删除

数据库删除使用 DROP DATABASE 语句，其语法格式如下：

```
DROP DATABASE <数据库名> [,... n ] [;]
```

例 4.3 将 StudentCourse 数据库删除。

SQL 语句如下：

```
DROP DATABASE StudentCourse
```

4.3.2 架构的定义

架构(SCHEMA，也称模式)是数据库下的一个逻辑命名空间，可以存放表、视图等数据库对象，它是一个数据库对象的容器。

1. 架构创建

架构创建使用 CREATE SCHEMA 语句，其语法格式如下：

```
CREATE SCHEMA { <架构名>
  | AUTHORIZATION <所有者名>
  | <架构名> AUTHORIZATION <所有者名>
    }
    [ { 表定义语句 | 视图定义语句
        | 授权语句 | 收权语句 | 拒绝权限语句 }
    ][;]
```

执行创建架构语句的用户必须具有数据库管理员的权限，或者是获得了数据库管理员授予的 CREATE SCHEMA 的权限。

例 4.4 为用户“ZHANG”定义一个架构，架构名为“S_C”。

SQL 语句如下：

```
CREATE SCHEMA S_C AUTHORIZATION ZHANG
```

2. 架构修改

架构修改使用 ALTER SCHEMA 语句，可用于在同一数据库的架构之间移动对象。其语法格式如下：

```
ALTER SCHEMA <架构名>
    TRANSFER <对象名> [;]
```

例 4.5 将表 Address 从架构 Person 传输到 HumanResources 架构。

SQL 语句如下：

```
ALTER SCHEMA HumanResources TRANSFER Person.Address;
```

3. 架构删除

架构删除使用 DROP SCHEMA 语句，其语法格式如下：

```
DROP SCHEMA <架构名> [;]
```

例 4.6 删除 S_C 架构。

SQL 语句如下：

```
DROP SCHEMA S_C
```

4.3.3 表的定义

1. 表的创建

表的创建使用 CREATE TABLE 语句，其语法格式如下：

```
CREATE TABLE [<架构名>.]<表名> (
    { <列名> <数据类型> [ 列级完整性约束定义 [ ... n ] ] }
    [ 表级完整性约束定义 ] [,... n ]
)
```

注意，默认时 SQL 语言不区分大小写。

参数说明如下：

- <表名>是所要定义的基本表的名字。
- <列名>是表中所包含的属性列的名字。
- 在定义表的同时还可以定义与表有关的完整性约束条件，这些完整性约束条件都会存储在系统的数据字典中。如果完整性约束只涉及表中的一个列，则这些约束条件可以在

“列级完整性约束定义”处定义，也可以在“表级完整性约束定义”处定义；但某些涉及表中多个属性列的约束，必须在“表级完整性约束定义”处定义。

上述语法中用到了一些特殊的符号，比如[ ]，这些符号是文法描述的常用符号，而不是 SQL 语句的部分。我们简单介绍一下这些符号的含义（有些符号在上述这个语法中可能没有用到）。

方括号([ ])中的内容表示是可选的(可出现 0 次或 1 次)，比如[列级完整性约束定义]代表可以有也可以没有“列级完整性约束定义”。花括号({ })与省略号(…)一起，表示其中的内容可以出现 0 次或多次。竖线(|)表示在多个选项中选择一个，比如 term1 | term2 | term3，表示在三个选项中任选一项。竖线也能用在方括号中，表示可以选择由竖线分隔的子句中的一个，但整个子句又是可选的(也就是可以没有子句出现)。

在定义基本表时可以同时定义数据的完整性约束。定义完整性约束时可以在定义列的同时定义，也可以将完整性约束作为独立的项定义。在定义列的同时定义的约束称为列级完整性约束定义；作为表的独立的一项定义的完整性约束称为表级完整性约束。

在列级完整性约束定义处可以定义如下约束：

- NOT NULL：非空约束，限制列取值非空。
- PRIMARY KEY：主键约束，指定本列为主键。
- FOREIGN KEY：外键约束，定义本列为引用其他表的外键。
- UNIQUE：唯一值约束，限制列取值不能重复。
- DEFAULT：默认值约束，指定列的默认值。
- CHECK：列取值范围约束，限制列的取值范围。

在上述约束中，NOT NULL 和 DEFAULT 只能定义在“列级完整性约束定义”处，而其他约束均可在“列级完整性约束定义”和“表级完整性约束定义”处定义。

下面对以上各种约束做详细说明：

(1)主键约束

定义主键的语法格式如下：

```
PRIMARY KEY [(<列名> [, ... n] )]
```

如果在列级完整性约束处定义单列的主键，就可省略方括号中的内容。

(2)外键约束

外键大多情况下都是单列的，它可以定义在列级完整性约束处，也可以定义在表级完整性约束处。

定义外键的语法格式如下：

```
[FOREIGN KEY (<列名>)] REFERENCES <外表名>(<外表列名>)
```

如果是在列级完整性约束处定义外键，就可以省略“FOREIGN KEY (<列名>)”。

(3)唯一值约束

唯一值约束用于限制一个列的取值不重复，或者是多个列的组合取值不重复。这个约束用在事实上具有唯一性的属性列上，比如每个人的身份证号、驾驶证号等均不能有重复值。

定义 UNIQUE 约束时注意如下事项：

- 有 UNIQUE 约束的列允许有一个空值；

- 在一个表中可以定义多个 UNIQUE 约束；
- 可以在一个列或多个列上定义 UNIQUE 约束。

在一个已有主键的表中使用 UNIQUE 约束定义非主键列取值不重复是很有用的，比如学生的身份证号，“身份证号”列不是主键，但它的取值也不能重复，这种情况就必须使用 UNIQUE 约束。

定义唯一值约束的语法格式如下：

```
UNIQUE [(<列名> [, ... n])]
```

如果在列级完整性约束处定义单列的唯一值约束，则可省略方括号中的内容。

(4)默认值约束

默认值约束用 DEFAULT 约束来实现，它用于提供列的默认值，即当在表中插入数据时，如果没有为有 DEFAULT 约束的列提供值，系统就会自动使用 DEFAULT 约束定义的默认值。

一个默认值约束只能为一个列提供默认值，且默认值约束必须是列级约束。

默认值约束的定义有两种形式，一种是在定义表时指定默认值约束，另一种是在修改表结构时添加默认值约束。

①在创建表时定义 DEFAULT 约束：

```
DEFAULT 常量表达式
```

②为已创建好的表添加 DEFAULT 约束：

```
DEFAULT 常量表达式 FOR 列名
```

(5)列取值范围约束

限制列取值范围用 CHECK 约束实现，该约束用于限制列的取值在指定范围内，即约束列的取值符合应用语义，如人的性别只能是“男”或“女”，工资必须大于 2000(假设最低工资为 2000)。需要注意的是，CHECK 所限制的列必须在同一个表中。

定义 CHECK 约束的语法格式如下：

```
CHECK(逻辑表达式)
```

注意，如果 CHECK 约束是定义多列之间的取值约束，就只能在“表级完整性约束定义”处定义。

例 4.7 使用 SQL 语句创建一个 Student 表，其结构见表 4-9。

表 4-9　Student 表结构

列名	含义	数据类型	约束
Sno	学号	char(7)	主键
Sname	姓名	nchar(20)	非空
Ssex	性别	nchar(2)	非空，默认值：男，只能是“男”或“女”
Sbirthday	出生日期	smalldatetime	
Sdept	所在系	nvarchar(20)	

SQL 语句如下：

```
CREATE TABLE Student
(
    Sno CHAR(7) PRIMARY Key,
```

```
    Sname NCHAR(20) NOT NULL,
    Ssex NCHAR(2) NOT NULL default '男' check (Ssex in('男','女')),
    Sbirthday smalldatetime NULL,
    Sdept NVARCHAR(20) NULL,
)
```

2. 表的修改

在定义基本表之后，如果需求有变化，需要更改表的结构，可以使用 ALTER TABLE 语句实现。ALTER TABLE 语句可以对表添加列、删除列、修改列的定义，也可以添加和删除约束。

不同数据库产品的 ALTER TABLE 语句的格式略有不同，我们这里给出 SQL Server 支持的 ALTER TABLE 语句的简化语法格式，对于其他的数据库管理系统，可以参考它们的语言参考手册。

ALTER TABLE 语句的语法如下：

```
ALTER TABLE [<架构名>.]<表名>
{
    ALTER COLUMN <列名> <新数据类型>              -- 修改列定义
    | ADD <列名> <数据类型> [约束]                  -- 添加新列
    | DROP COLUMN <列名>                          -- 删除列
    | ADD [constraint <约束名>] 约束定义             -- 添加约束
    | DROP <约束名>                               -- 删除约束
}
```

例 4.8 为 Students 表添加备注(Memo)列，此列的列名为 Memo，数据类型为 text，允许空。

SQL 语句如下：

```
ALTER TABLE Students
    ADD Memo text NULL
```

例 4.9 将 Students 表 Sname 列的数据类型改为 NVARCHAR(40)。

SQL 语句如下：

```
ALTER TABLE Students
    ALTER COLUMN Sname NVARCHAR(40)
```

3. 表的删除

可以使用 DROP TABLE 语句删除表，其语法格式如下：

```
DROP TABLE <表名> {, <表名> }
```

例 4.10 删除 Students 表。

SQL 语句如下：

```
DROP TABLE Students
```

注意：删除表时必须先删除外键所在表，然后再删除被参照的主键所在表。创建表时必须先建立被参照的主键所在表，后建立外键所在表。

SQL查询

4.4 数据查询功能

查询功能是 SQL 语言的核心功能，是数据库中使用最多的操作，查询语句也是 SQL 语句中比较复杂的一个语句。

4.4.1 学生数据库基本结构

学生数据库由三个表组成：Student、Course、SC，它们分别表示学生表、课程表和选课表，其结构见表 4-10 至表 4-12。

表 4-10 Student 表结构

列名	含义	数据类型	约束
Sno	学号	char(6)	主键
Sname	姓名	nvarchar(20)	非空
Ssex	性别	nchar(1)	非空，默认值：男，只能是“男”或“女”
Sbirthday	出生日期	smalldatetime	
Sdept	所在系	nvarchar(20)	
Memo	备注	nvarchar(200)	

表 4-11 Course 表结构

列名	含义	数据类型	约束
Cno	课程号	char(3)	主键
Cname	课程名	nvarchar(20)	非空
PreCno	先修课程号	char(3)	
Credit	学分	tinyint	
Semester	开课学期	tinyint	

表 4-12 SC 表结构

列名	含义	数据类型	约束
Sno	学号	char(6)	主键、外键
Cno	课程号	char(3)	主键、外键
Grade	成绩	smallint	成绩在 0 到 100 之间

学生数据库中三个表的关系如图 4-1 所示。

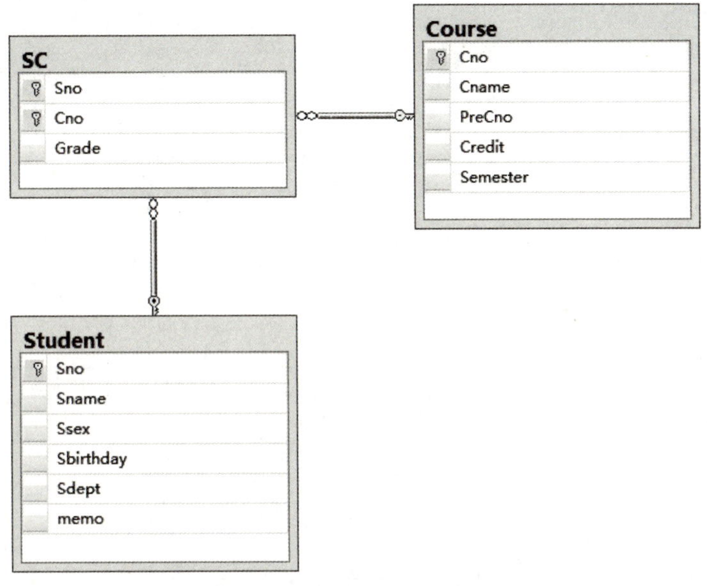

图 4-1 学生数据库的关系图

学生数据库中三个表的数据见表 4-13 至表 4-15。

表 4-13 Student 数据

Sno	Sname	Ssex	Sbirthday	Sdept	Memo
060101	钟文辉	男	1997-05-01	计算机系	优秀学生
060102	吴细文	女	1997-03-24	计算机系	爱好:音乐
060103	吴朝西	男	1998-07-01	计算机系	爱好:音乐
070101	王冲瑞	男	1998-05-04	机电系	爱好:音乐
070102	林滔滔	女	1997-04-03	机电系	爱好:体育
070103	李修雨	女	1996-03-03	机电系	
070301	李奇	男	1998-09-17	信息管理系	爱好:体育

表 4-14 Course 数据

Cno	Cname	PreCno	Credit	Semester
C01	高等数学		4	1
C02	程序设计		4	2
C03	数据结构	C02	3	3
C04	数据库原理	C03	3	4
C05	音乐欣赏		1	4
C06	大学物理	C01	4	2
C07	计算机网络	C02	2	4

表 4-15　　SC 数据

Sno	Cno	Grade
060101	C01	91
060101	C03	88
060101	C04	95
060101	C05	
060102	C02	81
060102	C03	76
060102	C04	92
070101	C01	50
070101	C03	86
070101	C04	90
070101	C05	
070103	C04	52
070103	C06	47
070301	C03	87
070301	C04	93

4.4.2 单表查询

查询语句(SELECT)是数据库操作中最基本和最重要的语句之一,其功能是从数据库中检索满足条件的数据。查询的数据源可以来自一张表,也可以来自多张表甚至来自视图,查询的结果是由 0 行(没有满足条件的数据)或多行记录组成的一个记录集合,并允许选择一个或多个字段作为输出字段。SELECT 语句还可以对查询的结果进行排序、汇总等。

查询语句的基本结构可描述为:

```
SELECT <目标列名序列>                                    -- 需要哪些列
    FROM <表名> [JOIN <表名> ON <连接条件>]               -- 来自哪些表
[WHERE <行选择条件>]                                     -- 根据什么条件
[GROUP BY <分组依据列>]
[HAVING <组选择条件>]
[ORDER BY <排序依据列>]
```

其中:

- SELECT 子句用于指定输出的字段;
- FROM 子句用于指定数据的来源;
- WHERE 子句用于指定数据的行选择条件;
- GROUP BY 子句用于对检索到的记录进行分组;
- HAVING 子句用于指定对分组后结果的选择条件;
- ORDER BY 子句用于对查询的结果进行排序。

在这些子句中,SELECT 子句和 FROM 子句是必需的,其他子句都是可选的。

1. 选择表中若干列

选择表中若干列的操作类似于关系代数中的投影运算。

(1)查询指定的列

在很多情况下,用户可能只对表中的一部分属性列感兴趣,这时可通过在SELECT子句的＜目标列名序列＞中指定要查询的列实现。

例 4.11 查询全体学生的学号与姓名。

```
SELECT Sno, Sname FROM Student
```

查询结果如图4-2所示。

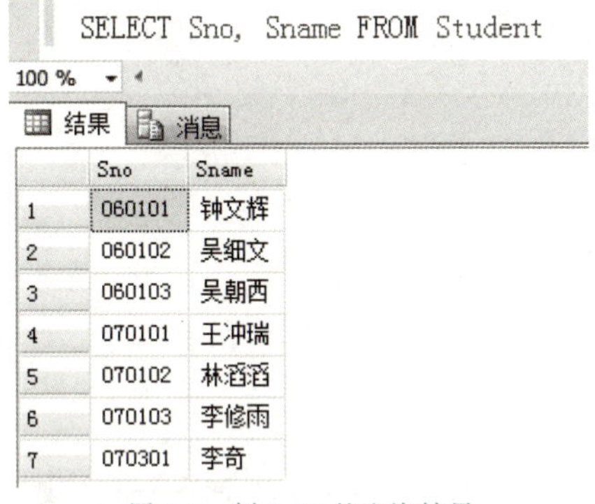

SELECT Sno, Sname FROM Student

100 %

结果 | 消息

	Sno	Sname
1	060101	钟文辉
2	060102	吴细文
3	060103	吴朝西
4	070101	王冲瑞
5	070102	林滔滔
6	070103	李修雨
7	070301	李奇

图4-2　例4.11的查询结果

(2)查询全部列

如果要查询表中的全部列,可以使用两种方法:一种是在＜目标列名序列＞中列出所有的列名;另一种是如果列的显示顺序与其在表中定义的顺序相同,就可以简单地在＜目标列名序列＞中用星号"*"代表列名。

例 4.12 查询全体学生的全部信息。

```
SELECT Sno, Sname, Ssex, Sbirthday, Sdept, Memo FROM Student
```

等价于:

```
SELECT * FROM Student
```

查询结果如图4-3所示。

SELECT Sno, Sname, Ssex, Sbirthday, Sdept, Memo FROM Student

100 %

结果 | 消息

	Sno	Sname	Ssex	Sbirthday	Sdept	Memo
1	060101	钟文辉	男	1997-05-01 00:00:00	计算机系	优秀学生
2	060102	吴细文	女	1997-03-24 00:00:00	计算机系	爱好:音乐
3	060103	吴朝西	男	1998-07-01 00:00:00	计算机系	爱好:音乐
4	070101	王冲瑞	男	1998-05-04 00:00:00	机电系	爱好:音乐
5	070102	林滔滔	女	1997-04-03 00:00:00	机电系	爱好:体育
6	070103	李修雨	女	1996-03-03 00:00:00	机电系	NULL
7	070301	李奇	男	1998-09-17 00:00:00	信息管理系	爱好:体育

图4-3　例4.12的查询结果

(3)查询表中没有的列

SELECT子句中的＜目标列名序列＞可以是表中存在的属性列,也可以是表达式、常量或者函数。

例 4.13 含表达式的列：查询全体学生的姓名及年龄。

在 Student 表中只记录了学生的出生日期，而没有记录学生的年龄，但我们可以经过计算得到年龄，即用当前年(以 2017 年为例)减去出生年份。实现此功能的查询语句如下：

```
SELECT Sname, YEAR(GETDATE())－YEAR(Sbirthday) FROM Student
```

查询结果如图 4-4 所示。

```
SELECT Sname, YEAR(GETDATE())-YEAR(Sbirthday) FROM Student
```

100 %

结果 消息

	Sname	(无列名)
1	钟文辉	20
2	吴细文	20
3	吴朝西	19
4	王冲瑞	19
5	林滔滔	20
6	李修雨	21
7	李奇	19

图 4-4 例 4.13 的查询结果

从图 4-4 可知，当选择表中没有内容(为表达式、常量或者函数)时，表头显示为“(无列名)”，为了提高其可读性，我们可以在“SELECT”子句中为每个列取别名。指定别名的语法格式如下：

```
列名 | 表达式 [ AS ] 列别名
```

例 4.14 查询全体学生的姓名、年龄、字符串“今年是”以及今年的年份。

实现此功能的查询语句如下：

```
SELECT Sname 姓名, YEAR(GETDATE())－YEAR(Sbirthday) 年龄,
'今年是' 今年是, YEAR(GETDATE()) 年份 FROM Student
```

查询结果如图 4-5 所示。

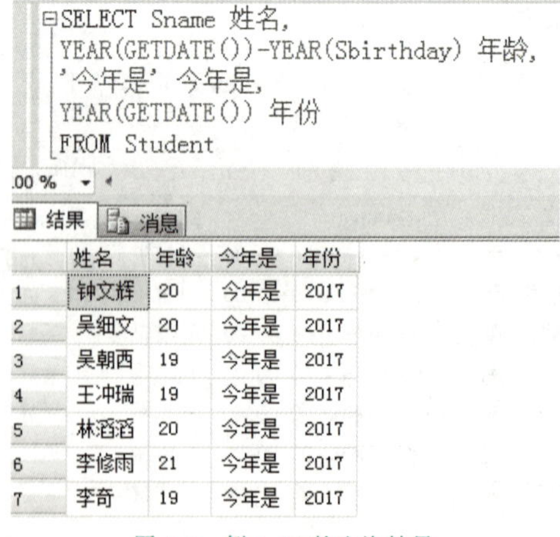

```
SELECT Sname 姓名,
YEAR(GETDATE())-YEAR(Sbirthday) 年龄,
'今年是' 今年是,
YEAR(GETDATE()) 年份
FROM Student
```

	姓名	年龄	今年是	年份
1	钟文辉	20	今年是	2017
2	吴细文	20	今年是	2017
3	吴朝西	19	今年是	2017
4	王冲瑞	19	今年是	2017
5	林滔滔	20	今年是	2017
6	李修雨	21	今年是	2017
7	李奇	19	今年是	2017

图 4-5 例 4.14 的查询结果

2. 选择表中若干行

在查询中，除了可通过投影运算来选择若干列之外，也可选择运算找到用户感兴趣的

行，这时就需要在查询语句中添加 WHERE 子句。

(1)查询满足条件的元组

查询满足条件的元组的操作类似于关系代数中的选择运算，在 SQL 语句中是通过 WHERE 子句实现的。WHERE 子句常用的查询条件见表 4-16。

表 4-16 WHERE 子句常用的查询条件

查询条件	谓词
比较(比较运算符)	=、>、>=、<=、<、! =
确定范围	BETWEEN ... AND、NOT BETWEEN ... AND
确定集合	IN、NOT IN
字符匹配	LIKE、NOT LIKE
空值	IS NULL、IS NOT NULL
多重条件(逻辑谓词)	AND、OR

①比较运算符

比较大小的运算符有=(等于)、>(大于)、>=(大于或等于)、<=(小于或等于)、<(小于)、! =(不等于)。

例 4.15 查询计算机系全体学生的姓名。

```
SELECT Sname FROM Student
WHERE Sdept = '计算机系'
```

查询结果如图 4-6 所示。

例 4.16 查询考试成绩大于 90 分的学生的学号、课程号和成绩。

```
SELECT Sno, Cno, Grade FROM SC
WHERE Grade > 90
```

查询结果如图 4-7 所示。

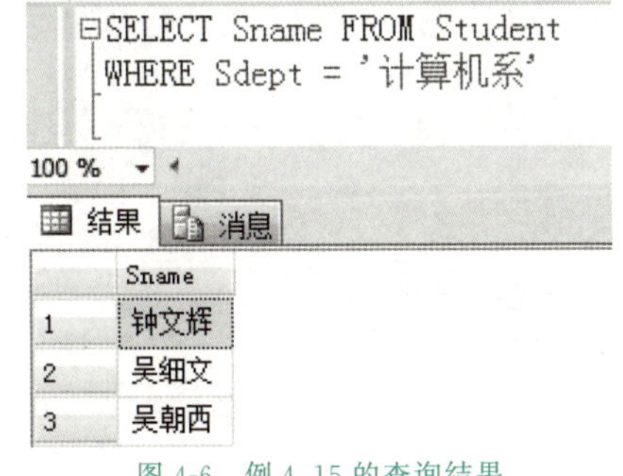

图 4-6 例 4.15 的查询结果

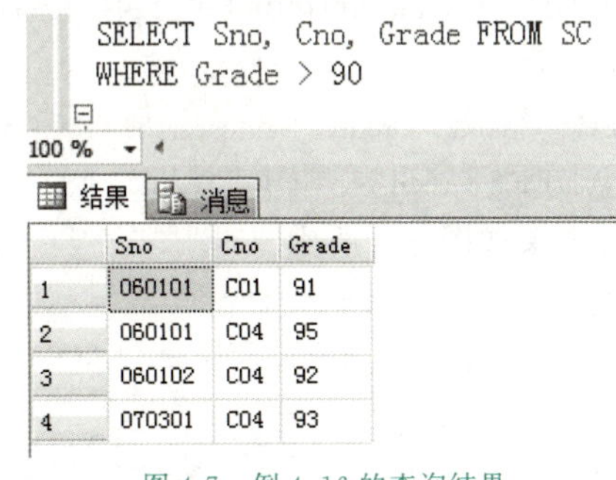

图 4-7 例 4.16 的查询结果

②确定范围

BETWEEN ... AND 和 NOT BETWEEN ... AND 运算符可用于查找属性值在(或不在)指定范围内的元组，其中 BETWEEN 后面语句指定范围的下限，AND 后面语句指定范围的上限。

BETWEEN ... AND 的语法格式为：

```
列名 | 表达式 [ NOT ] BETWEEN 下限值 AND 上限值
```

BETWEEN ... AND 中列名或表达式的数据类型要与下限值或上限值的数据类型相同。

- “BETWEEN 下限值 AND 上限值”的含义是：如果列或表达式的值在下限值和上限值范围内(包括边界值)，则结果为 True，表明此记录符合查询条件。
- “NOT BETWEEN 下限值 AND 上限值”的含义是：如果列或表达式的值不在下限值和上限值范围内(不包括边界值)，则结果为 True，表明此记录符合查询条件。

例 4.17 查询学分在 2～3 课程的课程名、学分和开课学期。

```
SELECT Cname, Credit, Semester FROM Course
    WHERE Credit BETWEEN 2 AND 3
```

等价于：

```
SELECT Cname, Credit, Semester FROM Course
    WHERE Credit >= 2 AND Credit <=3
```

查询结果如图 4-8 所示。

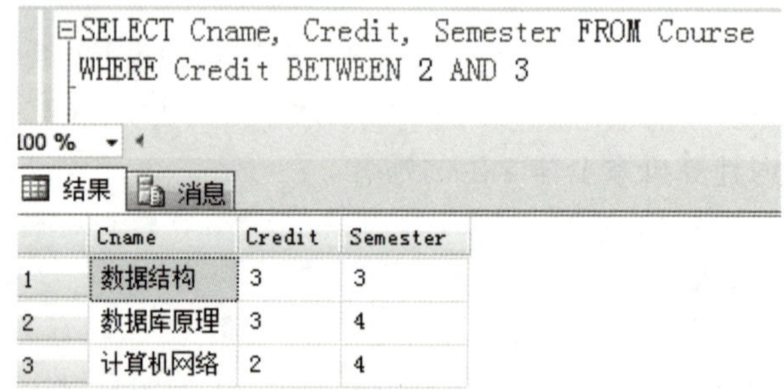

	Cname	Credit	Semester
1	数据结构	3	3
2	数据库原理	3	4
3	计算机网络	2	4

图 4-8　例 4.17 的查询结果

例 4.18 查询学分不在 2～3 课程的课程名、学分和开课学期。

```
SELECT Cname, Credit, Semester FROM Course
    WHERE Credit NOT BETWEEN 2 AND 3
```

等价于：

```
SELECT Cname, Credit, Semester FROM Course
    WHERE Credit < 2 OR Credit >3
```

查询结果如图 4-9 所示。

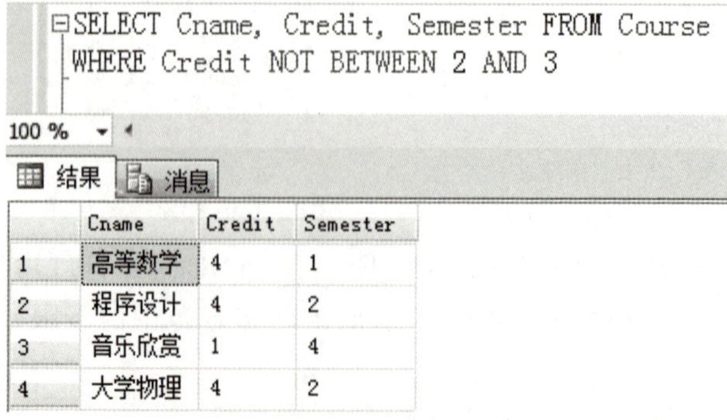

	Cname	Credit	Semester
1	高等数学	4	1
2	程序设计	4	2
3	音乐欣赏	1	4
4	大学物理	4	2

图 4-9　例 4.18 的查询结果

对于日期类型的数据也可以使用基于范围的查找。

例 4.19 查询出生于 1997 年学生的全部信息。

```
SELECT * FROM Student
   WHERE Sbirthday BETWEEN '1997-01-01' AND '1997-12-31'
```

查询结果如图 4-10 所示。

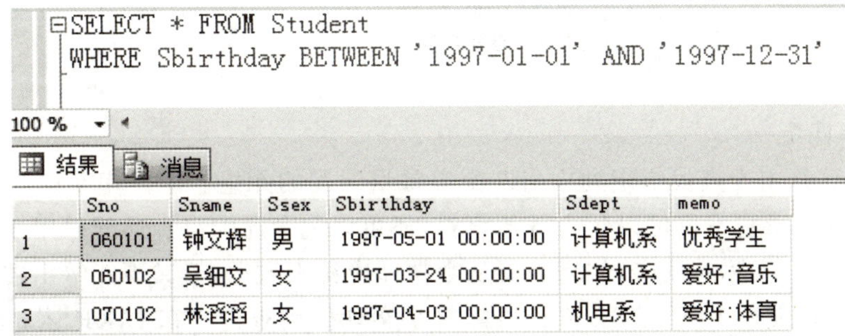

```
SELECT * FROM Student
WHERE Sbirthday BETWEEN '1997-01-01' AND '1997-12-31'
```

100 %

结果 消息

	Sno	Sname	Ssex	Sbirthday	Sdept	memo
1	060101	钟文辉	男	1997-05-01 00:00:00	计算机系	优秀学生
2	060102	吴细文	女	1997-03-24 00:00:00	计算机系	爱好:音乐
3	070102	林滔滔	女	1997-04-03 00:00:00	机电系	爱好:体育

图 4-10 例 4.19 的查询结果

③确定集合

IN 运算符可用于查找属性值在指定集合范围内的元组。IN 的语法格式如下：

```
列名 [ NOT ] IN (常量 1, 常量 2, ..., 常量 n)
```

• IN 运算符的含义为：当列中的值与集合中的某个常量值相等时，则结果为 True，表明此记录为符合查询条件的记录。

• NOT IN 运算符的含义正好相反：当列中的值与集合中的某个常量值相等时，结果为 False，表明此记录为不符合查询条件的记录。

例 4.20 查询“计算机系”和“机电系”学生的学号、姓名和所有系。

```
SELECT Sno, Sname, Sdept FROM Student
   WHERE Sdept IN ('计算机系','机电系')
```

查询结果如图 4-11 所示。

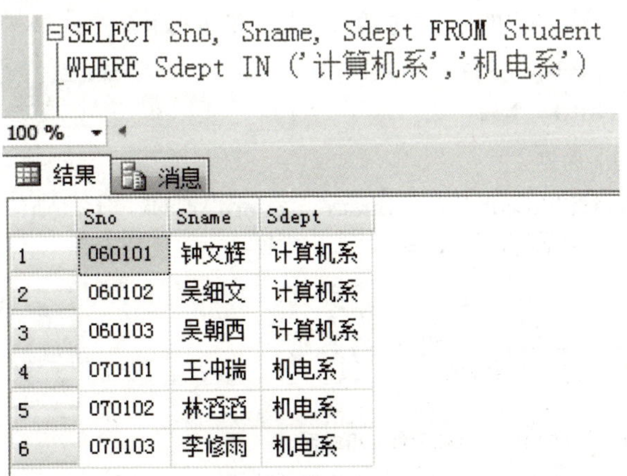

```
SELECT Sno, Sname, Sdept FROM Student
WHERE Sdept IN ('计算机系','机电系')
```

100 %

结果 消息

	Sno	Sname	Sdept
1	060101	钟文辉	计算机系
2	060102	吴细文	计算机系
3	060103	吴朝西	计算机系
4	070101	王冲瑞	机电系
5	070102	林滔滔	机电系
6	070103	李修雨	机电系

图 4-11 例 4.20 的查询结果

例 4.21 查询不是“计算机系”和“机电系”学生的学号、姓名和所有系。

```
SELECT Sno, Sname, Sdept FROM Student
   WHERE Sdept NOT IN ('计算机系','机电系')
```

查询结果如图 4-12 所示。

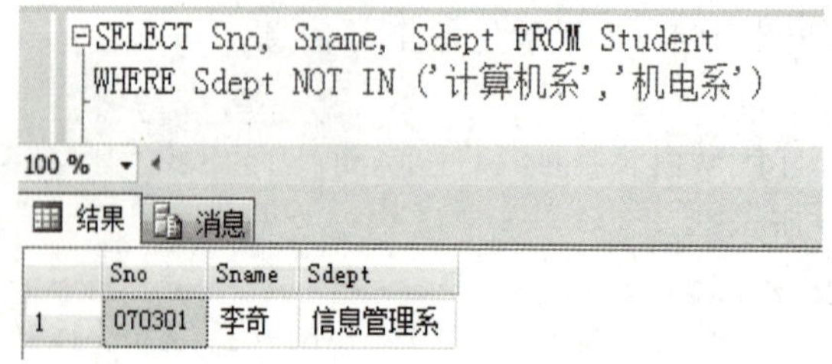

图 4-12　例 4.21 的查询结果

④字符串匹配

LIKE 运算符用于查找指定列中与匹配串常量匹配的元组。匹配串是一种特殊的字符串，其特殊之处在于它不仅可以包含普通字符，还可以包含通配符。通配符用于表示任意的字符或字符串。在实际应用中，如果需要从数据库中检索数据，但又不能给出准确的字符查询条件时，就可以使用 LIKE 运算符和通配符来实现模糊查询。在 LIKE 运算符前面也可以加上 NOT，表示对结果取反。

LIKE 运算符的一般语法格式如下：

```
列名 [NOT ] LIKE <匹配串>
```

匹配串中可以包含如下 4 种通配符：

- _(下划线)：匹配任意一个字符。
- %(百分号)：匹配 0 到多个字符。
- [ ]：匹配[ ]中的任意一个字符。如[acdg]表示匹配 a、c、d 和 g 中的任何一个。若要比较的字符是连续的，则可以用连字符“-”表达，若要匹配 b、c、d、e 中的任何一个字符，则可以表示为[b-e]。
- [^]：不匹配[ ]中的任意一个字符。如[^acdg]表示不匹配 a、c、d 和 g。同样，若要比较的字符是连续的，也可以用连字符“-”表示，若不匹配 b、c、d、e 中的全部字符，则可以表示为[^b-e]。

例 4.22　查询姓“李”的学生的学号、姓名和所有系。

```
SELECT Sno, Sname, Sdept FROM Student
    WHERE Sname LIKE '李%'
```

查询结果如图 4-13 所示。

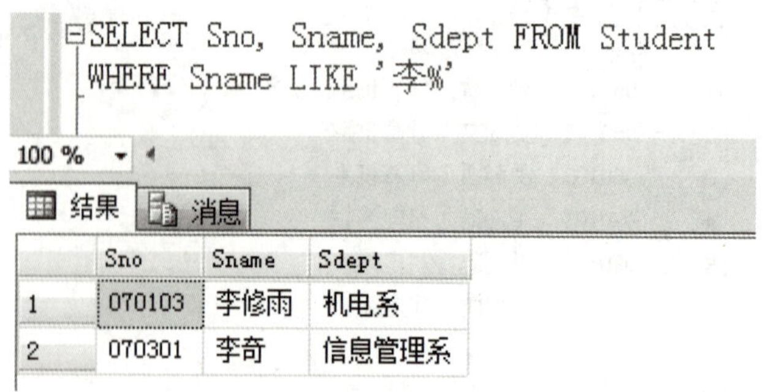

图 4-13　例 4.22 的查询结果

例 4.23　查询姓名中第二个字是“冲”字的学生的学号、姓名和所有系。

```
SELECT Sno, Sname, Sdept FROM Student
    WHERE Sname LIKE '_冲%'
```

查询结果如图 4-14 所示。

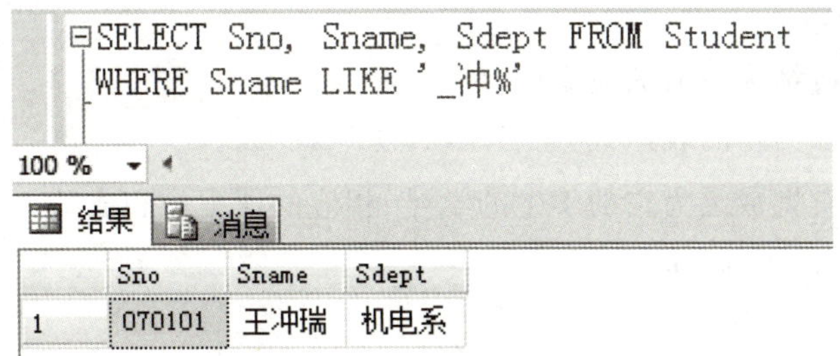
图 4-14 例 4.23 的查询结果

例 4.24 查询学号的最后一位不是“2”或“3”的学生的学号、姓名和所有系。

```
SELECT Sno, Sname, Sdept FROM Student
    WHERE Sno NOT LIKE '%[2,3]'
```

查询结果如图 4-15 所示。

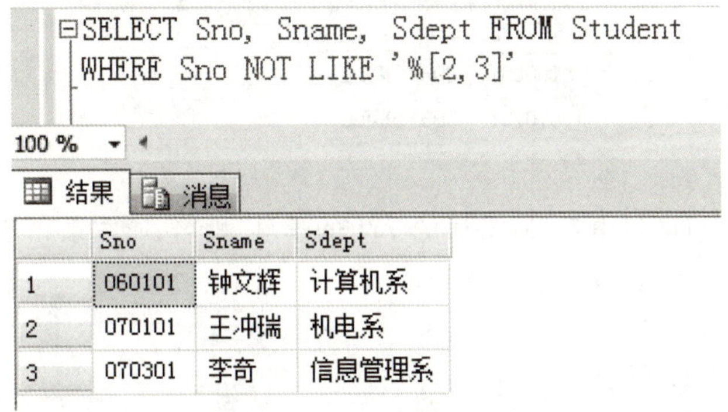
图 4-15 例 4.24 的查询结果

如果要查找的字符串正好含有通配符，比如下划线或百分号，就需要使用一个特殊子句来告诉数据库管理系统这里的下划线或百分号是一个普通的字符，而不是一个通配符，这个特殊的子句就是 ESCAPE。

ESCAPE 的语法格式如下：

```
ESCAPE 转义字符
```

其中“转义字符”是任何一个有效的字符，在匹配串中也包含这个字符，表明位于该字符后面的那个字符将被视为普通字符，而不是通配符。

例如，为查找 field1 字段中包含字符串“30%”的记录，可在 WHERE 子句中指定：

```
WHERE field1 LIKE '%30!%%' ESCAPE '!'
```

又如，为查找 field1 字段中包含下划线(_)的记录，可在 WHERE 子句中指定：

```
WHERE field1 LIKE '%! _%' ESCAPE '!'
```

⑤涉及空值的查询

空值(NULL)在数据库中有特殊的含义，它表示当前不确定或未知的值。例如，学生选完课程之后，在没有考试之前，这些学生只有选课记录，而没有考试成绩，因此考试成绩就为空值。

由于空值是不确定的值，因此判断某个值是否为 NULL，不能使用比较运算符，只能使用专门的判断 NULL 值的子句来完成。而且，NULL 不能与确定的值进行比较。例如，查询条件如下：

```
WHERE Grade < 60
```

不会返回考试成绩为空值的数据。

判断列取值是否为空的表达式：列名 IS NOT NULL。

例 4.25 查询成绩为空的学生的学号、相应的课程号和成绩。

```
SELECT Sno, Cno, Grade FROM SC
    WHERE Grade IS NULL
```

查询结果如图 4-16 所示。

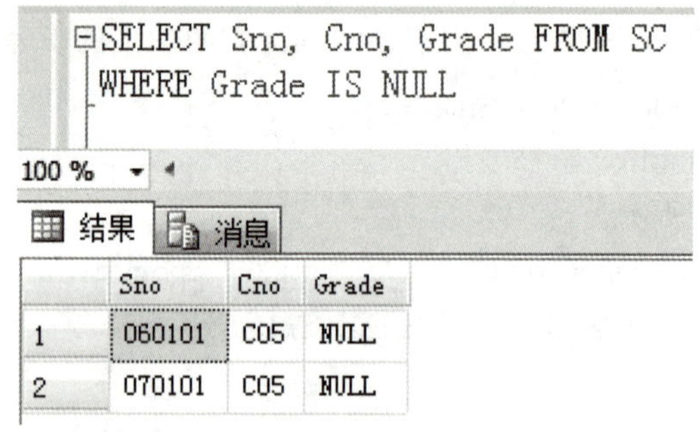

图 4-16　例 4.25 的查询结果

例 4.26 查询“机电系”有备注的学生的学号、姓名、所在系和备注。

```
SELECT Sno, Sname, Memo FROM Student
    WHERE Memo IS NOT NULL
```

查询结果如图 4-17 所示。

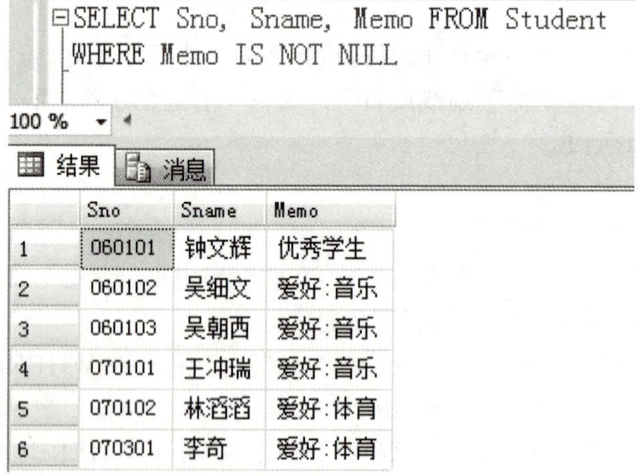

图 4-17　例 4.26 的查询结果

⑥ 多重条件查询

当需要多个查询条件时，可以在 WHERE 子句中使用逻辑运算符 AND 和 OR 来组成多条件查询。

例 4.27 查询“机电系”有备注的学生的学号、姓名、所在系和备注。

```
SELECT Sno, Sname, Sdept, Memo FROM Student
    WHERE Memo IS NOT NULL AND Sdept ='机电系'
```

查询结果如图 4-18 所示。

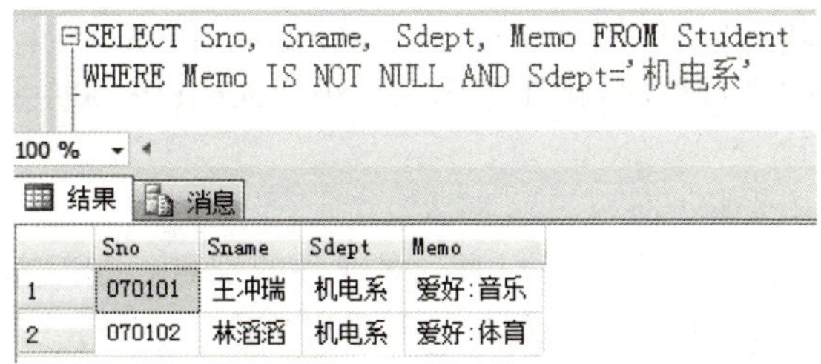

图 4-18　例 4.27 的查询结果

例 4.28　查询“机电系”和“计算机系”1997 年出生的学生的学号、姓名、所在系和出生日期。

```
SELECT Sno, Sname, Sdept, Sbirthday FROM Student
    WHERE (Sdept ='计算机系' OR Sdept ='机电系')
    AND Sbirthday BETWEEN '1997-01-01' AND '1997-12-31'
```

查询结果如图 4-19 所示。

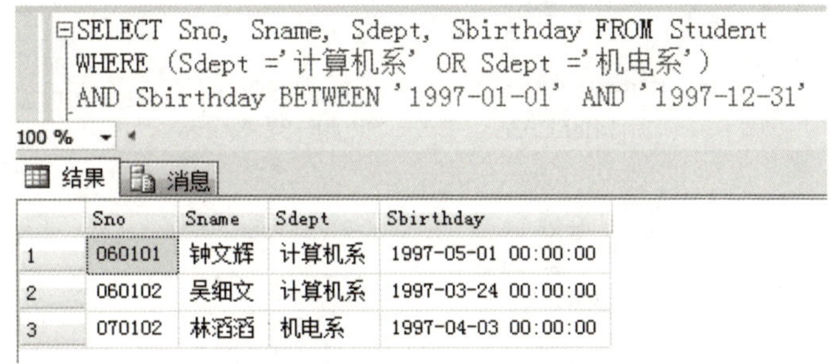

图 4-19　例 4.28 的查询结果

注意：OR 运算符的优先级小于 AND，要改变运算的顺序可以通过加小括号的方式实现。

(2)消除取值相同的行

在数据库的关系表中并不存在取值全部相同的元组，但在进行了对列的选择后，就有可能在查询结果中出现取值完全相同的行。取值相同的行在结果中是没有意义的，因此应删除这些行。

例 4.29　查询有考试挂科的学生的学号和挂科的课程编号。

```
SELECT DISTINCT Sno FROM SC
WHERE Grade < 60
```

查询结果如图 4-20 所示，图 4-20(a)为不使用 DISTINCT 的查询结果、图 4-20(b)为使用 DISTINCT 的查询结果。

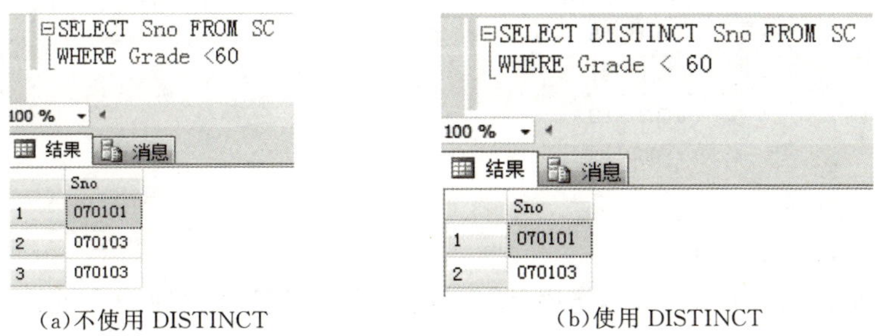

(a)不使用 DISTINCT　　(b)使用 DISTINCT

图 4-20　例 4.29 的查询结果

3. 对查询结果进行排序

ORDER BY 子句具有按用户指定的列排序查询结果的功能，而且查询结果可以按一个列排序，也可以按多个列进行排序，排序可以是从小到大（升序），也可以是从大到小（降序）。排序子句的语法格式为：

```
ORDER BY ＜列名＞ [ASC | DESC ] [, … n ]
```

其中＜列名＞为排序的依据列，可以是列名或列的别名。ASC 表示按列值进行升序排序，DESC 表示按列值进行降序排序。如果没有指定排序方式，则默认的排序方式为 ASC。

如果在 ORDER BY 子句中使用多个列进行排序，这些列在该子句中出现的顺序就决定了对结果集进行排序的方式。当指定多个排序依据列时，系统首先按排在第一位的列值进行排序，如果排序后存在两个或两个以上列值相同的记录，则对值相同的记录再依据排在第二位的列值进行排序，以此类推。

例 4.30 将“C01”号课程的成绩按升序排列。

```
SELECT Cno, Grade FROM SC
    WHERE Cno='C01' ORDER BY Grade
```

查询结果如图 4-21 所示。

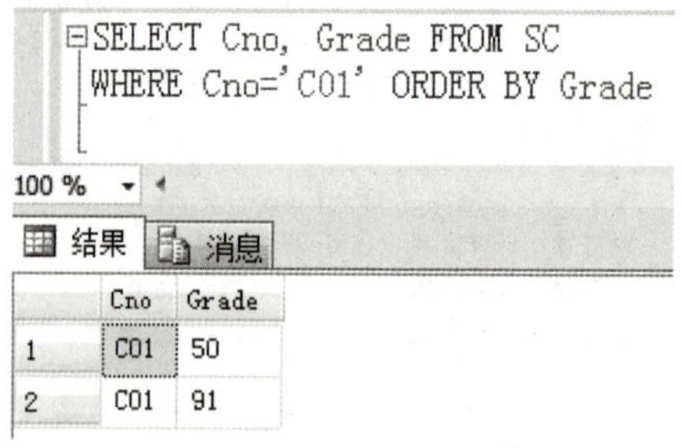

图 4-21　例 4.30 的查询结果

例 4.31 将学号“060101”学生的成绩按降序排列。

```
SELECT Cno, Grade FROM SC
    WHERE Sno='060101' ORDER BY Grade DESC
```

查询结果如图 4-22 所示。

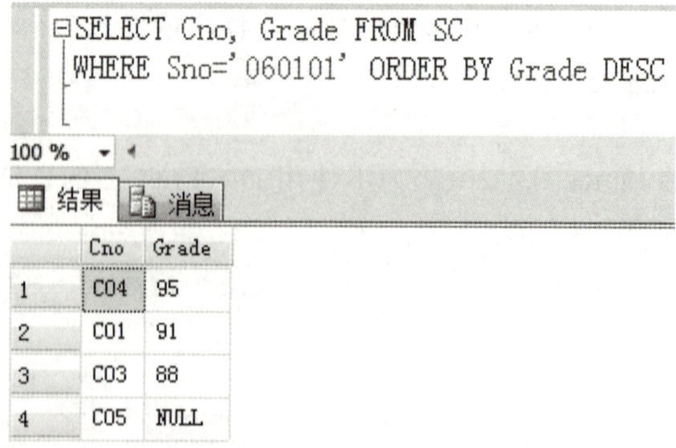

图 4-22　例 4.31 的查询结果

4. 使用聚合函数进行统计

聚合函数也称为统计函数，其作用是对一组值进行计算并返回一个统计结果。SQL 提供的统计函数包括：

•COUNT(*):统计表中元组的个数。

•COUNT([DISTINCT] <列名>):统计本列的列值个数。DISTINCT 选项表示去掉列的重复值后再统计。

•SUM(<列名>):计算列值的和值(必须是数值型列)。

•AVG(<列名>):计算列值的平均值(必须是数值型列)。

•MAX(<列名>):得到列值的最大值。

•MIN(<列名>):得到列值的最小值。

上述函数中除 COUNT(*)外,其他函数在计算过程中均忽略 NULL 值。

统计函数的计算范围可以是满足 WHERE 子句条件的记录,也可以是对满足条件的组进行计算。

例 4.32 统计学生总人数。

```
SELECT COUNT( * )学生总人数 FROM Student
```

查询结果如图 4-23 所示。

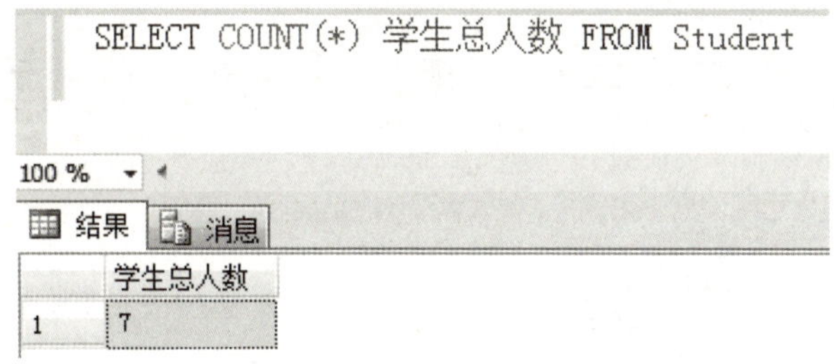

图 4-23 例 4.32 的查询结果

例 4.33 统计学生"060101"的总成绩。

```
SELECT SUM(Grade) 总成绩 FROM SC WHERE Sno='060101'
```

查询结果如图 4-24 所示。

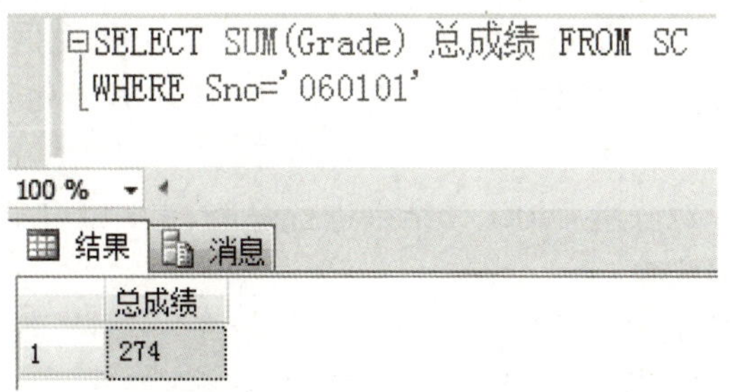

图 4-24 例 4.33 的查询结果

例 4.34 统计学生"060101"的平均成绩。

```
SELECT AVG(Grade) 平均成绩 FROM SC WHERE Sno='060101'
```

查询结果如图 4-25 所示。

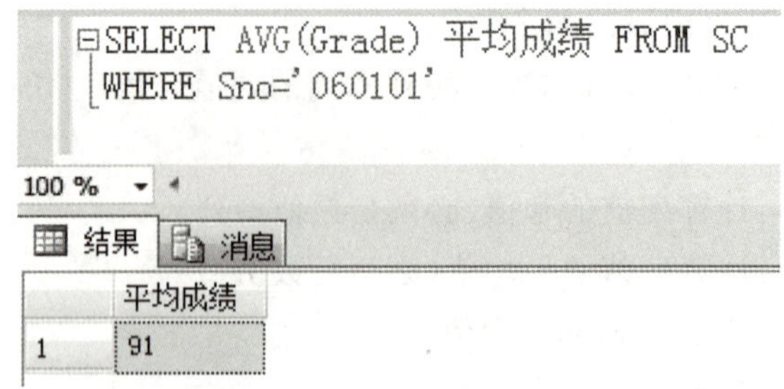

图 4-25　例 4.34 的查询结果

注意：从查询结果可以看到，在计算平均成绩时，NULL 值没有参与计算，是用总分 274 除以 3 而不是除以 4，同时这里返回的平均成绩是整数 91，而不是实际的 91.3。AVG 函数是根据被计算列的数据类型来返回计算结果的数据类型。

例 4.35　统计课程"C01"的最高分数和最低分数。

```
SELECT MAX(Grade) 最高分, MIN(Grade) 最低分
    FROM SC WHERE Cno='C01'
```

查询结果如图 4-26 所示。

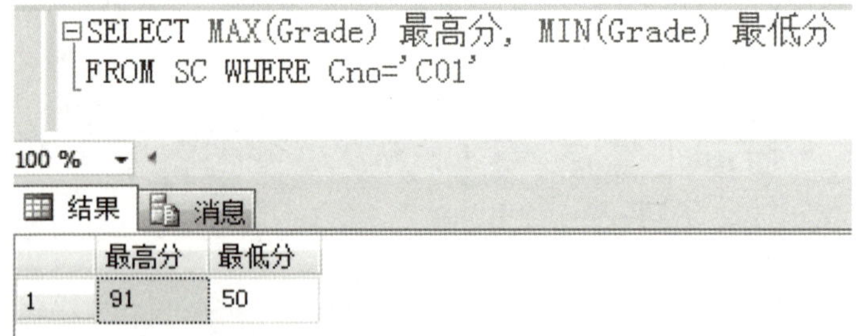

图 4-26　例 4.35 的查询结果

5. 对数据进行分组

在实际应用中，有时需要对数据进行更细致的统计，如统计每个学生的平均成绩、每个系的学生人数、每门课程的考试平均成绩等，这时就需要对数据先进行分组，比如一个系的学生分为一组，然后再对每个组进行统计。GROUP BY 子句提供了对数据进行分组的功能，分组的目的是细化聚合函数的作用对象。GROUP BY 子句可以一次用多个列进行分组。

HAVING 子句用于对分组后的统计结果进行筛选，它一般和 GROUP BY 子句一起使用，这两个子句的一般形式为：

```
GROUP BY <分组依据列> [,… n ]
[HAVING <组提取条件>]
```

(1)使用 GROUP BY 子句

例 4.36　统计每门课程的选课人数，列出课程号和选课人数。

```
SELECT Cno 课程号, COUNT(Sno) 选课人数
    FROM SC GROUP BY Cno
```

该语句首先对 SC 表的数据按 Cno 的值进行分组，所有具有相同 Cno 值的元组归为一组，然后再对每一组使用 COUNT 函数进行计算，求出每组的学生人数，查询结果如图 4-27 所示。

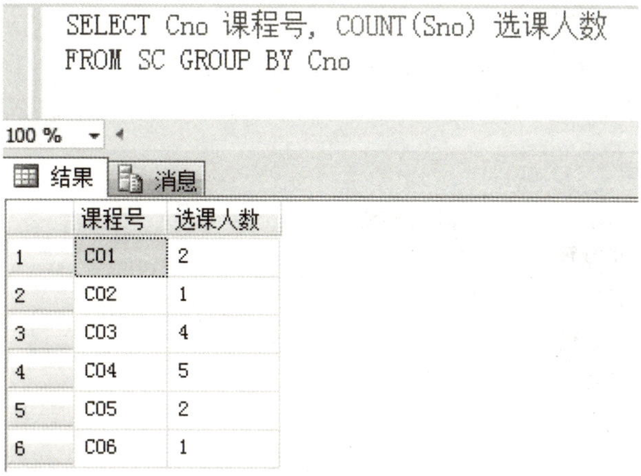

```
SELECT Cno 课程号, COUNT(Sno) 选课人数
FROM SC GROUP BY Cno
```

100 %

结果 消息

	课程号	选课人数
1	C01	2
2	C02	1
3	C03	4
4	C04	5
5	C05	2
6	C06	1

图 4-27　例 4.36 的查询结果

例 4.37　统计每门课程的选课人数，列出课程号和选课人数。

```
SELECT Sno 学号, COUNT(Cno) 选课门数, AVG(Grade) 平均成绩
    FROM SC GROUP BY Sno
```

该语句首先对 SC 表的数据按 Sno 的值进行分组，所有具有相同 Sno 值的元组归为一组，然后再对每一组使用 COUNT 函数进行计算，求出每组的课程门数和每组分数的平均成绩，查询结果如图 4-28 所示。

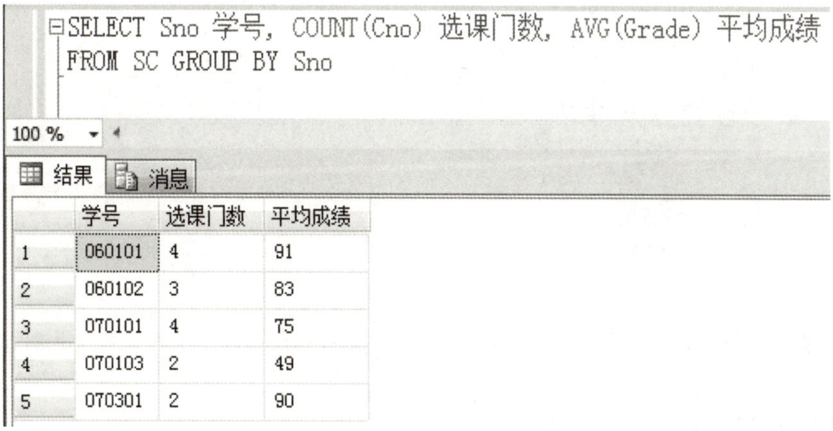

```
SELECT Sno 学号, COUNT(Cno) 选课门数, AVG(Grade) 平均成绩
FROM SC GROUP BY Sno
```

100 %

结果 消息

	学号	选课门数	平均成绩
1	060101	4	91
2	060102	3	83
3	070101	4	75
4	070103	2	49
5	070301	2	90

图 4-28　例 4.37 的查询结果

注意：带有 GROUP BY 子句的 SELECT 语句查询列表中只能出现分组依据为列和聚合函数两种。因为每组中除了这两类值相同外，其余属性的值可能不唯一。

例 4.38　统计每个系的男生人数和女生人数，结果按系名的升序排序。

分析：这个查询首先应该按“所在系”进行分组，其次在每个系组中再按“性别”分组，从而将每个系每个性别的学生聚集到一个组中，最后再对最终的分组结果进行统计。

注意：当有多个分组依据列时，统计是以最小组为单位进行的。

```
SELECT Sdept, Ssex, Count( * ) 人数 FROM Student
    GROUP BY Sdept, Ssex Order by Sdept
```

查询结果如图 4-29 所示。

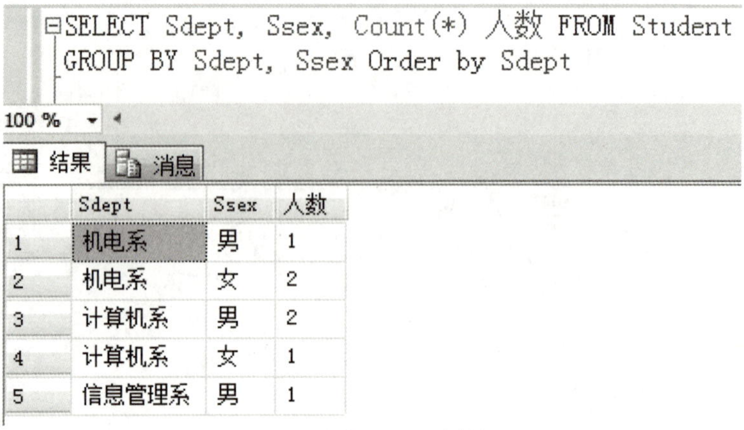

```
SELECT Sdept, Ssex, Count(*) 人数 FROM Student
GROUP BY Sdept, Ssex Order by Sdept
```

100 %

结果 消息

	Sdept	Ssex	人数
1	机电系	男	1
2	机电系	女	2
3	计算机系	男	2
4	计算机系	女	1
5	信息管理系	男	1

图 4-29　例 4.38 的查询结果

(2)使用 WHERE 子句的分组

例 4.39　统计每个系的男生人数。

```
SELECT Sdept, Count( * ) 男生人数 FROM Student
    WHERE Ssex='男' GROUP BY Sdept
```

查询结果如图 4-30 所示。

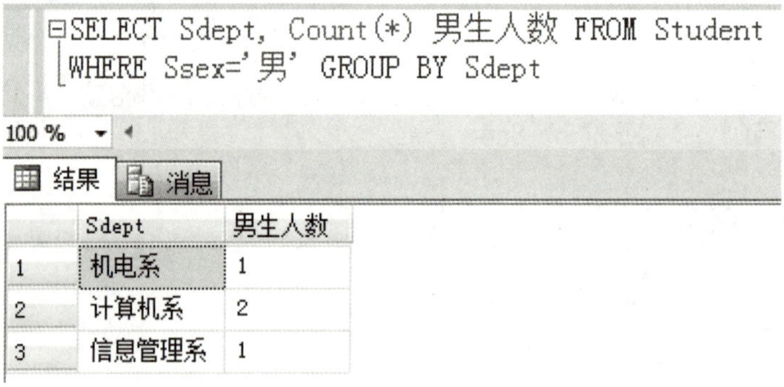

```
SELECT Sdept, Count(*) 男生人数 FROM Student
WHERE Ssex='男' GROUP BY Sdept
```

100 %

结果 消息

	Sdept	男生人数
1	机电系	1
2	计算机系	2
3	信息管理系	1

图 4-30　例 4.39 的查询结果

注意:带有 WHERE 子句的分组查询是先执行 WHERE 子句的选择,得到结果后再进行分组统计。

(3)使用 HAVING 子句

HAVING 子句用于对分组后的统计结果再进行筛选,它的功能与 WHERE 子句类似,但它用于组而不是单个记录。在 HAVING 子句中可以使用聚合函数,但在 WHERE 子句中则不能。

例 4.40　查询选课门数超过 3 门的学生的学号和选课门数。

```
SELECT Sno, COUNT( * ) 选课门数 FROM SC
    GROUP BY Sno HAVING COUNT( * ) > 3
```

查询结果如图 4-31 所示。

此语句的处理过程为:首先执行 GROUP BY 子句,对 SC 表数据按 Sno 进行分组,其次再用聚合函数 COUNT 分别对每一组进行统计,最后筛选出统计结果大于 3 的组。

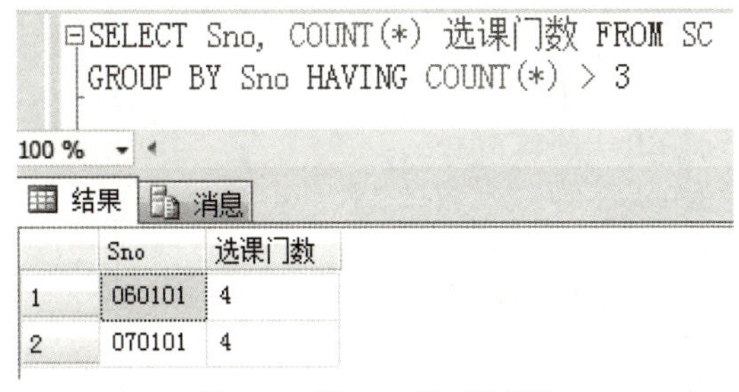
```
SELECT Sno, COUNT(*) 选课门数 FROM SC
GROUP BY Sno HAVING COUNT(*) > 3
```

	Sno	选课门数
1	060101	4
2	070101	4

图 4-31 例 4.40 的查询结果

正确理解 WHERE、GROUP BY、HAVING 子句的作用及执行顺序，对编写正确的、高效的查询语句有很大帮助。

- WHERE 子句用来筛选 FROM 子句中指定的数据源所产生的行数据。
- GROUP BY 子句用来对经 WHERE 子句筛选后的结果数据进行分组。
- HAVING 子句用来对分组后的统计结果再进行筛选。

对于可以在分组操作之前应用的筛选条件，在 WHERE 子句中指定更有效，这样可以减少参与分组的数据行。在 HAVING 子句中指定的筛选条件应该是那些必须在执行分组操作之后应用的筛选条件。

如果查询优化器确定 HAVING 搜索条件可以在分组操作之前应用，那么它就会在分组之前应用。由于查询优化器可能无法识别所有可以在分组操作之前应用的 HAVING 搜索条件，因此建议将所有应该在分组之前进行的搜索条件放在 WHERE 子句中而不是 HAVING 子句中。

例 4.41 查询“计算机系”和“机电系”每个系的学生人数，可以有如下两种写法。

第一种：

```
SELECT Sdept, COUNT( * ) FROM Student
    GROUP BY Sdept
    HAVING Sdept in ( '计算机系', '机电系')
```

第二种：

```
SELECT sdept, COUNT ( * ) FROM Student
    WHERE Sdept in ( '计算机系', '机电系')
    GROUP BY Sdept
```

第二种写法比第一种写法执行效率高，原因是参与分组的数据比较少。

4.4.3 多表连接查询

上一节我们讨论的数据均来自同一个表的各种查询，但在实际应用中，数据大多来自不同的表，这个时候就需要使用多表连接查询。连接查询是关系数据库中最常用的查询。连接查询主要包括内连接、自连接、外连接和交叉连接等。本书只介绍内连接、自连接和外连接，交叉连接在实际应用中很少使用。

1. 内连接

内连接是一种最常用的连接类型。使用内连接时，如果两个表的相关字段满足连接条件，就从这两个表中提取数据并组合成新的记录。

在非 ANSI 标准的实现中，连接操作写在 WHERE 子句中，即在 WHERE 子句中指定连接条件，但在 ANSI SQL-92 中，连接操作写在 JOIN 子句中。这两种连接方式分别被称为 Theta 连接方式和 ANSI 连接方式。

（1）ANSI 方式的内连接语法格式如下：

```
FROM 表 1 [ INNER ] JOIN 表 2 ON ＜连接条件＞
```

（2）Theta 方式的内连接语法格式如下：

```
FROM 表 1, 表 2 WHERE ＜连接条件＞
```

本书使用 ANSI 连接方式。

＜连接条件＞的一般格式为：

```
[＜表名 1＞.]＜列名 1＞ ＜比较运算符＞ [＜表名 2＞.]＜列名 2＞
```

在＜连接条件＞中指明两个表按什么条件进行连接，＜连接条件＞中的比较运算符称为连接谓词。

注意：＜连接条件＞中用于进行比较的列必须是可比的，即必须是语义相同的列。

当比较运算符为等号（=）时，称为等值连接；当使用其他运算符连接时，称为非等值连接。这同关系代数中的等值连接和 θ 连接的含义是一样的。

从概念上讲，DBMS 执行连接操作的过程是：首先取表 1 中的第 1 个元组，然后从头开始扫描表 2，逐一查找满足连接条件的元组，找到后将表 1 中的第 1 个元组与表 2 中的该元组拼接起来，形成结果表中的一个元组。表 2 全部查找完毕后，再取表 1 中的第 2 个元组，然后再从头开始扫描表 2，逐一查找满足连接条件的元组，找到后就将表 1 中的第 2 个元组与表 2 中的该元组拼接起来，形成结果表中的另一个元组。重复这个过程，直到表 1 中的全部元组都处理完毕。

例 4.42 查询每个学生及其选课的详细信息。

```
SELECT * FROM Student INNER JOIN SC
    ON Student.Sno=SC.Sno
```

查询结果如图 4-32 所示。

```
SELECT * FROM Student INNER JOIN SC
ON Student.Sno=SC.Sno
```

100 %

结果 消息

	Sno	Sname	Ssex	Sbirthday	Sdept	Memo	Sno	Cno	Grade
1	060101	钟文辉	男	1997-05-01 00:00:00	计算机系	优秀毕业生	060101	C01	91
2	060101	钟文辉	男	1997-05-01 00:00:00	计算机系	优秀毕业生	060101	C03	88
3	060101	钟文辉	男	1997-05-01 00:00:00	计算机系	优秀毕业生	060101	C04	95
4	060101	钟文辉	男	1997-05-01 00:00:00	计算机系	优秀毕业生	060101	C05	NULL
5	060102	吴细文	女	1997-03-24 00:00:00	计算机系	爱好:音乐	060102	C02	81
6	060102	吴细文	女	1997-03-24 00:00:00	计算机系	爱好:音乐	060102	C03	76
7	060102	吴细文	女	1997-03-24 00:00:00	计算机系	爱好:音乐	060102	C04	92
8	070101	王冲瑞	男	1998-05-04 00:00:00	机电系	爱好:音乐	070101	C01	50
9	070101	王冲瑞	男	1998-05-04 00:00:00	机电系	爱好:音乐	070101	C03	86
10	070101	王冲瑞	男	1998-05-04 00:00:00	机电系	爱好:音乐	070101	C04	90
11	070101	王冲瑞	男	1998-05-04 00:00:00	机电系	爱好:音乐	070101	C05	NULL
12	070103	李修雨	女	1996-03-03 00:00:00	机电系	NULL	070103	C04	52
13	070103	李修雨	女	1996-03-03 00:00:00	机电系	NULL	070103	C06	47
14	070301	李奇	男	1998-09-17 00:00:00	信息管理系	NULL	070301	C03	87
15	070301	李奇	男	1998-09-17 00:00:00	信息管理系	NULL	070301	C04	93

图 4-32 例 4.42 的查询结果

从图 4-32 可以看到，两个表的连接结果中包含了两个表的全部列。Sno 列有两个：一个来自 Student 表，另一个来自 SC 表，这两个列的值是完全相同的(因为这里的连接条件就是 Student. Sno ＝ SC. Sno)。因此，在使用多表连接查询语句时一般要将这些重复的列删除，方法是在 SELECT 子句中直接写所需要的列名，而不是写“＊”。另外，由于进行多表连接之后，在连接生成的表中可能存在列名相同的列，因此为了明确需要的是哪个列，可以在列名前添加表名前缀限制，其格式如下：

```
表名.列名
```

比如在上例中，在 ON 子句中对 Sno 列加上了表名前缀限制。

从上例结果可以看出，当使用多表连接时，在 SELECT 子句部分可以包含来自两个表的全部列，在 WHERE 子句部分也可以使用来自两个表的全部列。因此，根据要查询的列以及数据的选择条件涉及的列可以确定这些列所在的表，从而也就确定了进行连接操作的表。

例 4.43 查询每个学生及其选课的详细信息，要求删除重复的列。

```
SELECT S.Sno, Sname, Ssex, Sbirthday, Sdept, Memo, Cno, Grade
    FROM Student S INNER JOIN SC ON S.Sno=SC.Sno
```

查询结果如图 4-33 所示。

```
SELECT S.Sno, Sname, Ssex, Sbirthday, Sdept, Memo, Cno, Grade
  FROM Student S INNER JOIN SC ON S.Sno=SC.Sno
```

100 %

结果 消息

	Sno	Sname	Ssex	Sbirthday	Sdept	Memo	Cno	Grade
1	060101	钟文辉	男	1997-05-01 00:00:00	计算机系	优秀毕业生	C01	91
2	060101	钟文辉	男	1997-05-01 00:00:00	计算机系	优秀毕业生	C03	88
3	060101	钟文辉	男	1997-05-01 00:00:00	计算机系	优秀毕业生	C04	95
4	060101	钟文辉	男	1997-05-01 00:00:00	计算机系	优秀毕业生	C05	NULL
5	060102	吴细文	女	1997-03-24 00:00:00	计算机系	爱好:音乐	C02	81
6	060102	吴细文	女	1997-03-24 00:00:00	计算机系	爱好:音乐	C03	76
7	060102	吴细文	女	1997-03-24 00:00:00	计算机系	爱好:音乐	C04	92
8	070101	王冲瑞	男	1998-05-04 00:00:00	机电系	爱好:音乐	C01	50
9	070101	王冲瑞	男	1998-05-04 00:00:00	机电系	爱好:音乐	C03	86
10	070101	王冲瑞	男	1998-05-04 00:00:00	机电系	爱好:音乐	C04	90
11	070101	王冲瑞	男	1998-05-04 00:00:00	机电系	爱好:音乐	C05	NULL
12	070103	李修雨	女	1996-03-03 00:00:00	机电系	NULL	C04	52
13	070103	李修雨	女	1996-03-03 00:00:00	机电系	NULL	C06	47
14	070301	李奇	男	1998-09-17 00:00:00	信息管理系	NULL	C03	87
15	070301	李奇	男	1998-09-17 00:00:00	信息管理系	NULL	C04	93

图 4-33　例 4.43 的查询结果

说明：在例 4.43 的 SQL 语句中我们给 Student 表取了别名 S，在显示属性的前缀和连接条件的前缀中就要使用这个别名，这样可以简化 SQL 语句的书写。但要注意，为表指定了别名后，在查询语句中的其他地方，所有用到该表名的地方都必须使用别名，而不能再使用原表名。

例 4.44 查询“计算机系”选修了“数据库原理”课程的学生的成绩单，成绩单包含姓名、课程名称和成绩信息。

```
SELECT Sname, Cname, Grade
    FROM Student S INNER JOIN SC ON S.Sno=SC.Sno
    JOIN Course C ON SC.Cno=C.Cno
    WHERE Sdept='计算机系' AND Cname='数据库原理'
```

查询结果如图 4-34 所示。

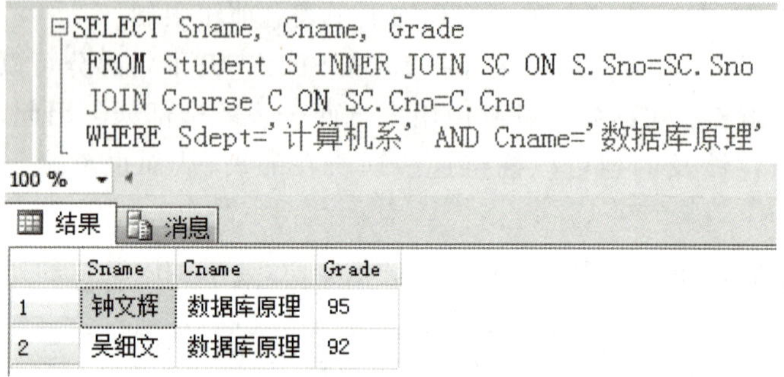

	Sname	Cname	Grade
1	钟文辉	数据库原理	95
2	吴细文	数据库原理	92

图 4-34　例 4.44 的查询结果

说明：例 4.44 中涉及的数据来自三个表，可根据先用两个表连接再和第三个表连接的方式进行处理。

例 4.45 查询选修了“数据库原理”课程的学生姓名和所在系。

```
SELECT Sname, Sdept
    FROM Student S INNER JOIN SC ON S.Sno=SC.Sno
    JOIN Course C ON SC.Cno=C.Cno
    WHERE Cname='数据库原理'
```

查询结果如图 4-35 所示。

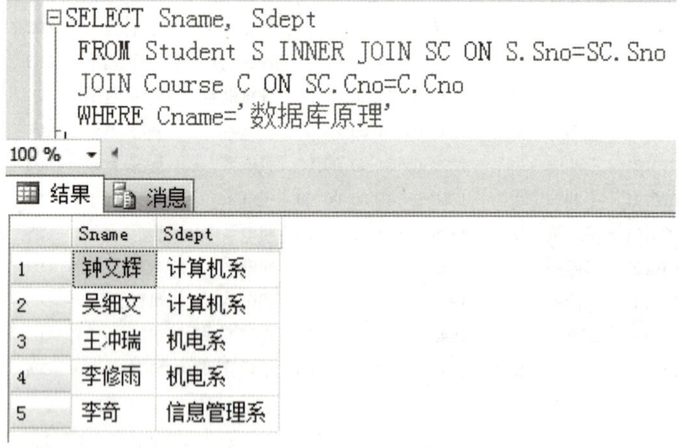

	Sname	Sdept
1	钟文辉	计算机系
2	吴细文	计算机系
3	王冲瑞	机电系
4	李修雨	机电系
5	李奇	信息管理系

图 4-35　例 4.45 的查询结果

说明：在例 4.45 中涉及的数据来自 Course 表和 Student 表，但因这两个表本身没有关联，所以在连接操作时需要利用 SC 表关联。

例 4.46 统计每个系的学生的平均成绩。

```
SELECT Sdept, AVG(Grade) 系平均成绩
    FROM Student S INNER JOIN SC ON S. Sno=SC. Sno
    JOIN Course C ON SC. Cno=C. Cno
    GROUP BY Sdept
```

查询结果如图 4-36 所示。

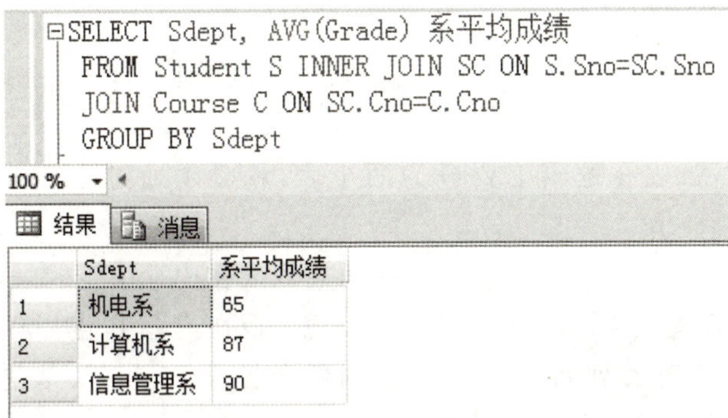

	Sdept	系平均成绩
1	机电系	65
2	计算机系	87
3	信息管理系	90

图 4-36 例 4.46 的查询结果

说明: 在例 4.46 中涉及的数据来自 SC 表和 Student 表，当把 SC 表和 Student 表连接起来后，它们就成了一个新表，接下来的分组统计就和基于单表的分组统计处理方式类似。

例 4.47 统计"计算机系"学生的选课记录中每门课程的选课人数、平均成绩、最高成绩和最低成绩。

```
SELECT Cno, COUNT( * ) 选课人数, AVG(Grade) 平均分,
    MAX(Grade) 最高分, MIN(Grade) 最低分
    FROM Student S JOIN SC ON S. Sno = SC. Sno
    WHERE Sdept = '计算机系'
GROUP BY Cno
```

查询结果如图 4-37 所示。

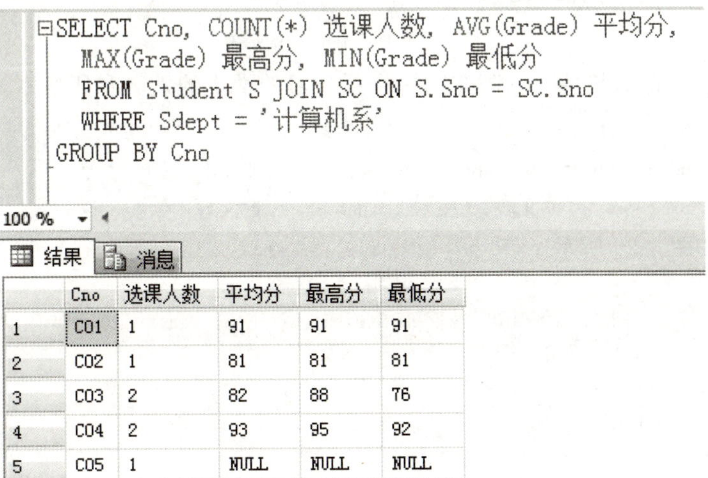

	Cno	选课人数	平均分	最高分	最低分
1	C01	1	91	91	91
2	C02	1	81	81	81
3	C03	2	82	88	76
4	C04	2	93	95	92
5	C05	1	NULL	NULL	NULL

图 4-37 例 4.47 的查询结果

说明: 在例 4.47 中既有多表连接，也有行选择，还有分组统计。其逻辑执行顺序可理解

为：①首先执行“FROM Student S JOIN SC ON S. Sno ＝ SC. Sno”子句，形成一张包含两个表的全部列的数据表；②然后在步骤①产生的表中执行“WHERE Sdept ＝ '计算机系'”子句，形成只包含计算机系学生的表；③对步骤②的表执行“GROUP BY Cno”子句，将课程号相同的数据归为一组；④对步骤③产生的每一组执行全部统计函数“COUNT(*) 选课人数，AVG(Grade) 平均分，MAX(Grade)最高分，MIN(Grade) 最低分”，每组产生一行数据，每个课程号为一组；⑤执行 SELECT 子句，形成最终的查询结果。

2. 自连接

自连接是一种特殊的内连接，是指相互连接的表在物理上为同一张表，但在逻辑上将其看成是两张表。

如果物理上的一张表在逻辑上要成为两个表，就必须通过为表取别名的方法实现。例如：

```
FROM 表 1 AS T1            -- 可想象成在内存中生成表名为“T1”的表
JOIN 表 1 AS T2            -- 可想象成在内存中生成表名为“T2”的表
ON 表 1. 列名 = 表 2. 列名   -- 对新命名的 T1 和 T2 表进行连接
```

因此，在使用自连接时一定要为表取别名。

例 4.48 查询课程“数据库原理”的先修课程名。

```
SELECT C1. Cname 课程名, C2. Cname 先修课程名
    FROM Course C1 JOIN Course C2 ON C1. PreCno=C2. Cno
    WHERE C1. Cname='数据库原理'
```

查询结果如图 4-38 所示。

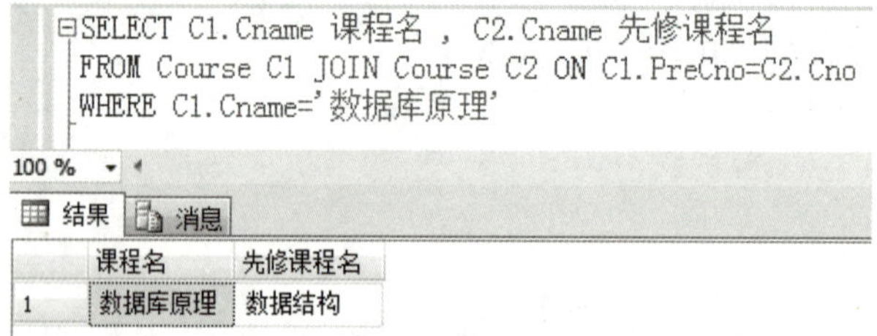

图 4-38　例 4.48 的查询结果

例 4.49 查询与“钟文辉”在同一个系学习的学生的姓名和所在系。

```
SELECT S2. Sname, S1. Sdept
    FROM Student S1 JOIN Student S2 ON S1. Sdept=S2. Sdept
    WHERE S1. Sname='钟文辉' AND S2. Sname! ='钟文辉'
```

查询结果如图 4-39 所示。

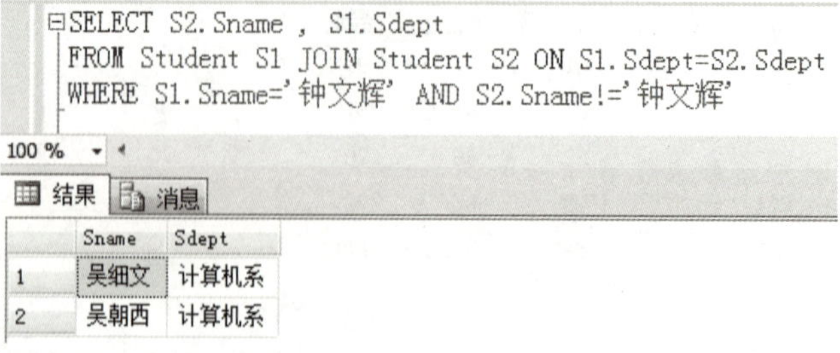

图 4-39　例 4.49 的查询结果

3. 外连接

从图 4-37 中可以看到 5 门课程的选课人数和成绩统计，而在 Course 表中有 7 门课程的信息（表 4-14），可见在内连接操作中，只有满足连接条件的元组才能作为结果输出，没有被选课程的信息是不会出现在结果中的。

但有时我们也希望输出那些不满足连接条件的元组的信息，比如查看全部课程的被选修情况，包括有学生选的课程和没有学生选的课程。如果用内连接实现（通过 SC 表和 Course 表的内连接），就只能找到有学生选的课程，因为内连接的结果首先是要满足连接条件，SC. Cno = Course. Cno。对于在 Course 表中有的，但在 SC 表中没有出现的课程号（代表没有人选），就不满足 SC. Cno = Course. Cno 条件，因此这些课程也不会出现在内连接结果中。这种情况就需要通过外连接来实现。

外连接是只限制一张表中的数据必须满足连接条件，而另一张表中的数据不必满足连接条件。外连接分为左外连接和右外连接两种。

ANSI 方式的外连接的语法格式如下：

```
FROM 表 1 LEFT | RIGHT [OUTER] JOIN 表 2 ON <连接条件>
```

LEFT [OUTER] JOIN 称为左外连接，RIGHT [OUTER] JOIN 称为右外连接。左外连接的含义是限制表 2 中的数据必须满足连接条件，而表 1 中的数据无须满足连接条件，均输出表 1 中的内容；右外连接的含义是限制表 1 中的数据必须满足连接条件，而表 2 中的数据无须满足连接条件，均输出表 2 中的内容。

Theta 方式的外连接的语法格式如下：

```
左外连接：FROM 表 1，表 2 WHERE [表 1.]列名(+) = [表 2.]列名
右外连接：FROM 表 1，表 2 WHERE [表 1.]列名 = [表 2.]列名(+)
```

SQL Server 支持 ANSI 方式的外连接，Oracle 支持 Theta 方式的外连接。本节采用 ANSI 方式的外连接语法格式。

例 4.50 查询计算机系全体学生的选课情况（学号、姓名、所在系、课程编号），要求包括未选课学生的信息。

```
SELECT S. Sno, Sname, Sdept, SC. Cno
FROM Student S LEFT JOIN SC ON S. Sno=SC. Sno
WHERE Sdept='计算机系'
```

查询结果如图 4-40 所示。

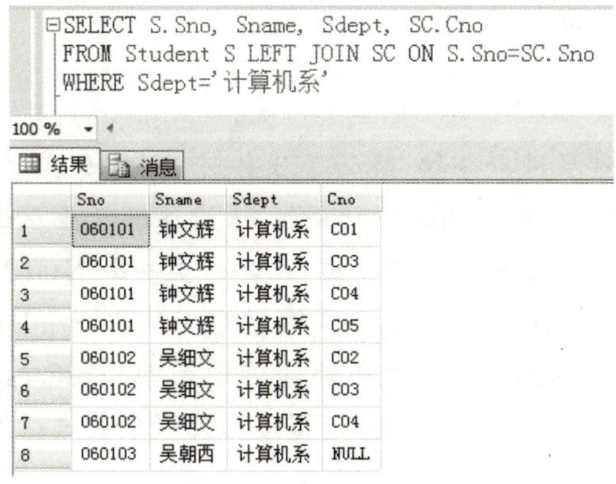

```
SELECT S.Sno, Sname, Sdept, SC.Cno
FROM Student S LEFT JOIN SC ON S.Sno=SC.Sno
WHERE Sdept='计算机系'
```


	Sno	Sname	Sdept	Cno
1	060101	钟文辉	计算机系	C01
2	060101	钟文辉	计算机系	C03
3	060101	钟文辉	计算机系	C04
4	060101	钟文辉	计算机系	C05
5	060102	吴细文	计算机系	C02
6	060102	吴细文	计算机系	C03
7	060102	吴细文	计算机系	C04
8	060103	吴朝西	计算机系	NULL

图 4-40 例 4.50 的查询结果

例 4.51 查询没有人选的课程的课程名。

分析：如果某门课程没有人选，就必定是在 Course 表中有，但在 SC 表中没出现的课程，即在进行外连接时，没有人选的课程对应在 SC 表中相应的 Sno、Cno 或 Grade 列上必定是空值，因此在查询时只要在连接后的结果中选出 SC 表中 Sno 为空或者 Cno 为空的记录即可。

```
SELECT Cname, Sno FROM Course C LEFT JOIN SC
ON C.Cno = SC.Cno
WHERE SC.Cno IS NULL
```

查询结果如图 4-41 所示。

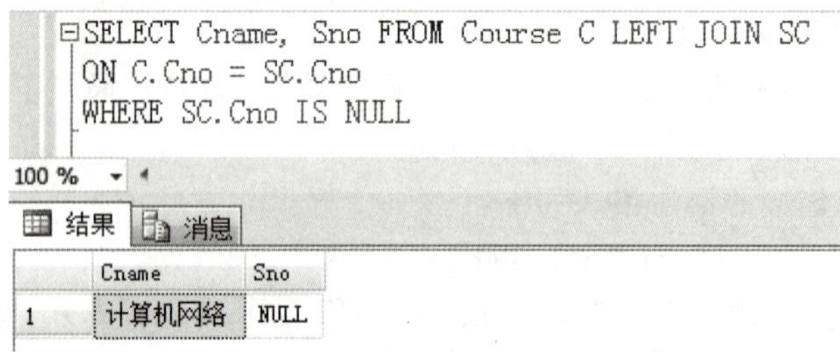

图 4-41 例 4.51 的查询结果

例 4.52 统计"计算机系"每个学生的选课门数，应包含未选课的学生。

```
SELECT S.Sno 学号,COUNT(SC.Cno) 选课门数
FROM Student S LEFT JOIN SC ON S.Sno = SC.Sno
WHERE Sdept = '计算机系'
GROUP BY S.Sno
```

查询结果如图 4-42 所示。

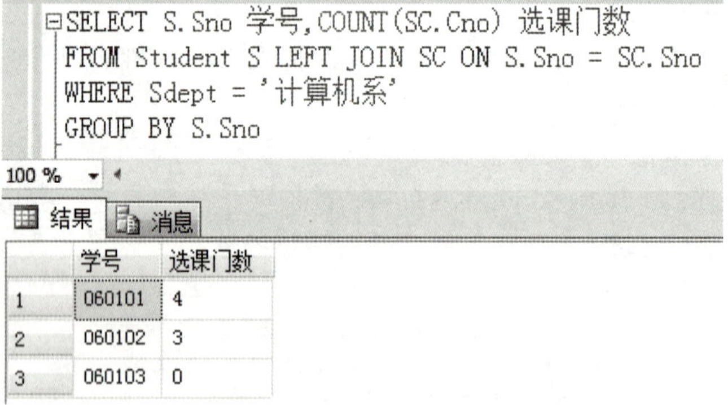

图 4-42 例 4.52 的查询结果

注意：在对外连接的结果进行分组、统计等操作时，一定要注意分组依据列和统计列的选择。例 4.52 中，如果按 SC 表的 Sno 进行分组，未选课的学生在连接结果中 SC 表的 Sno 就是 NULL，因此若按 SC 表的 Sno 进行分组，就会产生一个 NULL 组。

对于 COUNT 聚合函数也是一样的，如果写成 COUNT(Student.Sno)或者是 COUNT(＊)，对未选课的学生都将返回 1。因为在外连接结果中，Student.Sno 不会是 NULL，而 COUNT(＊)函数本身也不考虑 NULL，它是直接对元组个数进行计数。

例 4.53 统计“机电系”选课门数少于 3 门的学生的学号和选课门数，包括未选课的学生，查询结果按选课门数降序排序。

```
SELECT S.Sno 学号,COUNT(SC.Cno) 选课门数
FROM Student S LEFT JOIN SC ON S.Sno = SC.Sno
WHERE Sdept = '机电系'
GROUP BY S.Sno
HAVING COUNT(SC.Cno) < 3
ORDER BY COUNT(SC.Cno) DESC
```

查询结果如图 4-43 所示。

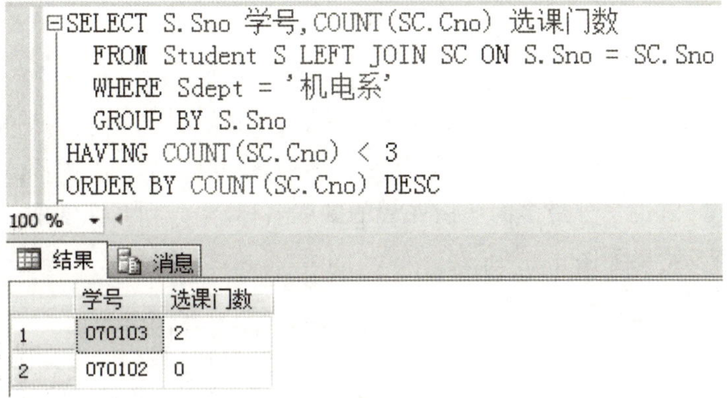

图 4-43 例 4.53 的查询结果

说明：这个语句的逻辑执行顺序是：①执行连接操作（FROM Student S LEFT JOIN SC ON S.Sno = SC.Sno）；②对连接的结果执行 WHERE 子句，筛选出满足条件的数据行；③对步骤②筛选出的结果执行 GROUP BY 子句，并执行聚合函数；④对步骤③产生的分组统计结果执行 HAVING 子句，进一步筛选数据；⑤对步骤④筛选出的结果执行 ORDER BY 子句，对结果进行排序产生最终的查询结果。

外连接通常是在两个表中进行的，但也支持对多张表进行外连接操作。如果是多个表进行外连接，数据库管理系统就是按连接书写的顺序从左至右进行连接。

4. TOP 的使用

在使用 SELECT 语句进行查询时，有时只希望列出结果集中的前几行结果，而不是全部结果。例如，只列出某门课程考试成绩前 3 名的情况，或者是查看选课人数最多的前 3 门课程的情况。这时就需要使用 TOP 子句来限制产生的结果集行数。

使用 TOP 子句的格式如下：

```
TOP n [ percent ] [WITH TIES ]
```

其中：

- n 为非负整数。
- TOP n：取查询结果的前 n 行数据。
- TOP n percent：取查询结果的前 n%行数据。
- WITH TIES：包括并列的结果。

TOP 子句写在 SELECT 单词的后边（如果有 DISTINCT 的话，就在 DISTINCT 单词之后）、查询列表的前边。

例 4.54 查询“C04”号课程成绩的前 3 名学生的学号和成绩。

```
SELECT TOP 3 Sno, Grade FROM SC WHERE Cno='C04'
ORDER BY Grade DESC
```

查询结果如图 4-44 所示。

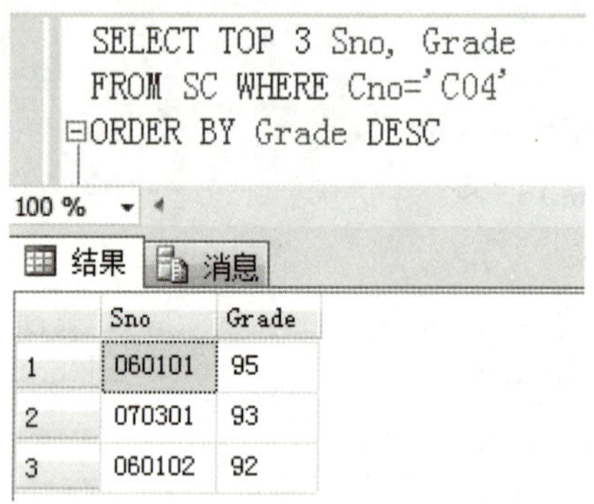

```
SELECT TOP 3 Sno, Grade
FROM SC WHERE Cno='C04'
ORDER BY Grade DESC
```

	Sno	Grade
1	060101	95
2	070301	93
3	060102	92

图 4-44 例 4.54 的查询结果

例 4.55 查询学分最多的 4 门课程的课程名称、学分和开课学期。

查询语句及其结果如图 4-45 所示。

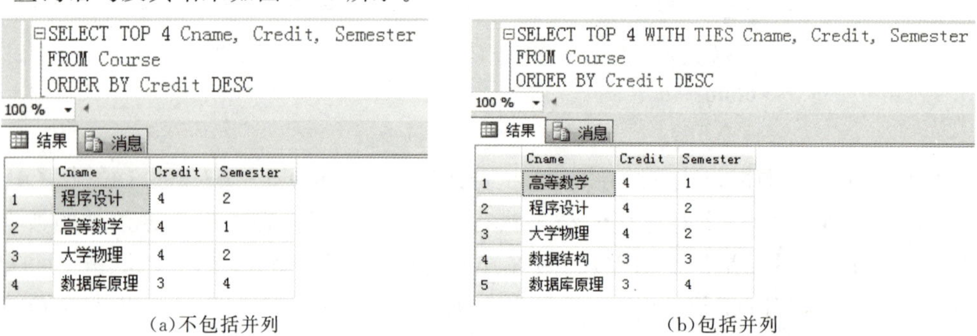

```
SELECT TOP 4 Cname, Credit, Semester
FROM Course
ORDER BY Credit DESC
```

	Cname	Credit	Semester
1	程序设计	4	2
2	高等数学	4	1
3	大学物理	4	2
4	数据库原理	3	4

(a)不包括并列

```
SELECT TOP 4 WITH TIES Cname, Credit, Semester
FROM Course
ORDER BY Credit DESC
```

	Cname	Credit	Semester
1	高等数学	4	1
2	程序设计	4	2
3	大学物理	4	2
4	数据结构	3	3
5	数据库原理	3	4

(b)包括并列

图 4-45 例 4.55 的查询结果

注意：如果在 TOP 子句中使用了 WITH TIES 谓词，则要求必须使用 ORDER BY 子句对查询结果进行排序，否则会出现语法错误。

例 4.56 查询选课人数最多的 2 门课程，列出课程号和选课人数。

```
SELECT TOP 2 WITH TIES Cno, COUNT(*) 选课人数
FROM SC GROUP BY Cno
ORDER BY COUNT(Cno) DESC
```

查询结果如图 4-46 所示。

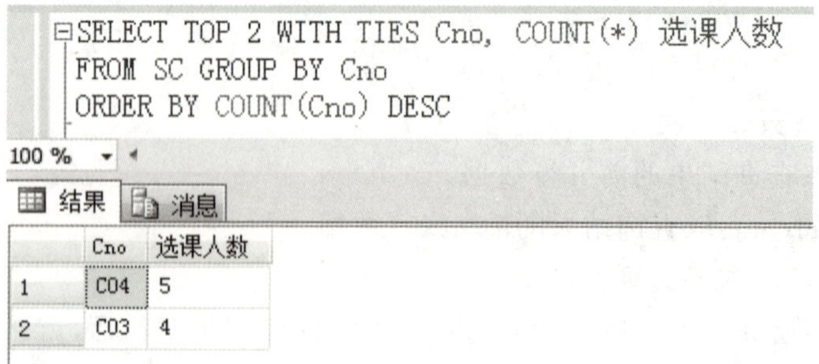

```
SELECT TOP 2 WITH TIES Cno, COUNT(*) 选课人数
FROM SC GROUP BY Cno
ORDER BY COUNT(Cno) DESC
```

	Cno	选课人数
1	C04	5
2	C03	4

图 4-46 例 4.56 的查询结果

4.4.4 CASE 表达式

1. CASE 简述

CASE 表达式是一种多分支的表达式，它可以根据条件列表的值返回多个可能的结果表达式中的一个。

CASE 表达式可用在任何允许使用表达式的地方，它不是一个完整的 T-SQL 语句，因此不能单独执行。

CASE 表达式具有两种格式：简单 CASE 表达式和搜索 CASE 表达式。这两种格式可以实现相同的功能。简单 CASE 表达式的写法相对比较简洁，但是和搜索 CASE 表达式相比，功能方面会有些限制，比如写判断式。

还有一个需要注意的问题，CASE 表达式只返回第一个符合条件的值，剩下的值 CASE 表达式将会自动忽略。

下面分别介绍这两种 CASE 表达式。

(1)简单 CASE 表达式

简单 CASE 表达式将一个测试表达式和一组简单表达式进行比较，如果某个简单表达式与测试表达式的值相等，则返回相应的结果表达式的值。

简单 CASE 表达式的语法格式如下：

```
CASE 测试表达式
WHEN 简单表达式 1 THEN 结果表达式 1
WHEN 简单表达式 2 THEN 结果表达式 2
…
WHEN 简单表达式 n THEN 结果表达式 n
[ ELSE 结果表达式 n+1 ]
END
```

其中：

- 测试表达式可以是一个变量名、字段名、函数或子查询。
- 简单表达式中不能包含比较运算符，它们给出的被比较的表达式或值，其数据类型必须与测试表达式的数据类型相同，或者可以隐式转换为测试表达式的数据类型。

简单 CASE 表达式的执行过程为：

- 计算测试表达式，然后按从上到下的书写顺序将测试表达式的值与每个 WHEN 子句的简单表达式进行比较。
- 如果某个简单表达式的值与测试表达式的值匹配(相等)，则返回第一个与之匹配的 WHEN 子句所对应的结果表达式的值。
- 如果所有简单表达式的值与测试表达式的值都不匹配，若指定了 ELSE 子句，则返回 ELSE 子句中指定的结果表达式的值；若没有指定 ELSE 子句，则返回 NULL。

简单 CASE 表达式经常应用在 SELECT 语句中，作为不同数据的不同返回值。

例 4.57 查询全体学生的信息，并对所在系用代码显示："计算机系"代码为"CS"，"机电系"代码为"JD"，"信息管理系"代码为"IM"。

```
SELECT Sno 学号，Sname 姓名，Ssex 性别，
    CASE Sdept
        WHEN '计算机系' THEN 'CS'
        WHEN '机电系' THEN 'JD'
        WHEN '信息管理系' THEN 'IM'
    END 所在系
FROM Student
```

查询结果如图 4-47 所示。

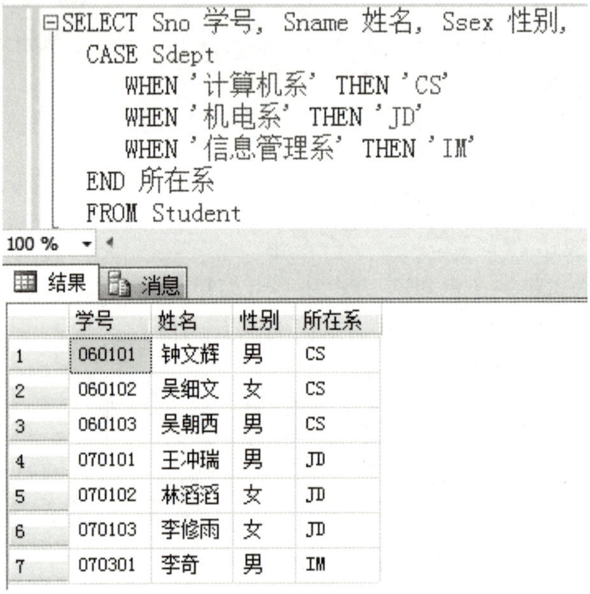

```
SELECT Sno 学号, Sname 姓名, Ssex 性别,
  CASE Sdept
    WHEN '计算机系' THEN 'CS'
    WHEN '机电系' THEN 'JD'
    WHEN '信息管理系' THEN 'IM'
  END 所在系
  FROM Student
```

100 % 结果 消息

	学号	姓名	性别	所在系
1	060101	钟文辉	男	CS
2	060102	吴细文	女	CS
3	060103	吴朝西	男	CS
4	070101	王冲瑞	男	JD
5	070102	林滔滔	女	JD
6	070103	李修雨	女	JD
7	070301	李奇	男	IM

图 4-47　例 4.57 的查询结果

(2)搜索 CASE 表达式

搜索 CASE 表达式的语法格式如下：

```
CASE
    WHEN 布尔表达式 1 THEN 结果表达式 1
    WHEN 布尔表达式 2 THEN 结果表达式 2
    …
    WHEN 布尔表达式 n THEN 结果表达式 n
    [ ELSE 结果表达式 n+1 ]
END
```

与简单 CASE 表达式比较，搜索 CASE 表达式有如下两个特点：

- 在 CASE 关键字的后面没有任何表达式；
- WHEN 关键字后面是布尔表达式。

搜索 CASE 表达式中的各个 WHEN 子句的布尔表达式可以是由比较运算符、逻辑运算符组合起来的复杂的布尔表达式。

搜索 CASE 表达式的执行过程为：

- 按从上到下的书写顺序计算每个 WHEN 子句的布尔表达式。
- 返回第一个取值为 TRUE 的布尔表达式所对应的结果表达式的值。

• 若没有取值为 TRUE 的布尔表达式，则当指定 ELSE 子句时，返回 ELSE 子句中指定的结果；若没有指定 ELSE 子句，则返回 NULL。

例 4.57 的查询用搜索 CASE 表达式可写为：

```
SELECT Sno 学号, Sname 姓名, Ssex 性别,
    CASE
        WHEN Sdept='计算机系' THEN 'CS'
        WHEN Sdept='机电系' THEN 'JD'
        WHEN Sdept='信息管理系' THEN 'IM'
    END 所在系
FROM Student
```

查询结果如图 4-48 所示。

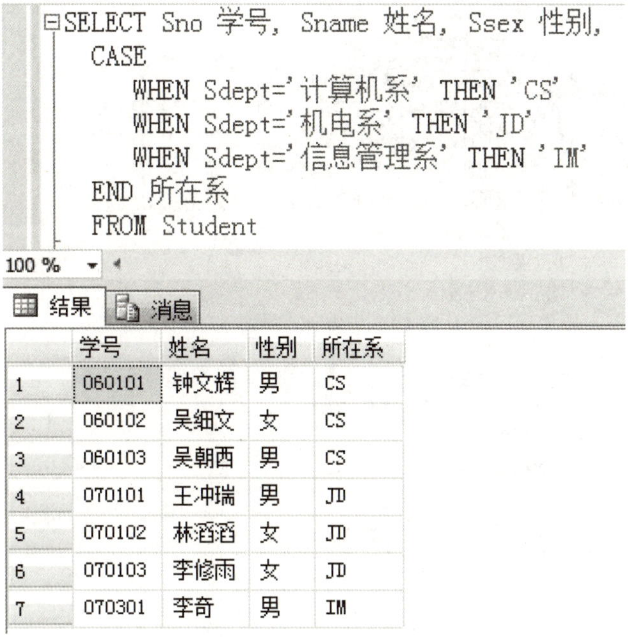

```
SELECT Sno 学号, Sname 姓名, Ssex 性别,
  CASE
     WHEN Sdept='计算机系' THEN 'CS'
     WHEN Sdept='机电系' THEN 'JD'
     WHEN Sdept='信息管理系' THEN 'IM'
  END 所在系
  FROM Student
```

100 %

结果 消息

	学号	姓名	性别	所在系
1	060101	钟文辉	男	CS
2	060102	吴细文	女	CS
3	060103	吴朝西	男	CS
4	070101	王冲瑞	男	JD
5	070102	林滔滔	女	JD
6	070103	李修雨	女	JD
7	070301	李奇	男	IM

图 4-48 CASE 函数查询结果二

2. CASE 应用示例

下面通过两个例子，展示 CASE 表达式在复杂查询中的应用：

例 4.58 查询“C04”号课程的考试情况，列出学号和成绩，同时对成绩进行如下处理：

若成绩大于或等于 90，则在查询结果中显示“优”；

若成绩在 80 到 89 分之间，则在查询结果中显示“良”；

若成绩在 70 到 79 分之间，则在查询结果中显示“中”；

若成绩在 60 到 69 分之间，则在查询结果中显示“及格”；

若成绩小于 60 分，则在查询结果中显示“不及格”。

这个查询需要对成绩进行情况判断，而且是将成绩与一个范围的数值进行比较，因此，需要使用搜索 CASE 表达式实现。具体如下：

```
SELECT Sno，Grade，
    CASE
        WHEN Grade >= 90 THEN '优'
        WHEN Grade BETWEEN 80 AND 89 THEN '良'
        WHEN Grade BETWEEN 70 AND 79 THEN '中'
        WHEN Grade BETWEEN 60 AND 69 THEN '及格'
        WHEN Grade <60 THEN '不及格'
    END 等级
FROM SC
WHERE Cno = 'C04'
```

查询结果如图 4-49 所示。

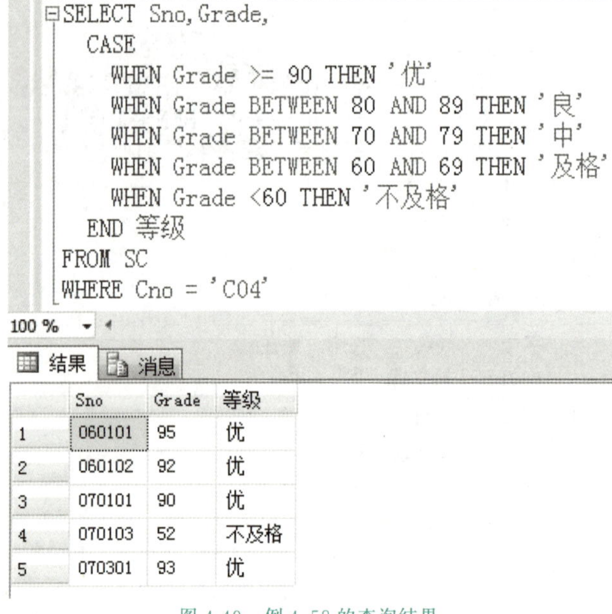

```
SELECT Sno,Grade,
  CASE
    WHEN Grade >= 90 THEN '优'
    WHEN Grade BETWEEN 80 AND 89 THEN '良'
    WHEN Grade BETWEEN 70 AND 79 THEN '中'
    WHEN Grade BETWEEN 60 AND 69 THEN '及格'
    WHEN Grade <60 THEN '不及格'
  END 等级
FROM SC
WHERE Cno = 'C04'
```


	Sno	Grade	等级
1	060101	95	优
2	060102	92	优
3	070101	90	优
4	070103	52	不及格
5	070301	93	优

图 4-49　例 4.58 的查询结果

例 4.59　统计“计算机系”每个学生的选课门数，包括未选课的学生。列出学号、选课门数和选课情况，其中对选课情况的处理为：

若选课门数超过 4 门，则选课情况为“多”；

若选课门数在 2～4 范围内，则选课情况为“一般”；

若选课门数少于 2 门，则选课情况为“少”；

若学生没有选课，则选课情况为“未选”。

并将查询结果按选课门数降序排序。

分析：①由于这个查询需要考虑有选课的学生和没有选课的学生，因此需要用外连接来实现。②需要对选课门数进行分情况处理，因此需要用 CASE 表达式。

具体代码如下：

```
SELECT S.Sno 学号，COUNT(SC.Cno) 选课门数，
CASE
    WHEN COUNT(SC.Cno) > 3 THEN '多'
```

```
    WHEN COUNT(SC.Cno) BETWEEN 2 AND 3 THEN '一般'
    WHEN COUNT(SC.Cno) BETWEEN 1 AND 2 THEN '少'
    WHEN COUNT(SC.Cno) = 0 THEN '未选'
END 选课情况
FROM Student S LEFT JOIN SC ON S.Sno = SC.Sno
WHERE Sdept = '计算机系'
GROUP BY S.Sno
```

查询结果如图4-50所示。

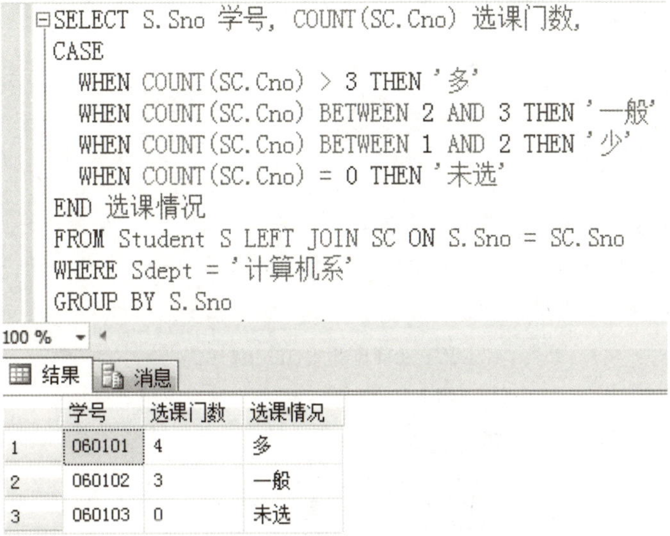

```
SELECT S.Sno 学号, COUNT(SC.Cno) 选课门数,
CASE
  WHEN COUNT(SC.Cno) > 3 THEN '多'
  WHEN COUNT(SC.Cno) BETWEEN 2 AND 3 THEN '一般'
  WHEN COUNT(SC.Cno) BETWEEN 1 AND 2 THEN '少'
  WHEN COUNT(SC.Cno) = 0 THEN '未选'
END 选课情况
FROM Student S LEFT JOIN SC ON S.Sno = SC.Sno
WHERE Sdept = '计算机系'
GROUP BY S.Sno
```

100 %

结果 消息

	学号	选课门数	选课情况
1	060101	4	多
2	060102	3	一般
3	060103	0	未选

图4-50 例4.59的查询结果

4.4.5 将查询结果保存到表中

SELECT语句产生的查询结果是保存在内存中的，如果希望将查询结果永久地保存起来，比如保存在一个物理表中，就可以通过在SELECT语句中使用INTO子句实现。

包含INTO子句的SELECT语句的语法格式如下：

```
SELECT 查询列表序列 INTO <新表名>
FROM 数据源
… …                    -- 其他条件子句、分组子句等
```

其中<新表名>是用于存放查询结果的表名。这个语句将查询的结果保存到该数据库的一个新表中。实际上这个语句包含如下三个功能：

(1)执行查询语句产生结果集。

(2)根据查询结果集的结构创建一个新表，新表中各列的列名就是查询结果集中显示的列标题，列的数据类型是这些查询列在原表中定义的数据类型。如果查询列是聚合函数或表达式等经过计算的结果，则新表中对应列的数据类型是这些函数或表达式返回值的数据类型。

(3)将查询结果集按列对应顺序保存到该新建表中。

例 4.60 将“计算机系”学生的学号、姓名、性别、年龄，保存到新表 Student_CS 中。具体代码如下：

```
SELECT Sno, Sname, Ssex, YEAR(GETDATE())-YEAR(Sbirthday) Sage
INTO Student_CS
FROM Student WHERE Sdept = '计算机系'
```

查询结果如图 4-51 所示。

```
SELECT Sno, Sname, Ssex, YEAR(GETDATE())-YEAR(Sbirthday) Sage
INTO Student_CS
FROM Student WHERE Sdept = '计算机系'
```

100 %

消息

(3 行受影响)

图 4-51　通过查询保存新表运行结果

这时，就可对 Student_CS 表进行查询：

```
SELECT * FROM  Student_CS
```

查询结果如图 4-52 所示。

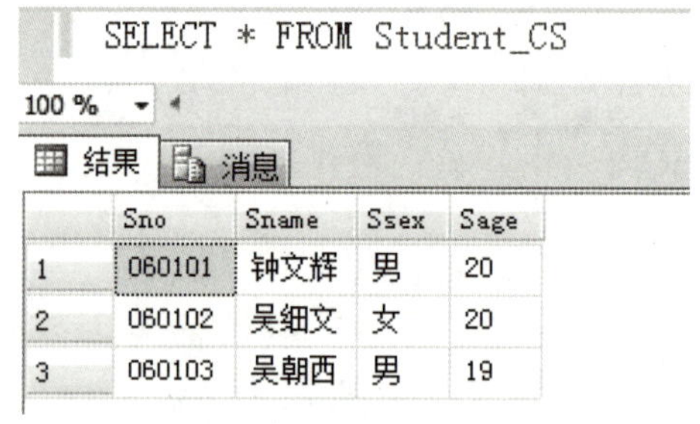

SELECT * FROM Student_CS

100 %

结果　消息

	Sno	Sname	Ssex	Sage
1	060101	钟文辉	男	20
2	060102	吴细文	女	20
3	060103	吴朝西	男	19

图 4-52　对生成的新表的查询结果

4.4.6　子查询

在 SQL 语言中，一个 SELECT-FROM-WHERE 语句称为一个查询块。

如果一个 SELECT 语句嵌套在一个 SELECT、INSERT、UPDATE 或 DELETE 语句中，则称为子查询(Subquery)或内层查询，而包含子查询的语句则称为主查询或外层查询。一个子查询也可以嵌套在另一个子查询中。为了与外层查询有所区别，总是把子查询写在小括号中。与外层查询类似，子查询语句中应至少包含 SELECT 子句和 FROM 子句，并根据需要选择使用 WHERE 子句、GROUP BY 子句、HAVING 子句和 ORDER BY 子句。

子查询语句可以出现在任何能够使用表达式的地方，但通常情况下，子查询语句通常是出现在外层查询的 WHERE 子句或 HAVING 子句中，与比较运算符或逻辑运算符一起构成查询条件。

在 WHERE 子句中的子查询通常有如下几种形式：

- WHERE <列名> [NOT] IN (子查询)
- WHERE <列名> 比较运算符 (子查询)
- WHERE EXISTS (子查询)

1. 使用子查询进行基于集合的测试

当使用子查询进行基于集合的测试时，通过运算符 IN 或 NOT IN，将一个列的值与子查询返回的结果集进行比较。其形式为：

```
WHERE <列名> [NOT] IN ( 子查询 )
```

这与在 WHERE 子句中使用 IN 运算符的作用完全相同。当使用 IN 运算符时，若列中的某个值与集合中的某个值相等，则此条件为真；若列中的某个值与集合中的所有值均不相等，则该条件为假。

包含这种子查询形式的查询语句是分步骤实现的，即先执行子查询，然后利用子查询返回的结果再执行外层查询(先内后外)。子查询返回的结果实际上就是一个集合，外层查询就是在这个集合上使用 IN 运算符进行比较。

注意：在使用 IN 运算符的子查询时，由该子查询返回的结果集中列的个数、数据类型以及语义必须与外层<列名>中列的个数、数据类型以及语义相同。

例 4.61 查询与“钟文辉”在同一个系学习的学生学号、姓名、性别、所在系。

分析：①可以通过一个子查询，先把钟文辉的所在系找出来；②然后把它作为一个已知条件，把这个问题转换成为“所在系”在某个集合中的学生的相关信息。

问题①的 SQL 语句为：

```
SELECT Sdept FROM Student Where Sname='钟文辉'
```

问题②的 SQL 语句为：

```
SELECT Sno, Sname, Ssex, Sdept FROM Student
WHERE Sdept IN ('* * *')
```

综合①和②的 SQL 语句得到：

```
SELECT Sno, Sname, Ssex, Sdept FROM Student
WHERE Sdept IN (
SELECT Sdept FROM Student Where Sname='钟文辉')
```

查询结果如图 4-53 所示。

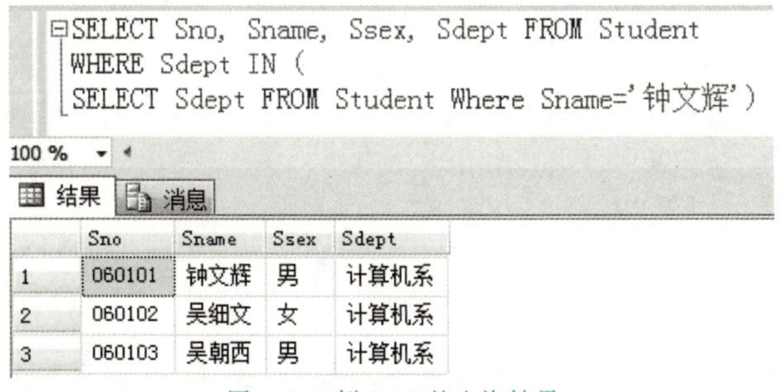

	Sno	Sname	Ssex	Sdept
1	060101	钟文辉	男	计算机系
2	060102	吴细文	女	计算机系
3	060103	吴朝西	男	计算机系

图 4-53 例 4.61 的查询结果

说明：该 SQL 语句是先执行括号里面的子查询，再执行外层的查询。

2. 使用子查询进行比较测试

使用子查询进行比较测试时，通过比较运算符(=、! =、<、>、<=、<=)，将一个列的值与子查询返回的结果进行比较。若比较运算的结果为真，则比较测试返回 True。

使用子查询进行比较测试的语法格式为：

```
WHERE <列名> 比较运算符 (子查询)
```

注意：使用子查询进行比较测试时，要求子查询语句必须是返回单值的查询语句。

聚合函数不能出现在 WHERE 子句中，对于要与聚合函数进行比较的查询，就应该使用比较运算符的子查询实现。

同基于集合的子查询一样，用子查询进行比较测试时，也是先执行子查询，然后再根据子查询产生的结果执行外层查询。

例 4.62 查询选择“C04”号课程且成绩高于此课程平均成绩的学生的学号和该门课程成绩。

分析：①可以通过一个子查询，先将“C04”号课程的平均成绩找出来；②然后把它作为一个已知条件，把这个问题转换成为选了“C04”号课程且成绩高于某个值的学生的学号和成绩。

问题①的 SQL 语句为：

```
SELECT AVG(Grade) FROM SC Where Cno='C04'
```

问题②的 SQL 语句为：

```
SELECT Sno, Grade FROM SC
WHERE Cno='C04' AND Grade> * * *
```

综合①和②的 SQL 语句得到：

```
SELECT Sno, Grade FROM SC
WHERE Cno='C04' AND Grade >
(SELECT AVG(Grade) FROM SC Where Cno='C04')
```

查询结果如图 4-54 所示。

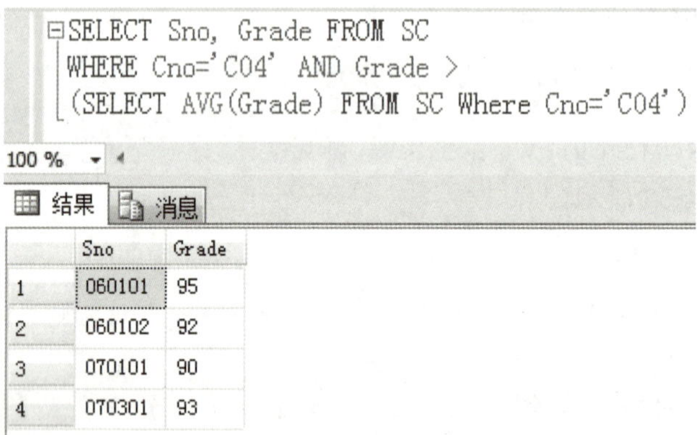

图 4-54 例 4.62 的查询结果

3. 带有 ANY 或 ALL 的子查询

当子查询返回多个值时，可以使用带有 ANY 或 ALL 的子查询，它们具体的含义见表 4-17。

表 4-17 ANY 和 ALL 的含义

运算符	含义
> ANY	大于子查询结果中的某个值
< ANY	小于子查询结果中的某个值
>= ANY	大于或等于子查询结果中的某个值

（续表）

运算符	含义
<= ANY	小于或等于子查询结果中的某个值
= ANY	等于子查询结果中的某个值
! = ANY 或<>ANY	不等于子查询结果中的某个值
> ALL	大于子查询结果中的所有值
< ALL	小于子查询结果中的所有值
>= ALL	大于或等于子查询结果中的所有值
<= ALL	小于或等于子查询结果中的所有值
! = ALL 或<>ALL	不等于子查询结果中的任何一个值

例 4.63 查询比“C03”课程成绩高的选了“C04”课程的学生的学号和成绩。

```
SELECT Sno, Grade FROM SC
WHERE Cno='C04' AND Grade > ALL
(SELECT Grade FROM SC Where Cno='C03')
```

查询结果如图 4-55 所示。

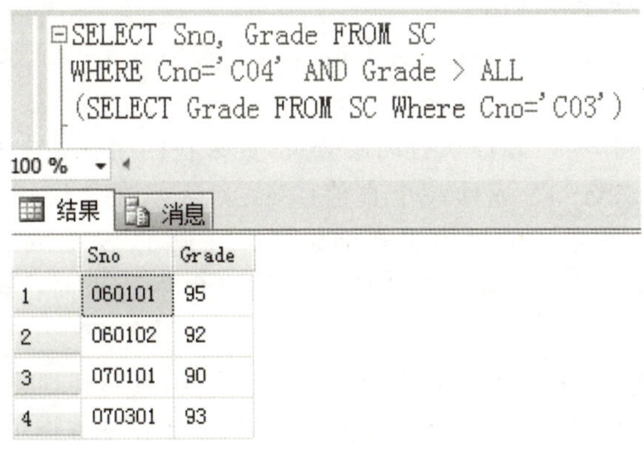

图 4-55 例 4.63 的查询结果

4. 带 EXISTS 谓词的子查询

EXISTS 代表存在谓词∃。使用带 EXISTS 谓词的子查询可以进行存在性测试，其基本使用形式为：

```
WHERE [NOT] EXISTS (子查询)
```

带 EXISTS 谓词的子查询不返回查询的数据，只产生逻辑真值和假值。

- EXISTS 的含义是：当子查询中有满足条件的数据时，则返回真值，否则返回假值。
- NOT EXISTS 的含义是：当子查询中有满足条件的数据时，则返回假值；否则返回真值。

例 4.64 查询选了“C04”号课程的学生姓名。

分析：这个查询涉及 Student 表和 SC 表，可用多种方式实现，下面给出用 EXISTS 形式的子查询实现：

```
SELECT Sname FROM Student
WHERE EXISTS (
  SELECT * FROM SC
   Where SC.Sno=Student.Sno AND Cno='C04')
```

查询结果如图 4-56 所示。

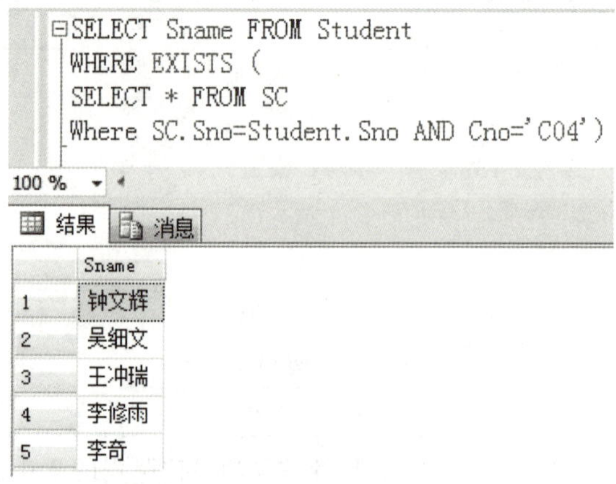

图 4-56　例 4.64 的查询结果

说明：带有存在谓词的查询需注意以下问题：

(1)带 EXISTS 谓词的查询是先执行外层查询，再执行内层查询。由外层查询的值决定内层查询的结果；内层查询的执行次数由外层查询的结果决定。

上述查询语句的处理过程如下：

①无条件执行外层查询语句，在外层查询的结果集中取第一行结果，得到 Sno 的一个当前值，然后根据此 Sno 值处理内层查询。

②将外层的 Sno 值作为已知值执行内层查询，如果在内层查询中有满足其 WHERE 子句条件的记录存在，则 EXISTS 返回一个真值(True)，表示在外层查询结果集中的当前行数据为满足要求的一个结果。如果内层查询中不存在满足 WHERE 子句条件的记录，则 EXISTS 返回一个假值(False)，表示在外层查询结果集中的当前行数据不是满足要求的结果。

③顺序处理外层表 Student 表中的第 2、3、… 行数据，直到处理完所有行。

(2)由于 EXISTS 的子查询只能返回真值或假值，因此在子查询中指定列名是没有意义的。所以在有 EXISTS 的子查询中，其目标列名序列通常都用“＊”。

带 EXISTS 的子查询在子查询中要与外层表数据进行关联，因此通常将这种形式的子查询称为相关子查询。

例 4.65 查询至少选修了第三学期开设的全部课程的学生姓名。

分析：在此例中，使用了双重否定，最外层查询的含义是找出符合条件的学生，中间层查询的含义是找出第三学期开设的课程，里层查询的含义是通过外层和中间层传入的学号和课程号，找出在 SC 表中有没有对应的选课记录。

整个 SQL 语句的含义可以这样理解：某个学生在第三学期开设的课程中没有选课记录，即为选修了第三学期开设的全部课程的学生。

```
SELECT Sname FROM Student
  WHERE NOT EXISTS (
    SELECT * FROM Course
      WHERE Semester=3 AND NOT EXISTS (
        SELECT * FROM SC
          WHERE SC.Sno=Student.Sno AND Course.Cno=SC.Cno))
```

查询结果如图 4-57 所示。

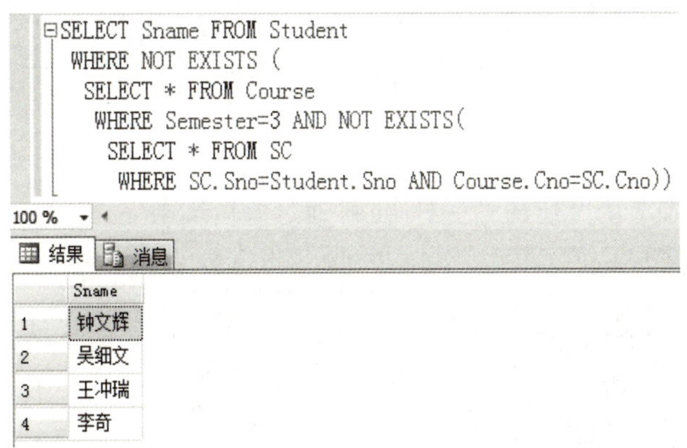
```
SELECT Sname FROM Student
 WHERE NOT EXISTS (
  SELECT * FROM Course
   WHERE Semester=3 AND NOT EXISTS(
    SELECT * FROM SC
     WHERE SC.Sno=Student.Sno AND Course.Cno=SC.Cno))
```

	Sname
1	钟文辉
2	吴细文
3	王冲瑞
4	李奇

图 4-57　例 4.65 的查询结果

4.4.7　查询的集合运算

SQL 提供了与关系代数中集合运算并、交和差对应的谓词，它们分别是：UNION、INTERSECT 和 EXCEPT，当使用这些操作进行查询时，参与运算的两个查询分别用小括号括起来。

例 4.66　查询"计算机系"和"机电系"的所有学生信息。

分析：除了以上各节中介绍的方法外，也可通过并运算来完成。

```
(SELECT Sno, Sname, Ssex, Sdept
    FROM Student WHERE Sdept='计算机系')
UNION
(SELECT Sno, Sname, Ssex, Sdept
    FROM Student WHERE Sdept='机电系')
```

查询结果如图 4-58 所示。

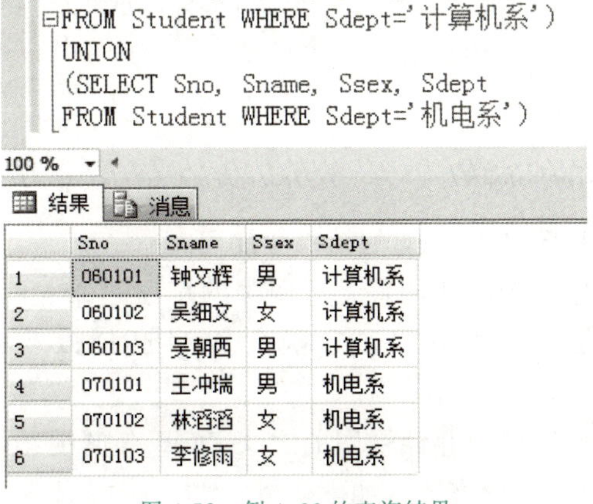
```
(SELECT Sno, Sname, Ssex, Sdept
FROM Student WHERE Sdept='计算机系')
UNION
(SELECT Sno, Sname, Ssex, Sdept
FROM Student WHERE Sdept='机电系')
```

	Sno	Sname	Ssex	Sdept
1	060101	钟文辉	男	计算机系
2	060102	吴细文	女	计算机系
3	060103	吴朝西	男	计算机系
4	070101	王冲瑞	男	机电系
5	070102	林滔滔	女	机电系
6	070103	李修雨	女	机电系

图 4-58　例 4.66 的查询结果

例 4.67　查询同时选修了"C03"与"C04"课程的学生的学号。

分析：除了以上各节中介绍的方法外，也可通过交运算来完成。

```
(SELECT Sno FROM SC WHERE Cno='C03')
    INTERSECT
(SELECT Sno FROM SC WHERE Cno='C04')
```

查询结果如图 4-59 所示。

例 4.68 查询选修了“C01”但未选“C02”课程的学生的学号。

分析:除了以上各节中介绍的方法外,也可通过差运算来完成。

```
(SELECT Sno FROM SC WHERE Cno='C01')
    EXCEPT
(SELECT Sno FROM SC WHERE Cno='C02')
```

查询结果如图 4-60 所示。

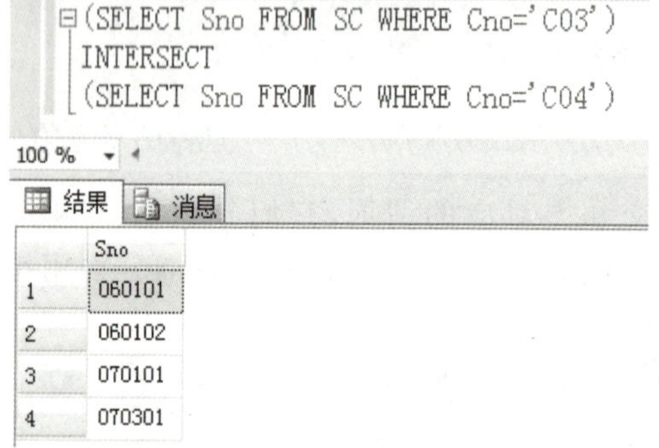

图 4-59　例 4.67 的查询结果

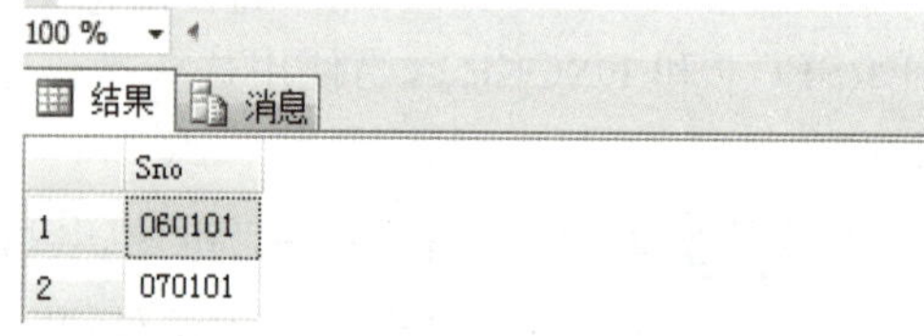

图 4-60　例 4.68 的查询结果

视图

4.5 视图

视图(View)是数据库中的一个对象,它是数据库管理系统提供给用户的以多种角度观察数据库中数据的一种重要机制。它对应于三级模式中的外模式,当不同的用户需要基本表中不同的数据时,可以为每类用户建立一个视图,视图中的内容可以是某个基本表的部分数据或多个基本表组合的数据。

4.5.1 概述

在 SQL 中,视图是基于 SQL 语句的结果集的可视化表。

视图包含行和列,就像一个真实的表。视图中的字段是来自一个或多个数据库的真实表中的字段。我们可以向视图中添加 SQL 函数、WHERE 以及 JOIN 语句,也可以提交数据。

视图是一个虚表,数据库中只存储视图的定义,而不存储视图所包含的数据,这些数据仍存放在原来的基本表中。这种模式有如下优点:

(1)视图数据始终与基本表数据保持一致。当基本表中的数据发生变化时,从视图中查询出的数据也会随之变化。因为每次从视图查询数据时,都是执行定义视图的查询语句,即最终都是落实到基本表中查询数据。从这个意义上讲,视图就像一个窗口,透过它可以看到数据库中用户自己感兴趣的数据。

(2)节省存储空间。当数据量非常大时,重复存储数据是非常耗费空间的。

视图可以从一个基本表中提取数据,也可以从多个基本表中提取数据,甚至还可以从其他视图中提取数据,构成新的视图。但对视图数据的操作最终都会转换为对基本表的操作。视图与基本表之间的关系如图 4-61 所示。

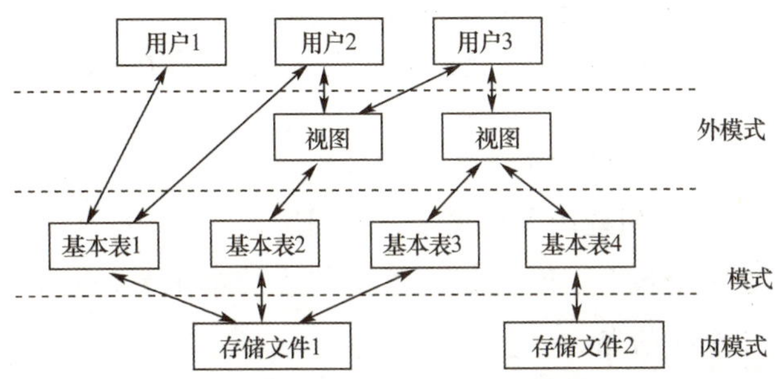

图 4-61 视图与基本表的关系

虽然对视图的操作最终都转换为对基本表的操作,视图看起来似乎没什么用处,但实际上,如果合理地使用视图就会带来许多好处。

1. 简化数据查询语句

采用视图机制可以使用户将注意力集中在所关心的数据上。如果这些数据来自多个基本表,或者数据一部分来自基本表,另一部分来自视图,并且所用的搜索条件又比较复杂时,需要编写的 SELECT 语句就会很长,这时通过定义视图就可以简化客户段对数据的查询操作。定义视图可以将表与表之间复杂的连接操作和搜索条件对用户隐藏起来,用户只需简单地对一个视图进行查询即可。在多次执行相同的数据查询操作时尤为有用。

2. 使用户能从多角度看待同一数据

采用视图机制能使不同的用户以不同的方式看待同一数据,当许多不同类型的用户共享同一个数据库时,这种灵活性是非常重要的。

3. 提高数据的安全性

视图可以定制用户查看哪些数据并屏蔽敏感数据。例如,不希望员工看到别人的工资,就可以建立一个不包含工资项的职工视图,让用户通过视图来访问表中的其他数据,而不授予他们直接访问基本表的权限,这样就在一定程度上提高了数据的安全性。

4. 提供一定程度的逻辑独立性

视图在一定程度上提供了数据的逻辑独立性,因为它对应的是数据库的外模式。而应用程序是基于视图进行编程的,当我们对数据库的基本表进行重构时,应用程序可以保持不变,我们只需根据新的基本表重新定义和原来一致的视图即可,从而实现了数据的逻辑独立性。

4.5.2 视图的定义及使用

定义视图的 SQL 语句为 CREATE VIEW,其一般格式如下:

```
CREATE VIEW <视图名> [(列名 [,...n])]
AS
    SELECT 语句
```

在定义视图时注意以下几点：

(1)SELECT 语句中通常不包含 ORDER BY 和 DISTINCT 子句。

(2)在定义视图时可以指定视图的全部列名，也可以全部省略不写，但不能只写视图的部分列名。若省略了视图的“列名”部分，则视图的列名与查询语句中查询结果显示的列名相同。但在以下情况下必须明确指定组成视图的所有列名：

- 某个目标列不是简单的列名，而是函数或表达式，并且在 SELECT 语句中没有为这样的列指定别名。
- 多表连接时选出了几个同名列作为视图的列。
- 需要在视图中为某个列选用其他更合适的列名。

例 4.69 创建一个包含“计算机系”学生的成绩单视图，视图中应有学生的学号、姓名、课程号、课程名和成绩信息。

首先创建名为 V_Grade_CS 的视图，SQL 语句如下：

```
CREATE VIEW V_Grade_CS
AS
    SELECT S. Sno, Sname, C. Cno, Cname, Grade
    FROM Student S, SC, Course C
    WHERE S. Sno=SC. Sno AND SC. Cno=C. Cno
        AND Sdept='计算机系'
```

运行以上代码，结果如图 4-62 所示。

```
SELECT * FROM V_Grade_CS
```

查询结果如图 4-63 所示。

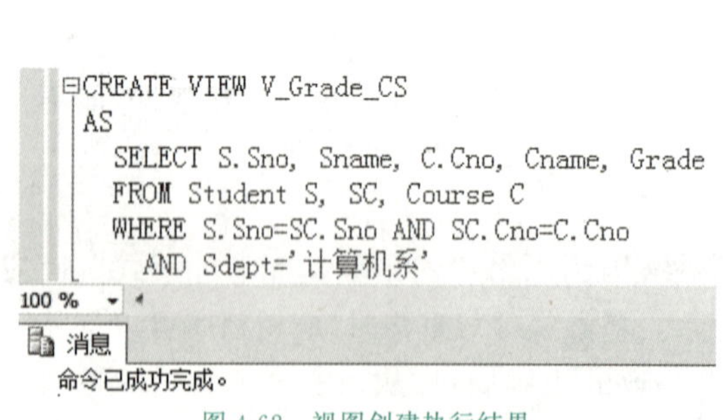

图 4-62 视图创建执行结果

SELECT * FROM V_Grade_CS

100 %

结果 消息

	Sno	Sname	Cno	Cname	Grade
1	060101	钟文辉	C01	高等数学	91
2	060101	钟文辉	C03	数据结构	88
3	060101	钟文辉	C04	数据库原理	95
4	060101	钟文辉	C05	音乐欣赏	NULL
5	060102	吴细文	C02	程序设计	81
6	060102	吴细文	C03	数据结构	76
7	060102	吴细文	C04	数据库原理	92

图 4-63 视图查询结果

视图不仅可以查询数据，也可以通过视图修改基本表中的数据，但并不是所有的视图都可以用于修改数据。比如，经过统计或表达式计算得到的视图，就不能用于修改数据的操作。能否通过视图修改数据的基本原则是：若这个操作能够正确落实到基本表上，则可以通过视图修改数据，否则不可以修改数据。

4.5.3 视图的修改与删除

1. 修改视图

修改视图定义的 SQL 语句为 ALTER VIEW，其语法格式如下：

```
ALTER VIEW <视图名> [ ( <列名> [,...n ] ) ]
AS
    SELECT 语句
```

例 4.70 修改例 4.69 创建的视图，使其包含学生的年龄信息。

```
ALTER VIEW V_Grade_CS
AS
    SELECT S.Sno, Sname, YEAR(GETDATE())-YEAR(Sbirthday) Sage,
        C.Cno, Cname, Grade
    FROM Student S, SC, Course C
    WHERE S.Sno=SC.Sno AND SC.Cno=C.Cno
        AND Sdept='计算机系'
```

执行以上代码后，再对该视图进行查询，结果如图 4-64 所示。

在图 4-64 中只显示了两名同学的成绩信息，而在表 4-13 中，计算机系有三名同学的信息。大家可以考虑一下，如何对这个视图进行修改，才能使它包含计算机系全体学生的信息。

```
SELECT * FROM V_Grade_CS
```

100 %

结果 消息

	Sno	Sname	Sage	Cno	Cname	Grade
1	060101	钟文辉	20	C01	高等数学	91
2	060101	钟文辉	20	C03	数据结构	88
3	060101	钟文辉	20	C04	数据库原理	95
4	060101	钟文辉	20	C05	音乐欣赏	NULL
5	060102	吴细文	20	C02	程序设计	81
6	060102	吴细文	20	C03	数据结构	76
7	060102	吴细文	20	C04	数据库原理	92

图 4-64 视图修改后的查询结果

2. 删除视图

删除视图的 SQL 语句格式如下：

```
DROP VIEW <视图名>
```

例 4.71 删除例 4.69 创建的视图 V_Grade_CS。

```
DROP VIEW V_Grade_CS
```

删除视图时需要注意，如果被删除的视图 A 是视图 B 的数据源，那么删除视图 A，其视图 B 将无法再使用。同样，定义视图的基本表被删除了，视图也将无法使用。因此，在删除基本表和视图时一定要注意是否存在引用被删除对象的视图，如果有应同时删除。

4.5.4 物化视图

在标准视图中，视图的结果不存储在数据库中，当通过标准视图访问数据时，数据库管理系统会在内部将视图定义转换为对基本表的查询，这个转换需要花费很长时间，因此通过视图查询数据会降低数据的查询效率。为解决这一问题，很多数据库管理系统不仅提供了允许将视图数据进行物理存储的机制，而且能够保证当定义视图的基本表数据发生变化时，视图中的数据也随之更改，这样的视图被称为物化视图（Materialized View，在 SQL Server 中将这样的视图称为索引视图），保证视图数据与基本表数据保持一致的过程称为视图维护（View Maintenance）。

对于标准视图而言，为每个使用视图的查询动态生成结果集的开销很大，特别是那些涉及对大量数据行进行复杂处理（如聚合大量数据或连接许多行）的视图。这时就可通过建立物化视图的方法来提高通过视图查询数据的效率，不同的数据库管理系统实现物化视图的机制各不相同，在 SQL Server 中，是通过对视图创建唯一聚集索引的方法来建立物化视图，具体创建方法有兴趣的读者可参看 SQL Server 的联机丛书。

数据更改功能

4.6 数据更改功能

利用 SQL 语言，既可以查询数据库中的数据，又可以对已存在的数据进行修改、删除或增加数据，这就是 SQL 语言的数据更改功能。

4.6.1 数据插入

数据插入操作可分为两种：单行插入和多行插入。

1. 单行插入

单行插入数据 INSERT 语句的格式如下：

```
INSERT [INTO] <表名> [(<列名表>)] VALUES (值列表)
```

其中，＜列名表＞中的列名必须是＜表名＞中有的列名；值列表中的值可以是常量值也可以是 NULL，各值之间用逗号分隔。

INSERT 语句用来新增一个符合表结构的数据行，将值列表数据按表中列定义顺序（或＜列名表＞中指定的顺序）逐一赋给对应的列名。

使用插入语句时应注意：

• 值列表中的值与列名表中的列按位置顺序对应，它们的数据类型必须兼容。

• 如果＜表名＞后没有指明＜列名表＞，则值列表中值的顺序必须与＜表名＞中列定义的顺序一致，且每一个列均有值（可以为 NULL）。

• 如果值列表中提供的值的个数或者顺序与＜表名＞中列个数或顺序不一致，则＜列名表＞部分不能省。没有为＜表名＞中某列提供值的列必须是允许为 NULL 的列或者是有 DEFAULT 约束的列，因为在插入数据时，系统自动为没有值对应的列提供 NULL 或者默认值。

例 4.72 向 Student 表中插入(050101,赵林,男,1999-09-08,计算机系)的记录。

```
INSERT INTO Student
VALUES ( '050101','赵林','男','1999-09-08','计算机系',NULL )
```

执行以上代码后结果如图 4-65 所示，再对 Student 表进行查询，结果如图 4-66 所示。

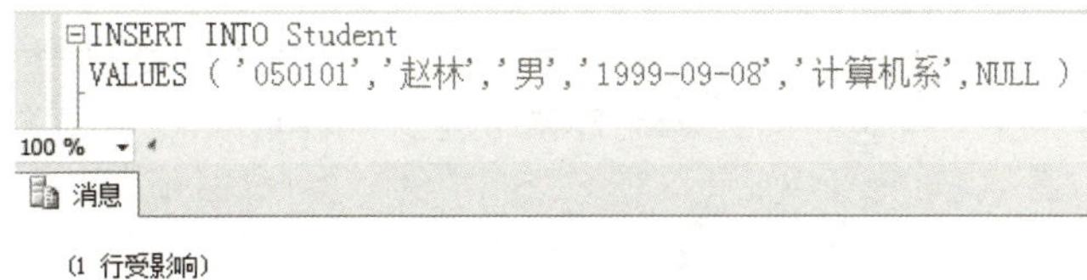

(1 行受影响)

图 4-65 插入语句的执行结果

```
SELECT * FROM Student
```

100 %

结果 消息

	Sno	Sname	Ssex	Sbirthday	Sdept	memo
1	050101	赵林	男	1999-09-08 00:00:00	计算机系	NULL
2	060101	钟文辉	男	1997-05-01 00:00:00	计算机系	优秀学生
3	060102	吴细文	女	1997-03-24 00:00:00	计算机系	爱好:音乐
4	060103	吴朝西	男	1998-07-01 00:00:00	计算机系	爱好:音乐
5	070101	王冲瑞	男	1998-05-04 00:00:00	机电系	爱好:音乐
6	070102	林滔滔	女	1997-04-03 00:00:00	机电系	爱好:体育
7	070103	李修雨	女	1996-03-03 00:00:00	机电系	NULL
8	070301	李奇	男	1998-09-17 00:00:00	信息管理系	爱好:体育

图 4-66 插入新数据后的查询结果

2. 多行插入

多行插入数据 INSERT 语句的格式如下：

```
INSERT [INTO] <表名> [(<列名表>)] SELECT 语句
```

此语句是将查询产生的结果集插入表。

例 4.73 用 CREATE 语句建立表 StudentBAK，包含(与 Student 的 Sno、Sname、Sdept 相同)3 个字段，然后向 StudentBAK1 中添加计算机系学生的学号、姓名、所在系的信息。

①先创建 StudentBAK 表。

```
CREATE TABLE StudentBAK (
    Sno CHAR(6) PRIMARY KEY,
    Sname NVARCHAR(20),
    Sdept NVARCHAR(20)
)
```

执行以上代码后结果如图 4-67 所示。

```
CREATE TABLE StudentBAK (
    Sno CHAR(6) PRIMARY KEY,
    Sname NVARCHAR(20),
    Sdept NVARCHAR(20)
)
```

100 %

消息

命令已成功完成。

图 4-67 建表语句执行结果

②向 StudentBAK 表批量插入“计算机系”的学生信息。

```
INSERT INTO StudentBAK
SELECT Sno, Sname, Sdept FROM Student WHERE Sdept='计算机系'
```

执行以上代码后结果如图 4-68 所示，再对 StudentBAK 表进行查询，结果如图 4-69 所示。

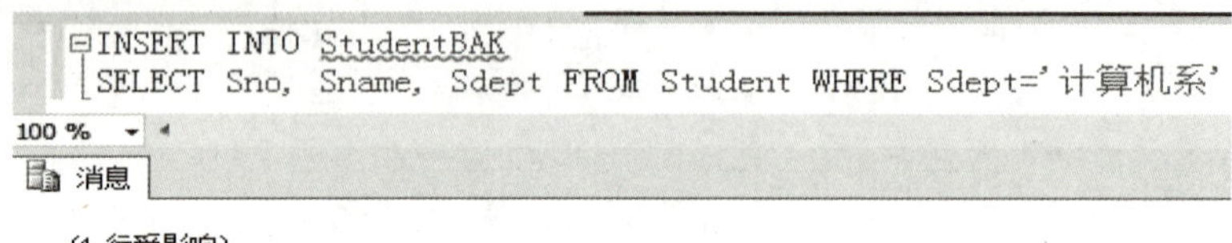

图 4-68　插入语句的执行结果

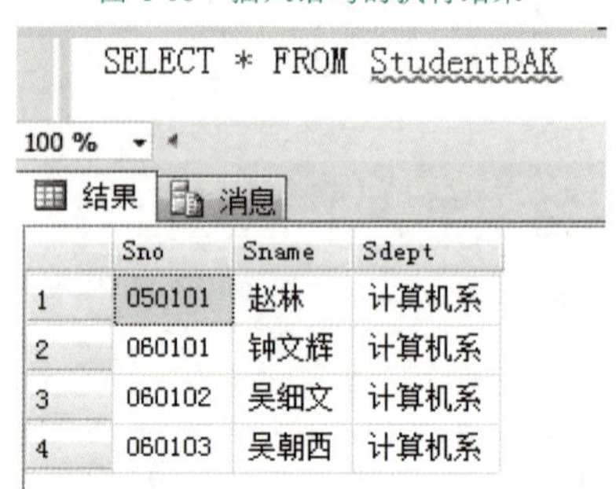

	Sno	Sname	Sdept
1	050101	赵林	计算机系
2	060101	钟文辉	计算机系
3	060102	吴细文	计算机系
4	060103	吴朝西	计算机系

图 4-69　插入新数据后的查询结果

4.6.2　数据更新

如果某些数据发生了变化，就需要对表中已有的数据进行修改，这时可以使用 UPDATE 语句对数据进行修改。

UPDATE 语句的语法格式如下：

```
UPDATE <表名> SET <列名> = { 表达式 | DEFAULT | NULL }[,… n]
[ FROM <条件表名> [,...n ] ]
[ WHERE <更新条件> ]
```

参数说明如下：

- ＜表名＞：指定需要更新数据的表的名称。
- SET ＜列名＞：指定要更改的列，表达式指定修改后的新值。
- 表达式：返回常量值、表达式或嵌套的 select 语句(加括号)。表达式返回的值将替换＜列名＞中的现有值。
- DEFAULT：指定用列定义的默认值替换列中的现有值。若该列没有默认值并且定义为允许 NULL 值，则该参数也可用于将列更改为 NULL。
- FROM ＜条件表名＞：指定用于为更新操作提供条件的表源。
- WHERE 子句用于指定只修改表中满足 WHERE 子句条件的记录的相应列值。若省略 WHERE 子句，则是无条件更新表中的全部记录的某列值。UPDATE 语句中 WHERE 子句的作用和写法同 SELECT 语句中的 WHERE 子句一致。

数据更新语句可分为：无条件更新和有条件更新。

1. 无条件更新

例 4.74　将例 4.60 中创建的 Student_CS 表中学生的年龄加 1。

SQL 语句为:

```
UPDATE Student_CS SET Sage = Sage + 1
```

更新语句执行前后的查询结果如图 4-70 所示。

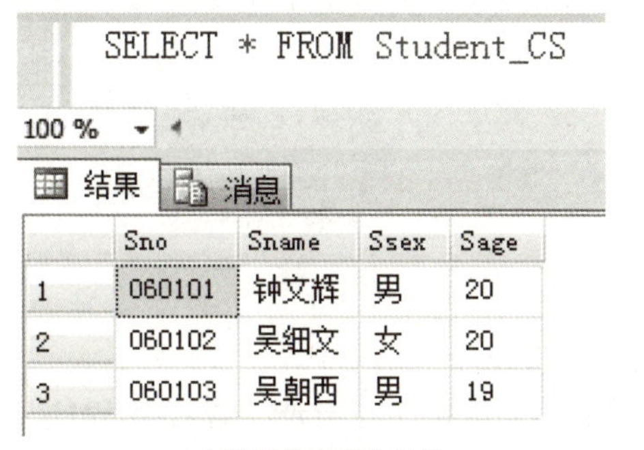

SELECT * FROM Student_CS

	Sno	Sname	Ssex	Sage
1	060101	钟文辉	男	20
2	060102	吴细文	女	20
3	060103	吴朝西	男	19

(a)更新前的查询结果

SELECT * FROM Student_CS

	Sno	Sname	Ssex	Sage
1	060101	钟文辉	男	21
2	060102	吴细文	女	21
3	060103	吴朝西	男	20

(b)更新后的查询结果

图 4-70　更新数据前后的查询结果

2. 有条件更新

当用 WHERE 子句指定更改数据的条件时,可以分两种情况:一种是基于本表条件的更新,即要更新的记录和更新记录的条件在同一张表中。

例如,将计算机系全体学生的年龄加 1,要修改的表是 Student 表,而更改条件学生所在的系(这里是计算机系)也在 Student 表中。

另一种是基于其他表条件的更新,即要更新的记录在一张表中,而更新的条件来自另一张表。例如,将计算机系全体学生的成绩加 5 分,要更新的是 SC 表的 Grade 列,而更新条件学生所在的系(计算机系)在 Student 表中。

基于其他表条件的更新可以有两种方法实现:一种是使用多表连接,另一种是使用子查询。

(1)基于本表条件的更新

例 4.75 将“C04”号课程的学分加 1。

SQL 语句为:

```
UPDATE Course SET Credit = Credit + 1
    WHERE Cno='C04'
```

(2)基于他表条件的更新

例 4.76 将数据库原理课程的成绩都减 5 分。

①用子查询实现

SQL 语句为:

```
UPDATE SC SET Grade = Grade - 5
    WHERE Cno IN
    ( SELECT Cno FROM Course WHERE Cname='数据库原理' )
```

②用多表连接实现

SQL 语句为:

```
UPDATE SC SET Grade = Grade - 5
    FROM SC JOIN Course ON SC.Cno=Course.Cno
    WHERE Cname='数据库原理'
```

4.6.3 数据删除

当确定不再需要某些记录时，可以使用数据删除语句 DELETE，将这些记录删除。DELETE 语句的语法格式如下：

```
DELETE [ FROM ] <表名>
[ FROM <条件表名> [,... n ] ]
[ WHERE <删除条件> ]
```

参数说明如下：

- <表名>：指定要删除的表。
- FROM <条件表名>：指定用于为更新操作提供条件的表源。
- WHERE 子句说明只删除表中满足 WHERE 子句条件的记录。若省略 WHERE 子句，则表示要无条件删除表中的全部记录。DELETE 语句中 WHERE 子句的作用和写法同 SELECT 语句中的 WHERE 子句一致。

1. 无条件删除

例 4.77 将例 4.59 中创建的 Student_CS 表删除。

SQL 语句为：

```
DELETE FROM Student_CS
```

2. 有条件删除

当 WHERE 子句指定要删除记录的条件时，同 UPDATE 语句一样，也分为两种情况：

一种是基于本表条件的删除。例如，删除所有不及格学生的选课记录，要删除的记录与删除的条件都在 SC 表中。

另一种是基于其他表条件的删除，如删除计算机系不及格学生的选课记录，要删除的记录在 SC 表中，而删除的条件（计算机系）在 Student 表中。基于其他表条件的删除同样可以用两种方法实现，一种是使用多表连接，另一种是使用子查询。

（1）基于本表条件的删除

例 4.78 将 StudentBAK 表中学号为"050101"的学生信息删除。

SQL 语句为：

```
DELETE FROM StudentBAK WHERE Sno='050101'
```

（2）基于他表条件的删除

例 4.79 删除数据库原理的选课记录。

①用子查询实现

SQL 语句为：

```
DELETE FROM SC
    WHERE Cno IN
    ( SELECT Cno FROM Course WHERE Cname='数据库原理' )
```

②用多表连接实现

SQL 语句为：

```
DELETE FROM SC
    FROM SC JOIN Course ON SC.Cno=Course.Cno
    WHERE Cname='数据库原理'
```

注意：当删除数据时，若表之间有外键引用约束，则在删除被引用表数据时，系统会自动检查所删除的数据是否被外键表引用，若是，则默认情况下不允许删除被引用表数据。

数据控制功能

4.7 数据控制功能

由于数据库中有时会包含敏感信息，因此系统必须能够确保只有得到授权的人员才能访问这些信息。

SQL语言的数据控制功能主要通过GRANT（授权）语句、REVOKE（回收）语句和DENY（拒权）语句来实现。

4.7.1 授权

数据库对象的创建者通常具有与该对象相关的所有权限。创建者可以通过GRANT语句向其他用户授予操作该对象的某些权限。GRANT语句的格式如下：

```
GRANT ＜权限＞[，＜权限＞]…
[ON ＜对象类型＞ ＜对象名＞]
TO ＜用户＞[，＜用户＞]…
[WITH GRANT OPTION] [ AS 用户 ]；
```

其中，WITH GRANT OPTION是向接收权限的安全主体提供其他安全账户授予指定权限的能力。当接收权限的主体是某一角色或某一Windows组时，若需要进一步将对象权限授予不是该组或角色的成员的用户，则必须使用AS子句。因为只有用户（而非某个组或角色）才能执行GRANT语句。所以在授予权限时，该组或角色的特定成员必须使用AS子句显式调用该角色或组的成员身份。

例4.80 用户Mary和John授予创建数据库和创建表的权限。

```
GRANT CREATE DATABASE, CREATE TABLE
    TO Mary, John
```

4.7.2 回收授权

与授权操作相对应的是回收授权，是指回收指定用户对某个数据库对象的某种权限。回收操作可以由数据库管理员或其他授权者使用REVOKE语句收回。REVOKE语句的格式如下：

```
REVOKE [GRANT OPTION FOR] ＜权限＞[，＜权限＞]…
[ON ＜对象类型＞ ＜对象名＞]
FROM ＜用户＞[，＜用户＞]…
[CASCADE] [ AS 用户 ]；
```

其中，CASCADE选项是指示当前正在撤销的权限也将从其他被该主体授权的主体中撤销。当使用CASCADE参数时，必须同时指定GRANT OPTION FOR参数，表示对授予 WITH GRANT OPTION 权限的权限执行级联撤销，将同时撤销该权限的 GRANT 和 DENY 权限。

例 4.81 将用户 Mary 和 John 创建数据库和创建表的权限回收。

```
REVOKE CREATE DATABASE, CREATE TABLE
    TO Mary, John
```

4.7.3 拒权

拒权是指拒绝为指定用户对某个数据库对象使用某种权限。防止该主体通过组或角色成员身份继承权限。DENY 语句用于拒绝权限，其格式如下：

```
DENY <权限>[, <权限>]…
[ON <对象类型> <对象名>]
TO <用户>[, <用户>]…;
```

例 4.82 拒绝让 Mary，John 拥有 CREATE DATABASE 和 CREATE TABLE 权限，除非给他们显式授予权限。

```
DENY CREATE DATABASE, CREATE TABLE
    TO Mary, John
```

习题 4

1. 简述 T-SQL 语言支持的主要数据类型有哪些。

2. 简述 T-SQL 语言主要分为哪几大功能。

3. 设有一数据库，包括四个表：学生表(Student)、课程表(Course)、成绩表(Score)以及教师信息表(Teacher)。四个表的结构见表 4-18 至表 4-21。

表 4-18　Student(学生表)

属性名	数据类型	可否为空	含义
Sno	Char(3)	否	学号(主码)
Sname	Char(8)	否	学生姓名
Ssex	Char(2)	否	学生性别
Sbirthday	datetime	可	学生出生年月
Class	Char(5)	可	学生所在班级

表 4-19　Course(课程表)

属性名	数据类型	可否为空	含义
Cno	Char(5)	否	课程号(主码)
Cname	Varchar(10)	否	课程名称
Tno	Char(3)	否	教工编号(外码)

表 4-20　　Score(成绩表)

属性名	数据类型	可否为空	含义
Sno	Char(3)	否	学号(外码)
Cno	Char(5)	否	课程号(外码)
Degree	Decimal(4,1)	可	成绩

主码:Sno+ Cno

表 4-21　　Teacher(教师信息表)

属性名	数据类型	可否为空	含义
Tno	Char(3)	否	教工编号(主码)
Tname	Char(4)	否	教工姓名
Tsex	Char(2)	否	教工性别
Tbirthday	datetime	可	教工出生年月
Prof	Char(6)	可	职称
Depart	Varchar(10)	否	教工所在部门

试使用 SQL 的 CREATE TABLE 语句完成这四个表的创建。

4. 设有一数据库,包括四个表:学生表(Student)、课程表(Course)、成绩表(Score)以及教师信息表(Teacher)。四个表的结构如题 3 所述。用 SQL 语句完成以下题目:

(1)查询 Student 表中的所有记录的 Sname、Ssex 和 Class 列。

(2)查询所有教师的单位即不重复的 Depart 列。

(3)查询 Student 表的所有记录。

(4)查询 Score 表中成绩在 60 到 80 之间的所有记录。

(5)查询 Score 表中成绩为 85、86 或 88 的记录。

(6)查询 Student 表中"95031"班或性别为"女"的同学记录。

(7)以 Class 降序查询 Student 表的所有记录。

(8)以 Cno 升序、Degree 降序查询 Score 表的所有记录。

(9)查询"95031"班的学生人数。

(10)查询 Score 表中最高分的学生学号和课程号。(子查询或者排序)

(11)查询每门课程的平均成绩。

(12)查询 Score 表中至少有 5 名学生选修的并以 3 开头的课程的平均分数。

(13)查询分数大于 70、小于 90 的 Sno 列。

(14)查询所有学生的 Sname、Cno 和 Degree 列。

(15)查询所有学生的 Sno、Cname 和 Degree 列。

(16)查询所有学生的 Sname、Cname 和 Degree 列。

(17)查询"95033"班学生的平均分。

(18)现查询所有同学的 Sno、Cno、grade 和 rank 列。(其中 rank 为成绩的等级,成绩转换成为等级的规则是:大于或等于 90 分为 A、小于 90 且大于或等于 80 分为 B、小于 80 且大于或等于 70 分为 C、小于 70 且大于或等于 60 分为 D、小于 60 分为 E)

(19)查询选修“3-105”课程的成绩高于“109”号同学成绩的所有同学的记录。

(20)查询 Score 中选学多门课程的同学中分数非最高分成绩的记录。

(21)查询成绩高于学号为“109”、课程号为“3-105”的成绩的所有记录。

(22)查询和学号为 108 的同学同年出生的所有学生的 Sno、Sname 和 Sbirthday 列。

(23)查询“张旭“教师任课的学生成绩。

(24)查询选修某课程的同学人数多于 5 人的教师姓名。

(25)查询 95033 班和 95031 班全体学生的记录。

(26)查询存在有 85 分以上成绩的课程 Cno。

(27)查询出“计算机系“教师所教课程的成绩表。

(28)查询“计算机系”与“电子工程系“不同职称的教师的 Tname 和 Prof。

(29)查询选修编号为“3-105“课程且成绩至少高于选修编号为“3-245”的同学的 Cno、Sno 和 Degree,并按 Degree 从高到低次序排序。

(30)查询选修编号为“3-105”且成绩高于选修编号为“3-245”课程的同学的 Cno、Sno 和 Degree。

(31)查询所有教师和同学的 name、sex 和 birthday。

(32)查询所有“女”教师和“女”同学的 name、sex 和 birthday。

(33)查询成绩比该课程平均成绩低的同学的成绩表。

(34)查询所有任课教师的 Tname 和 Depart。

(35)查询所有未讲课的教师的 Tname 和 Depart。

(36)查询至少有 2 名男生的班号。

(37)查询 Student 表中不姓“王”的同学记录。

(38)查询 Student 表中每个学生的姓名和年龄。

(39)查询 Student 表中最大和最小的 Sbirthday 日期值。

(40)以班号和年龄从大到小的顺序查询 Student 表中的全部记录。

(41)查询“男”教师及其所上的课程。

(42)查询最高分同学的 Sno、Cno 和 Degree 列。

(43)查询和“李军”同性别的所有同学的 Sname。

(44)查询和“李军”同性别并同班的同学 Sname。

(45)查询所有选修“计算机导论”课程的“男”同学的成绩表。

第 5 章　查询处理与优化

数据查询操作是数据库中使用较多的操作，如何提高数据的查询效率、如何优化查询是数据库管理系统的一项重要工作。

本章将介绍一般的 DBMS 通用的一些查询优化技术，主要包括代数优化和物理优化两部分，目的是让读者了解查询优化的内部实现技术和实现过程。

5.1　查询处理与优化概述

查询与优化

数据查询操作是数据库中使用较多的操作，也是最基本、最复杂的操作之一。数据库查询一般用查询语言表示，比如 SQL 语言。从查询语句出发到获得最终的查询结果，需要一个处理过程，这个过程称为查询处理。关系数据库的查询语言一般都是非过程化语言，即仅表达查询要求，而不说明查询执行过程，也就是用户不必关心查询语言的具体执行过程，而由 DBMS 来确定合理的、有效的执行策略，称为查询优化。对于执行非过程化语言的 DBMS，查询优化是查询处理中一项重要且必要的工作。

查询优化有多种途径。对查询语句进行变换，例如改变基本操作的次序，使查询语句执行起来更有效，这种查询优化方法仅涉及查询语句本身，而不涉及存取路径，称为代数优化，或称为独立于存取路径的优化。根据系统提供的存取路径，选择合理的存取策略(选用顺序搜索或者是索引搜索)，这称为物理优化，或称为依赖于存取路径的优化。有些查询优化仅根据启发式规则，选择执行的策略，如先做选择、投影等一元操作，后做连接操作，这种途径称为规则优化。除了根据一些基本规则外，还对可供选择的执行策略执行代价估算，从中选出代价最小的执行策略，这称为代价估算优化。这些查询优化途径都是可行的。事实上，DBMS 往往会综合运用上述优化方法，以获得最好的优化效果。

5.2 SQL的查询处理

SQL 的查询处理就是把用户提交的查询语句转换成高效的查询执行计划。

5.2.1 查询处理的步骤

SQL 的查询处理步骤如下：

1. 查询分析

首先对查询语句进行扫描、词法分析和语法分析。

2. 查询检查

根据数据字典对合法的查询语句进行语义检查，即检查语句中的数据库对象是否存在和是否有效。一般采用查询树或语法分析树来表示扩展的关系代数表达式。

3. 查询优化

查询优化就是选择一个高效执行的查询处理策略。按照优化的层次，查询优化可分为代数优化和物理优化。

4. 查询执行

依据优化器得到的执行策略生成查询计划，由代码生成器生成执行此查询计划的代码，并执行代码，返回查询结果。

各步骤之间的关系如图 5-1 所示。

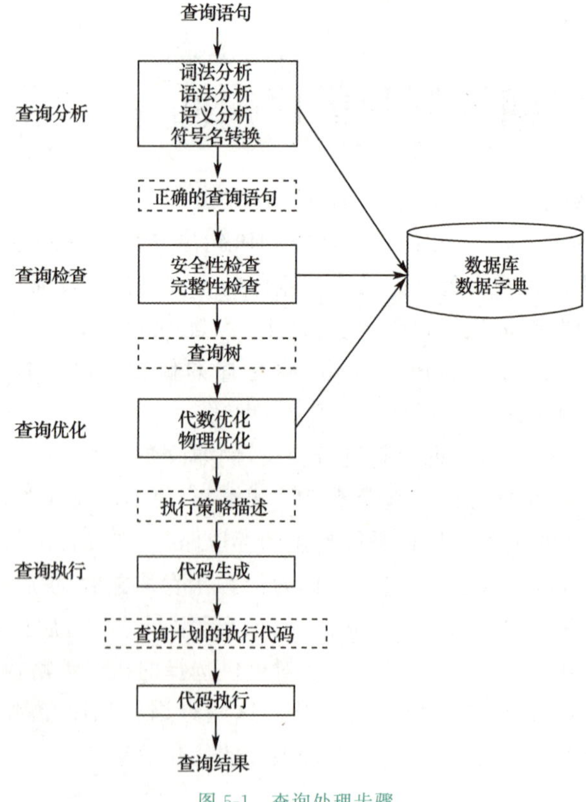

图 5-1 查询处理步骤

5.2.2 查询处理示例

查询过程

下面通过一个简单的例子，看一下为什么要进行查询优化。

查询选修了“C001”课程的学生的姓名，相应的 SQL 语句如下：

```
SELECT Sname
    FROM Student S JOIN SC ON S. Sno = SC. Sno
    WHERE Cno = 'C001'
```

假设数据库中有 1000 个学生记录，10000 个选课记录，其中选了“C001”课程的记录有 50 个。

与该查询等价的关系代数表达式可以有多种形式：

$$Q_1 = \prod_{Sname}(\sigma_{Student.Sno = SC.Sno}(Student \times SC))$$

$$Q_2 = \prod_{Sname}(\sigma_{SC.Cno = 'C001'}(Student \bowtie SC))$$

$$Q_3 = \prod_{Sname}(Student \bowtie \sigma_{SC.Cno = 'C001'}(SC))$$

这三种形式是典型的与该查询语句等价的代数表达式，分析这三种形式的表达式就足够说明问题了。下面我们分析这三种查询执行策略在查询时间上的差异。

1. Q_1 的执行过程

(1)进行广义笛卡儿积操作

将 Student 表的每个元组和 SC 表的每个元组连接起来。一般的连接做法是：在内存中尽可能多地装入某个表(比如 Student 表)的若干块，并留出一块存放另一个表(比如 SC 表)的元组。将 SC 表中的每个元组与 Student 表中的每个元组进行连接，连接后的元组装满一块后就写到中间文件上，再从 SC 表中读入一块数据，与内存中的 Student 元组进行连接，直到 SC 表处理完成。然后一次读入若干块 Student 元组，再读入一块 SC 元组，重复上述处理过程，直到处理完 Student 表的所有元组。如图 5-2 所示。

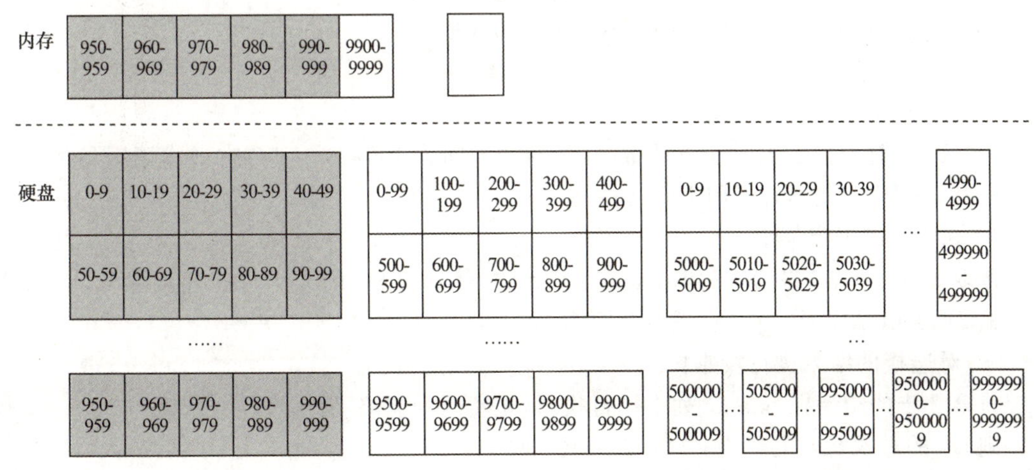

图 5-2　广义笛卡儿积操作结果

假设一个块能装 10 个 Student 表的元组或 100 个 SC 表的元组，在内存中最多可存放 5 块 Student 表数据和 1 块 SC 表数据，则读取的总块数为：

$1000/10 + 1000/(10 \times 5) \times 10000/100 = 100 + 20 \times 100 = 2100$(块)

其中,读取 Student 表 100 块,读取 SC 表 20 遍,每遍 10000/100 = 100 块。设每秒能读写 20 块,则该过程总共要花费 2100/20 = 105(秒)。

Student 表和 SC 表连接后的元组数为 $1000 \times 10000 = 10^7$。设每块能装 10 个连接后的元组,则写出这些连接后的元组需要 $(10^7/10)/20 = 5 \times 10^4$(秒)。

(2)进行选择操作

依次读入连接后的元组,选取满足选择条件的元组。假定忽略内存处理时间,则这读取存放连接结果的中间文件需花费的时间同写中间文件一致,也是 5×10^4(秒)。假设满足条件的元组只有 50 个,均可放在内存中。

(3)进行投影操作

对第 2 步得到的结果在 Sname 列上进行投影,得到最终结果。这个步骤由于不需要读写磁盘,因此,时间可以忽略不计。

则 Q_1 的总执行时间约为:$105 + 2 \times 5 \times 10^4 \approx 10^5$(秒)。这里所有的内存处理时间均忽略不计。

2. Q_2 的执行过程

(1)进行自然连接操作

进行自然连接需要读取 Student 表和 SC 表的所有元组,假设这里的读取策略同 Q_1,则 Q_2 总的读取块数仍为 2100 块,需要 105(秒)。

但自然连接的结果比 Q_1 大大减少,为 $10000 = 10^4$ 个(SC 表元组数)。因此,写出这些元组需要的时间为:$(10^4/10)/20 = 50$(秒)。仅为 Q_1 执行时间的千分之一。

(2)进行选择操作

读取中间文件块,方法同写元组一样,也是 50(秒)。

(3)进行投影操作

对第 2 步的结果在 Sname 列上进行投影,花费时间忽略不计。

则 Q_2 的总执行时间约为:105+50+50=205(秒)。

3. Q_3 的执行过程

(1)对 SC 表进行选择运算

只需读一遍 SC 表,共计 100 块数据,所花费时间为 100/20 = 5(秒)。由于满足条件的元组仅有 50 个,因此不必使用中间文件。

(2)进行自然连接操作

读取 Student 表,将读入的 Student 元组和内存中的 SC 的元组进行连接操作,只需读取一遍 Student 表共计 100 块,花费时间为 100/20 = 5(秒)。

(3)对连接的结果进行投影操作

将第 2 步的结果在 Sname 列上进行投影,花费时间忽略不计。

则 Q_3 的总执行时间约为:5 + 5= 10(秒)。

对于 Q_3 的执行过程,如果 SC 表的 Cno 列上建有索引,则第 1 步就不需要读取 SC 表的所有元组,而只需读取 Cno = 'C001'的 50 个元组。若 Student 表在 Sno 列上也建有索引,则第 2 步也不必读取 Student 表的所有元组,因为满足条件的 SC 表记录仅 50 个,因此最多涉及 50 个 Student 记录,这也可以极大地减少读取 Student 表的块数。从而减少总体的读取时间。

从这个简单的例子可以看出查询优化的必要性，同时该例子也给出了一些查询优化的初步概念。将关系代数表达式 Q_1 变换为 Q_2 和 Q_3，即先进行选择操作，后进行连接操作，这样就可以极大地减少参加连接的元组数，这就是代数优化的含义。对于 Q_3 的执行过程，对 SC 表的选择操作有全表扫描和索引扫描两种方法，经过初步估算，索引扫描方法更优。同样对于 Student 表和 SC 表的连接操作，若能利用 Student 表上的索引，则会提高连接操作的效率，这就是物理优化的含义。

5.3 查询优化方法

查询优化可分为代数优化和物理优化。代数优化是指关系代数表达式的优化，即按照一定的规则，改变代数表达式中操作的次序和组合，使查询执行效率更高；物理优化是指存取路径和底层操作算法的选择。

5.3.1 代数优化

代数优化是对查询进行等价变换，以减少执行的开销。所谓等价是指变换后的关系代数表达式与变换前的关系代数表达式所得到的结果是相同的。

1. 等价变换规则

查询优化器使用的转换规则就是将一个关系代数表达式转换为另一个等价的能更有效执行的表达式。

最常用的变换原则是尽可能减少查询过程中产生的中间结果。由于选择、投影等一元操作分别从水平和垂直方向减少关系的大小，而连接等二元操作不但操作本身开销很大，而且还会产生大的中间结果。因此，在变换时，总是尽可能先做选择和投影操作，然后再做连接操作。在连接时，也是先做小关系之间的连接，再做大关系之间的连接。

两个关系代数表达式 E_1 和 E_2 是等价的，记为：$E_1 \equiv E_2$。

假设有关系 R、S 和 T，R 的属性集为 $A=\{A_1, A_2, \cdots, A_n\}$，$S$ 的属性集为 $B=\{B_1, B_2, \cdots, B_n\}$，$c=\{c_1, c_2, \cdots, c_n\}$代表选择条件，$L$、$L_1$ 和 L_2 代表属性集合。

下面是一些常用的等价转换规则。

①选择的级联规则

设 R 是某个关系，则有：

$$\sigma_{C1 \wedge C2 \wedge \cdots \wedge Cn}(R) \equiv \sigma_{C1}(\sigma_{C2}(\cdots(\sigma_{Cn}(R))\cdots))$$

示例：

$$\sigma_{\text{Sdept='计算机系'} \wedge \text{Ssex='男'}}(\text{Student}) \equiv \sigma_{\text{Sdept='计算机系'}}(\sigma_{\text{Ssex='男'}}(\text{Student}))$$

②选择的交换规则

$$\sigma_{C1}(\sigma_{C2}(R)) \equiv \sigma_{C2}(\sigma_{C1}(R))$$

示例：

$$\sigma_{\text{Sdept='计算机系'}}(\sigma_{\text{Ssex='男'}}(\text{Student})) \equiv \sigma_{\text{Ssex='男'}}(\sigma_{\text{Sdept='计算机系'}}(\text{Student}))$$

③投影的级联规则

$$\prod_{A1}(\prod_{A1,A2}(\ldots\prod_{A1,A2,\cdots,An}(R)))\equiv\prod_{A1}(R)$$

示例：

$$\prod_{\text{Sname}}(\prod_{\text{Sdept,Sname}}(\text{Student}))\equiv\prod_{\text{Sname}}(\text{Student})$$

④选择与投影的交换规则

$$\sigma_c(\prod_{A1,A1,\cdots,An}(R))\equiv\prod_{A1,A1,\cdots,An}(\sigma_c(R))$$

示例：

$$\sigma_{\text{Sage}>=20}(\prod_{\text{Sname,Sdept,Sage}}(\text{Student}))\equiv\prod_{\text{Sname,Sdept,Sage}}(\sigma_{\text{Sage}>=20}(\text{Student}))$$

⑤选择和连接的交换规则

$\sigma_c(R\bowtie S)\equiv(\sigma_c(R))\bowtie S$，假设 c 只涉及 R 中的属性。

同样，如果选择条件是$(c_1\wedge c_2)$，并且 c_1 只涉及 R 中的属性，c_2 只涉及 S 中的属性，则选择和连接操作可变换成如下形式：

$$\sigma_{c1\wedge c2}(R\bowtie S)\equiv\sigma_{c1}(R)\bowtie\sigma_{c2}(S)$$

示例：

$$\sigma_{\text{Sdept='计算机系'}\wedge\text{Grade}>=90}(\text{Student}\bowtie SC)\equiv$$
$$(\sigma_{\text{Sdept='计算机系'}}(\text{Student}))\bowtie(\sigma_{\text{Grade}>=90}(SC))$$

⑥ 连接和笛卡儿积的交换规则

$$R\times S\equiv S\times R$$
$$R\bowtie S\equiv S\bowtie R$$
$$R\underset{C}{\bowtie}S\equiv S\underset{C}{\bowtie}R$$

示例：

$$\text{Student}\underset{\text{Student.Sno=SC.Sno}}{\bowtie}SC\equiv SC\underset{\text{Student.Sno=SC.Sno}}{\bowtie}\text{Student}$$

⑦ 并和交的交换规则

$$R\cup S\equiv S\cup R$$
$$R\cap S\equiv S\cap R$$

⑧ 投影和连接的分配规则

设 R 和 S 的连接属性在 L_1 和 L_2 中，则

$$\prod_{L1\cup L2}(R\bowtie S)\equiv\prod_{L1}(R)\bowtie\prod_{L2}(S)$$

示例：

$$\prod_{\text{Sdept,Sno,Sname,Grade}}(\text{Student}\bowtie SC)\equiv(\prod_{\text{Sdept,Sno,Sname}}(\text{Student})\bowtie(\prod_{\text{Sno,Grade}}(SC))$$

如果 R 和 S 的连接属性不在 L_1 和 L_2 中，则在进行 $\prod_{L1}(R)$ 和 $\prod_{L2}(S)$ 操作时，必须保留连接属性。

示例：

$$\prod_{\text{Sdept,Sname,Grade}}(\text{Student}\bowtie SC)\equiv(\prod_{\text{Sno,Sdept,Sname}}(\text{Student})\bowtie(\prod_{\text{Sno,Grade}}(SC))$$

⑨ 选择与集合并、交、差运算的分配规则

设 R 和 S 有相同的属性，则：

$$\sigma_c(R \cup S) \equiv \sigma_c(R) \cup \sigma_c(S)$$
$$\sigma_c(R \cap S) \equiv \sigma_c(R) \cap \sigma_c(S)$$
$$\sigma_c(R - S) \equiv \sigma_c(R) - \sigma_c(S)$$

⑩ 投影与并运算的分配规则

设 R 和 S 有相同的属性，则：

$$\prod_L(R \cup S) \equiv \prod_L(R) \cup \prod_L(S)$$

⑪ 连接和笛卡儿积的结合规则

$$(R \times S) \times T \equiv R \times (S \times T)$$
$$(R \bowtie S) \bowtie T \equiv R \bowtie (S \bowtie T)$$

若连接条件 c 仅涉及来自关系 R 和 T 的属性，则连接通过以下方式结合：

$$(R \underset{c1}{\bowtie} S) \underset{c2 \wedge c3}{\bowtie} T \equiv (S \underset{c2}{\bowtie} R)$$

⑫ 并和交的结合规则

$$(R \cup S) \cup T \equiv R \cup (S \cup T)$$
$$(R \cap S) \cap T \equiv R \cap (S \cap T)$$

2. 启发式规则

启发式规则(Heuristic Rules)作为一个优化技术，用于对关系代数表达式的查询树进行优化。查询树也称为关系代数树，它用形象的树的形式来表达关系代数的执行过程。

查询树包括以下几个部分：

- 叶节点：代表查询的基本输入关系。
- 非叶节点：代表在关系代数表达式中应用操作的中间关系。
- 根节点：代表查询的结果。

查询树的操作顺序为：从叶到根。

例如，关系代数表达式：

$$Q_2 = \prod_{\text{Sname}}(\sigma_{\text{SC.Cno='C001'}}(\text{Student} \bowtie \text{SC}))$$

对应的查询树如图 5-3 所示。

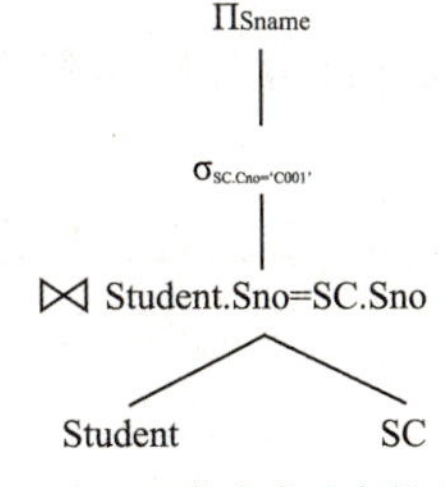

图 5-3　与 Q_2 表达式对应的查询树

从上节的例子可以看出，一个 SQL 查询可以有多种不同形式的关系代数表达式，因此也会有多种不同的查询树。一般情况下，查询解析器首先产生一个与 SQL 查询对应的初始标准查询树，这个查询树是没有经过任何优化的。然后运用启发式规则对查询树进行优化。典型的启发式规则有：

①应尽可能先做选择运算。在优化策略中这是最重要、最基本的一条规则。目的是减少中间结果的数据量。

②在执行连接前对关系进行适当的预处理。目的是减少中间结果的数据量。

预处理方法主要有两种:在连接属性上建立索引(索引连接方法);按连接属性排序(排序合并连接方法)。

③投影运算和选择运算同时进行。如有若干投影和选择运算,并且它们都在同一个关系上进行操作,则可以在扫描此关系的同时完成所有的投影和选择运算。目的是避免重复扫描关系。

④投影同其前或后的双目运算(交、并、差)结合起来。目的是减少扫描关系的次数。

⑤将某些选择运算和在其前面执行的笛卡儿积转变成连接运算。特别是等值连接运算,它比同样关系上的笛卡儿积节省很多时间。

⑥提前做投影运算(但要保留用于连接的属性)。目的是减少中间结果的数据量。

⑦找出公共子表达式。

如果重复出现的子表达式的结果关系不大,并且从外存中读入这个关系比计算该子表达式所用时间少,则先计算一次公共子表达式并把结果写入中间文件,以后的操作都是在中间文件上操作。

例如,总是查询某一院系学生的学号、姓名信息,可以先建立只有学号、姓名信息的视图,再对视图操作。其中的学号、姓名就是公共子表达式。

下面我们通过一个查询示例说明代数优化的过程。

例 5.1 查询选修了“2”号课程的学生的姓名。

查询语句为:

```
SELECT Sname FROM Student JOIN SC ON Student. Sno = SC. Sno
    WHERE SC. Cno='2'
```

优化过程:

(1)转换为初始关系代数表达式(未经优化的):

$$\prod_{Sname,Grade}(\sigma_{Student.Sno=SC.Sno \wedge SC.Cno='2'}(Student \times SC))$$

该查询的初始查询树如图 5-4 所示。

(2)利用转换规则进行优化

①用规则①将选择操作的连接操作部分分解到各个选择操作中,使其先执行选择操作,得到查询树如图 5-5 所示。

②用规则⑤将选择操作和乘积操作转变为连接操作,得到查询树如图 5-6 所示。

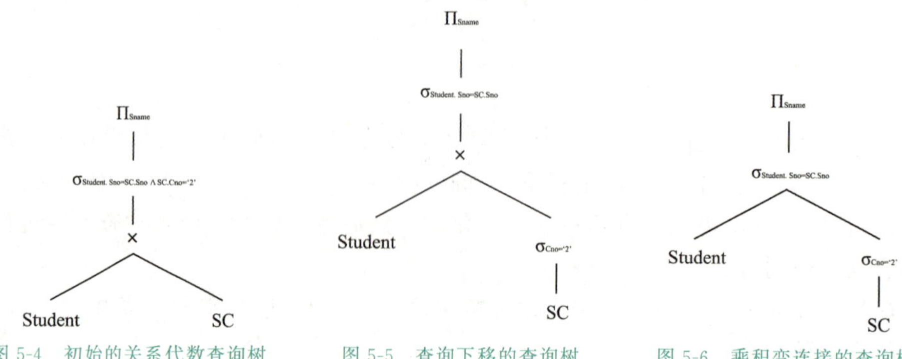

图 5-4 初始的关系代数查询树　　图 5-5 查询下移的查询树　　图 5-6 乘积变连接的查询树

③用规则④和规则⑥对 Student 关系进行投影操作，得到查询树如图 5-7 所示。

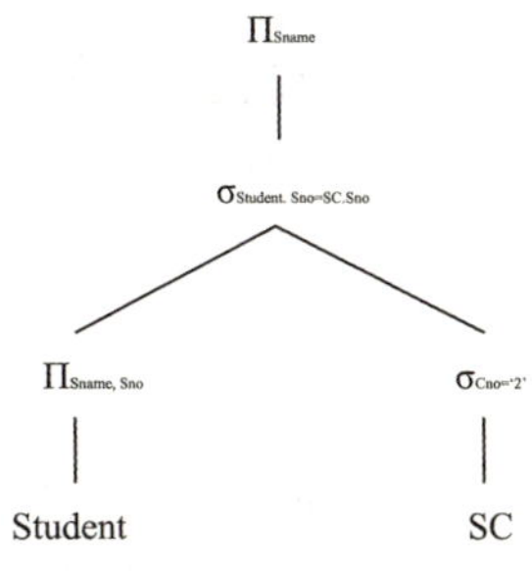

图 5-7 提前投影的查询树

5.3.2 物理优化

代数优化不涉及底层的存取路径。因此，对各种操作的执行策略无从选择，只能在操作次序和组合上根据启发式规则做一些变换和调整。单纯依靠代数优化是不完善的，优化的效果是有限的。实践证明，合理选择存取路径，往往能收到显著的优化效果，这也是优化的重点。本节将讨论依赖于存取路径的优化规则，即物理优化。结合存取路径，讨论各种操作执行的策略以及选择原则。

1. 选择操作的优化

选择操作的执行策略与选择条件、可用存取路径以及选取的元组数在整个关系中所占的比例有关。

选择条件有等值条件、范围条件和集合条件等。等值条件即属性等于某个给定值。范围条件指属性在某个给定范围内，一般由比较运算符(>、≥、<、≤或 BETWEEN…AND…)构成。集合条件是指用集合关系表示的条件，如用 IN、NOT IN、EXISTS、NOT EXISTS 表示的条件。集合条件比较的一方往往是一些常量的集合或者是子查询块。复合条件由简单选择条件通过 AND、OR 连接而成。

选择操作最原始的实现方法是顺序扫描被选择的关系，即按关系存放的自然顺序读取各元组，根据选择条件逐个进行检验，选取满足条件的元组。这种方法不需要特殊的存取路径，如果选择的元组较多或者是关系本身很小，这种方法就不失为是一种有效的方法。在无其他存取路径时，这也是唯一可行的方法。

DBMS 在技术上支持建立各式各样的存取路径，供数据库设计人员根据需要进行配置。目前用得最多的存取路径是以 B^+ 树或其他变种结构的各种索引。近年来，也有些 DBMS 支持动态散列及其各种变种。散列技术对于散列属性上的等值查询很有效，但对于散列属性上的范围查询、整个关系的顺序访问以及非散列属性上的查询都很慢，加之不能充分利用存取空间。因此，除特殊情况外，一般不用散列技术。

索引是用得最多的一种存取路径。从数据访问的观点看，索引可分为两大类，一类是无序索引，即非聚集索引；另一类是有序索引，即聚集索引。

非聚集索引是建立在堆文件上的。在这种存取结构中，具有相同索引值的元组被分散存放在堆文件中，每读取一个元组，一般都需要访问一个物理块。若仅查询一个关系中的少量元组，则这种索引很有效，它比顺序扫描节省大量的 I/O 操作。但若查询一个关系中的较多元组，则可能要访问这个关系的大部分物理块，再加上索引本身的 I/O 操作，最后很可能还不如顺序扫描有效。

聚集索引是排序索引，即关系按某个索引属性排序，具有相同索引属性值的元组聚集（连续）存放在一起。如果查询的是聚集索引的属性，则聚集存放在同一个物理块中的元组的索引属性值是依次相邻的。这种存放方式对按主键进行的范围查询非常有利，因为每访问一个物理块可以获得多个所需的元组，从而大大减少 I/O 次数。如果查询语句要求查询结果按主键排序，就可以省去对结果进行排序的操作。对数据按索引属性值排序和聚集存放虽然对某些查询有利，但不利于插入新数据，因为每次插入数据时都有可能造成对其他元组的移动，并且有可能需要修改该关系上的所有索引，这项工作非常耗时。由于一个关系只能有一种物理排序或聚集方式，因此只对包含这些排序属性的查询有利，对其他属性的查询可能不会带来任何好处。

连接操作可按下列启发式规则选用存取路径。

（1）对于小关系，不必考虑其他存取路径，直接采用顺序扫描。

（2）如果无索引或散列等存取路径可用，或选择的元组数在关系中占有较大的比例（例如大于 15％），且有关属性无聚集索引，则用顺序扫描。

对于主键的等值条件查询，最多只有一个元组可以满足条件，因此应优先采用主键上的索引或散列。

（3）对于非主键的等值条件查询，要估算选择的元组数在关系中所占的比例。如果比例较小（例如小于 15％），可用非聚集索引，否则只能用聚集索引或顺序扫描。

（4）对于范围条件查询，一般先通过索引找到范围的边界，再通过索引的有序集沿相应的方向进行搜索。例如，对于条件 Sage＞＝20，可先找到 Sage＝20 的有序集的节点，再沿有序集向右搜索。若选择的元组数在关系中所占的比例较大，且没有有关属性的聚集索引，则采用顺序扫描。

（5）对于用 AND 连接的合取选择条件，若有相应的多属性索引，则应先采用多属性索引。否则，可检查各个条件中是否有多个可用的二次索引检索，若有，则用预查找法处理。即通过二次索引找出满足条件的元组 id（用 tid 表示）集合，然后再求出这些 tid 集合的交集。最后取出交集中 tid 所对应的元组，并在获取这些元组的同时，用合取条件中的其余条件检查。凡能满足所有其余条件的元组即为所检索的元组。如果上述途径都不可行，但合取条件中有个别条件具有规则③、④、⑤所描述的存取路径，则可用此存取路径来选择满足条件的元组，再将这项元组用合取条件中的其他条件筛选。若在所有合取条件中，没有一个具有合适的存取路径，则只能用顺序扫描。

（6）对于用 OR 连接的析取选择条件，只能按其中各个条件分别选出一个元组集，然后再计算这些元组的并集。由于，并操作是开销大的操作，而且在 OR 连接的诸条件中，只要有一个条件无合适的存取路径，就必须采用顺序扫描来处理查询。因此，在编写查询语句时，应尽可能避免采用 OR 运算符。

（7）有些选择操作只要访问索引就可以获得结果。例如查询索引属性的最大值、最小值、平均值等。在这种情况下，应优先利用索引，避免访问数据。

2. 连接操作的优化

连接操作是开销较大的操作，一直以来是查询优化研究的重点。本节主要讨论二元连接的优化，这也是最基本、使用最多的连接操作。多元操作是以二元为基础的。

以下是选用连接方法的启发式规则：

(1)如果两个关系都已按连接属性排序，则优先选用排序归并法。如果两个关系中有一个关系已按连接属性排序，而另一个关系很小，则可以考虑对此关系按连接属性排序，然后再用排序归并法进行连接。

(2)如果两个关系中有一个关系在连接属性上有索引(特别是聚集索引)或散列，则可以将另一个关系作为外关系，顺序扫描，并利用内关系上的索引或散列寻找与之匹配的元组，以代替多遍扫描。

(3)如果应用上述两个规则的条件都不具备，且两个关系都比较小，就可以应用嵌套循环法。

(4)如果规则①、②、③都不适用，则可以选用散列连接法。

上述启发式规则仅在一般情况下可以选取合理的连接方法，要获得好的优化效果，还需进行代价比较等优化方法。

3. 投影操作的优化

投影操作一般与选择、连接等操作同时进行，不需要附加的 I/O 开销。若投影的属性集中不包含主键，则投影结果中可能出现重复元组。消除重复元组是比较费时的操作，一般需要将投影结果按其所有属性排序，使重复元组连续存放，以便于发现重复元组。散列也是消除重复元组的一个可行的方法。将投影结果按其一个或多个属性散列成一个文件，当一个元组被散列到一个桶中时，可以检查是否与桶中已有元组重复。若重复，则舍弃之。若投影结果不太大，则这种散列可在内存中进行，这样可省去 I/O 开销。

习题 5

1. SQL 的查询处理分为哪几个阶段，分别完成什么工作？
2. 查询优化分为哪两种类型，它们的含义分别是什么？
3. 试举例说明启发式优化过程。
4. 简述物理优化的主要因素。

第 6 章　数据库的存储

数据库系统区别于其他系统的重要方面之一是 DBMS 具有有效地处理大量数据的能力。本章将重点介绍在计算机中管理数据的基本技术以及 SQL Server 数据库的存储结构。具体内容包括计算机系统如何存储和管理大量的数据，有效处理大量数据的表示方法和数据结构，SQL Server 的存储结构与索引技术等。

物理存储介质

6.1　物理存储介质

早期的计算机系统只有一个内存储器，用来存放程序和数据。随着计算机软、硬件系统的发展，现代计算机系统通常采用多层次结构的存储系统。

6.1.1　存储系统层次

一个典型的现代计算机系统通常包括几个不同的可以存储数据的部件。典型的存储介质的层次结构如图 6-1 所示。

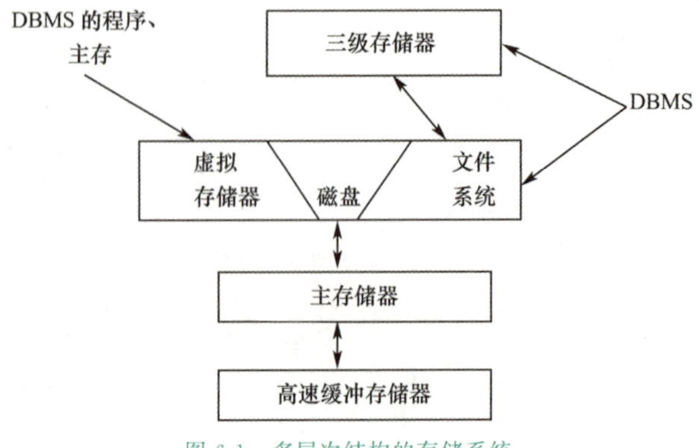

图 6-1　多层次结构的存储系统

1. 高速缓冲存储器

高速缓冲存储器是 20 世纪 60 年代末发展起来的一项提高主存储器速度的存储技术，简称为高速缓存或 Cache。其目的是解决 CPU 和主存储器之间的小容量存储器，存储速度很快。

高速缓存是集成电路或处理器芯片的一部分，能存放数据或机器指令。高速缓存中的数据是主存储器中特定位置的数据的副本。高速缓存与主存之间传输的信息通常是少量字节。因此，高速缓存中保留着单独的机器指令、整数、浮点数或短字符串。

高速缓存通常分单板高速缓存和二级高速缓存两级。单板高速缓存位于微处理器芯片内，而附加的二级高速缓存则位于另一个芯片内。

当机器执行指令时，会在高速缓存中寻找指令以及指令要使用的数据。如果在高速缓存中找不到这些指令和数据，就要到主存中去找，并将它们复制到高速缓存中。由于高速缓存中只能保留有限数量的数据，因此通常将高速缓存中存储的某些内容移出去，以便接纳新的数据。

当高速缓存中的数据被修改时，只有单个处理器的计算机无须立即更新主存中相应位置的数据。而在多处理器系统中，应立即修改主存中相应位置的数据。原因在于多处理系统中，允许多个处理器访问相同的内存，并且各处理器拥有它们各自的高速缓存。

2. 主存储器

主存储器又称为主存或内存。计算机中每一条指令的执行或对每个数据的操作，都是作用于主存的信息上。主存储器的主要特点一方面是随机访问和易失性，即从理论上讲，通过指令可以随机访问内存的任何一个字节的内容；另一方面是内存所存储的信息在关机的状态下将自动丢失。

3. 虚拟存储器

在计算机系统中，一方面，由于成本和工艺的原因，主存的存储容量受到了限制。另一方面，系统程序和应用程序要求的主存容量越来越大。为了解决这一矛盾，计算机系统采用了虚拟存储技术，组成虚拟存储器和存储管理部件，以便允许人们使用比主存容量大得多的地址空间来访问主存。例如，假定机器使用 32 位字长的地址，即有 232 个或者说大约 40 亿个不同的地址。由于每个字节都需要自己的地址，可以认为典型的虚拟存储器为 4 GB。

由于虚拟存储器空间比通常的内存要大得多，一个完全被占用的虚拟存储器的大部分内容实际上是保存在硬盘上。

当采用虚拟地址访问主存时，系统首先查看所用虚拟地址所对应的单元内容是否已经装入内存。如果在主存中，就可以通过辅助的软、硬件自动将虚拟地址转换成主存的物理地址，然后对主存的相应单元进行访问。如果不在主存中，就通过辅助的软、硬件将虚拟地址对应的内容从辅助存储器中调入主存，然后进行访问。

4. 二级存储器

二级存储器也称辅助存储器或外存。它的速度要比内存慢得多，而存储容量则要比内存大得多，并且大都支持随机访问。访问不同数据项所需时间的差别相对较少。光盘、磁盘和移动 U 盘等都是现代计算机系统常用的辅助存储器。

从图 6-1 可以看出，磁盘被认为是既支持虚拟存储器，又支持文件系统，即有些磁盘块在被用于保存一个应用程序的虚拟存储器页面的同时，另一些磁盘块则被用于保存文件。

在操作系统或数据库系统的控制下，文件以块的方式在磁盘与主存之间移动。将一个块从磁盘移动到主存是一次磁盘读操作，将一个块从主存移动到磁盘是一次磁盘写操作。

数据库管理系统由自己管理磁盘块，而不依赖于操作系统的文件管理器在主存和辅存之间移动块。

5. 三级存储器

多个磁盘的组合可以使其容量加大，但是有的数据库的数据量要比在单台机器甚至相当大的群集系统的磁盘所能存储的容量大得多。为了适应这样的需求，人们提出了三级存储器技术，用以保存以太字节计数的数据容量。与二级存储器相比，三级存储器的特点是存储量大，读写速度慢。

系统对保存在三级存储器上的数据访问时间取决于要读/写的数据与读/写点的距离。磁带存储器和由若干个 CD-ROM 所组成的自动光盘机是目前常见的三级存储器设备。

6.1.2 磁盘存储器的结构

二级存储器是数据库管理系统的重要特性之一，而二级存储器几乎都是基于磁盘的。

磁盘的结构主要由磁盘组合和磁头组合构成。磁盘组合是由一个或多个圆形的盘片组成，它们围绕着一根中心主轴旋转。圆盘的上表面和下表面涂覆了一层磁性材料，二进制位被存储在这些磁性材料上。磁头组合由一个或多个磁头组成，用于读写磁盘盘片上的信息。

存储二进制位的存储单元被组织成磁道（由单个盘片上的同心圆构成），磁道被组织成扇区，扇区是磁盘不可分割的物理单位。如图 6-2 所示。

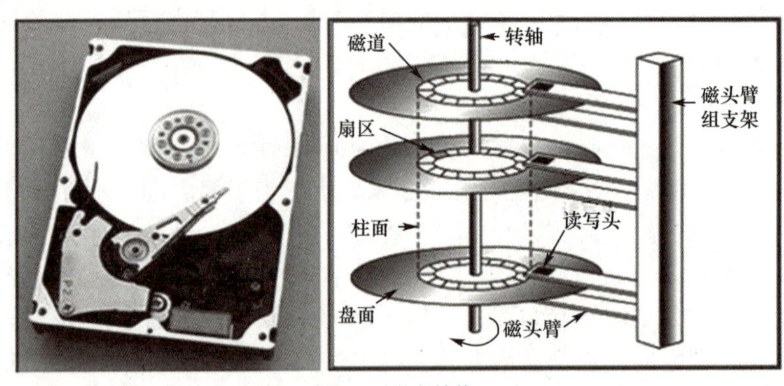

图 6-2　磁盘结构

磁盘通常被逻辑地分成若干个块，每个块由一个或多个扇区构成。而块是使用磁盘的软件系统，例如操作系统，也是 DBMS 进行磁盘数据存取的最小逻辑单元。块是磁盘与主存之间所传输数据的逻辑单元，块的大小通常为 4 KB～56 KB。在主存中，这些块通常被称为页或逻辑块。

磁盘读写效率主要取决于寻道和旋转操作，磁盘调度策略的目标是减少机械运动。以下是优化寻道时间的几个策略：

(1)先来先服务。按访问请求的先后顺序处理各请求，未做任何优化，效率低，适用于稀疏的请求。

(2)近者优先。优先处理当前磁头位置附近的请求。

(3)全程移动扫描。磁头在 0 号磁道到最大磁道之间往复移动,沿途实施服务。

(4)移动扫描。它是策略(3)的改进,若前方无服务请求,则磁头反向移动。

(5)分组扫描。对访道请求分组,组内移动扫描,该组完成后转到下一组。

(6)间歇式扫描。从 0 号柱面扫描到最大编号柱面,每经过一柱面,磁盘旋转 n 次。当扫描一周后,磁头直接返回 0 号柱面,途中不停留。

6.1.3 SQL Server 的存储体系结构

在 SQL Server 中,数据存储的基本单位是页,即数据库中的数据文件分配的磁盘空间可以从逻辑上划分成页。磁盘 I/O 操作在页级执行。

1. 页

在 SQL Server 中,页的大小为 8 KB。每页的开头是 96 byte 的页首,用于存储有关页的系统信息。此信息包括页码、页类型、页的可用空间以及拥有该页的对象的分配单元 ID。

在数据页上,数据行紧接着页首按顺序放置。页的末尾是行偏移表,对于页中的每一行,偏移表都包含一个条目。每个条目记录对应行的第一个字节与页首的距离。行偏移表中的条目的顺序与页中行的顺序相反,如图 6-3 所示。

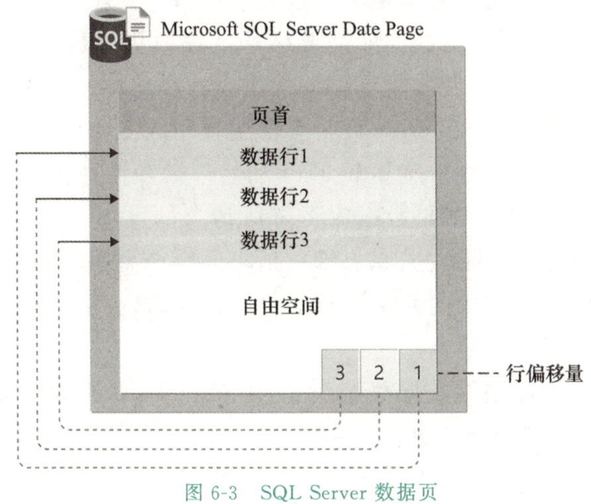

图 6-3 SQL Server 数据页

2. 区

区是管理空间的基本单位,一个区由 8 个物理上连续的页组成。为了使空间分配更有效,SQL Server 不会将所有区分配给包含少量数据的表。为了有效管理页,SQL Server 将所有页都存储在区中。

SQL Server 提供如下两种类型的区(图 6-4):

(1)统一区,由单个对象所有。区中的 8 页只能由所属对象使用。

(2)混合区,最多可由 8 个对象共享。区中的每一页可由不同的对象所有。

通常从混合区向新表或索引分配页。当表或索引增长到 8 页时,将变成使用统一区进行后续分配。如果对现有表创建索引,并且该表包含的行足以在索引中生成 8 页,就对该索引的所有分配都使用统一区进行。

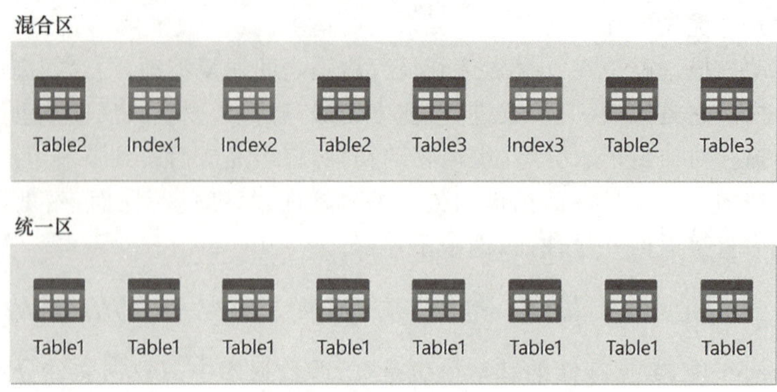

图 6-4 SQL Server 的两种区

6.1.4 SQL Server 的 I/O 体系结构

由于数据库的主要用途是存储和检索数据。因此执行大量的磁盘读取和写入操作是数据库的本质特征之一。磁盘 I/O 操作会占用很多资源，并且需要相对较长的时间才能完成。

SQL Server 2019 将很多虚拟内存分配给高速缓存，并使用缓存技术来减少物理 I/O 操作。每个 SQL Server 实例都有自己的高速缓存。从数据库磁盘文件读取数据到高速缓存中，不必再次物理地读取数据即可满足多次逻辑读取数据。数据一直保留在缓冲区中，直到已有一段时间未对其进行引用且数据库需要缓冲区读取更多数据时，才进行修改。保存在缓冲区中的数据只有在被修改后才能重新写入磁盘。在将缓冲区中的数据物理写入磁盘之前，可以对保存在缓冲区中的同一数据进行多次逻辑写入或修改操作。

SQL Server 实例中的 I/O 划分为逻辑 I/O 和物理 I/O。每次数据库引擎请求高速缓存中的页时都将发生逻辑读取。如果数据库引擎所请求的页不在高速缓存中，就执行物理读取，将该页读入高速缓存。如果数据库引擎所请求的页在高速缓存中，就不会执行物理读取。在此情况下，高速缓存仅使用内存中已有的页。当修改内存中页的数据时，发生逻辑写入。将页写入磁盘时，发生物理写入。

由于 SQL Server 数据库中的数据存储在 8 KB 的页中，每组 8 个邻接页是一个 64 KB 区。因此，高速缓存也划分为 8 KB 页。

文件的组织

6.2 文件的组织

文件的组织是指文件的构造方式，即文件的结构。

6.2.1 文件的逻辑结构

文件的逻辑结构是用户组织文件时可见的结构，即用户所观察到的文件组织形式。文件的逻辑结构是用户可以直接处理的数据及其结构，它独立于物理特性，又称文件组织。

常见的文件逻辑结构有：

(1)顺序文件，由一系列记录按某种顺序排列形成的文件，其中的记录通常是定长记录，具有较快的查找速度。

(2)索引文件，为每个文件建立一张索引表，并在索引表中为每条记录建立一个表项。索引表通常按记录键排序。索引表本身是一个定长记录文件，可以实现直接存取。

(3)索引顺序文件，它要为文件建立一张索引表，在索引表中，为每一组记录中的首记录设置一个表项，其中含有记录的键值和指向该记录的指针。

文件的逻辑结构按形式分为有结构的记录式文件和无结构的流式文件。

1. 有结构的记录式文件

有结构的记录式文件由若干记录构成，记录可按顺序编号，对文件的访问按记录号进行；也可为每个记录指定一个或一组数据项作为键，然后按键进行访问。

在记录式文件中，记录的长度可以分为定长和不定长两类。对于定长记录，所有记录中的数据项都处在记录的相同位置，具有相同的顺序和相同的长度。文件的长度用记录的数目表示。定长记录的文件处理方便、开销小，被广泛运用于数据处理中；对于不定长记录，文件中各记录的长度不相同。记录中包含的数据项目可能不同，数据项本身的长度不定。其特点是记录组成灵活、存储空间浪费小。

2. 无结构的流式文件

流式文件是指由字符流构成的文件。流式文件内的数据不组成记录，只是一串字节。对流式文件的存取需要指定起始字节和字节数。

数据库文件可以是一个无结构的流式文件，但大多数数据库系统采用的是有结构的记录式文件。

6.2.2 文件的物理结构

文件的物理结构又称为文件的存储结构，是指文件在外存的存储时的组织结构。文件的物理结构与存储介质的物理特性及用户对文件的访问方式有关。

文件的物理结构通常划分为大小相等的物理块，也称为物理记录，它是文件分配及传输信息的基本单位。物理记录的大小与物理设备有关，与逻辑记录的大小无关。一个物理块的大小与磁盘空间存储块的大小相等。因此，一条物理记录占用一个物理存储设备的存储块。

常见的文件物理结构有：

(1)顺序结构，是最简单的一种文件物理结构。将一个逻辑上连续的文件信息依次存放在外存连续的物理块中，即所谓的逻辑上连续，物理上也连续。其优点是管理简单，存取速度快，适合顺序访问；缺点是动态增加文件的长度难度大。

(2)链接结构，将文件存放在外存的若干物理块中，不要求这些物理块一定连续。其中每一个物理块中设有一个指针，用于指向下一个物理块的位置，从而使得存放同一个文件的物理块链接在一起。其优点是文件的长度可以动态增长，增加和删除记录容易，外存的利用率高；缺点是随机访问效率低。

(3)索引结构，将文件存放在外存的若干物理块中，并为每个文件建立一个索引表，索引表中的每个表项存放文件信息的逻辑块号和与之对应的物理块号。其优点是既适合顺序访问，又适合随机访问，应用范围广泛；缺点是当文件的记录很多时，索引表就会很庞大，从而占用较多的存储资源。

6.2.3 数据元素的表示

以下是用 SQL 语言声明的选课关系：

```
CREATE TABLE 选课(学号 CHAR(5),课程号 CHAR(20),成绩 INT);
```

“选课”关系是由学号、课程号及成绩 3 个属性构成的。在存储系统中，对于一个元组的各个具体属性值是用不同字段(称为数据项)表示的。数据项是最基本的数据元素，存储系统通常会为它分配若干合适的字节序列。

若干相关数据项的组合称为记录。显然，在存储系统中，一条记录表示的是关系的一个具体实例，即一个元组。一条记录通常会占据某个磁盘块或它的一部分。当然，当一条记录比较大时，系统通常会将记录分成若干片段，不同的片段存储在不同的磁盘块上。它们之间可以通过指针链接到一起。

若干记录的集合或若干磁盘块的集合形成一个文件。显然，一个文件通常是由很多磁盘块构成的，而这些块如何构成一个文件就是前面所讲的文件组织所要讨论的内容。

数据项、记录、块和文件的关系如图 6-5 所示。

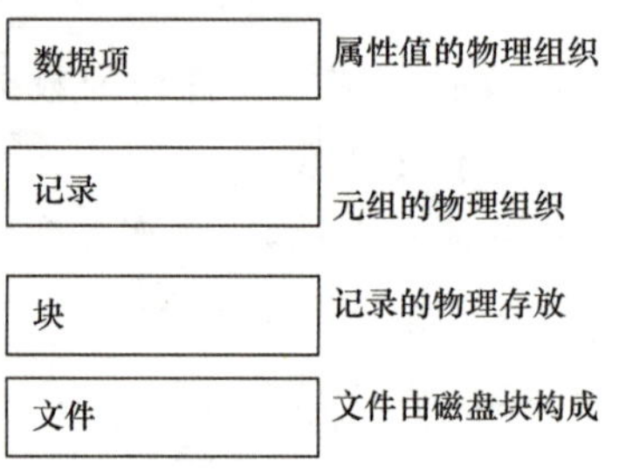

图 6-5 数据项、记录、块和文件的关系

6.2.4 SQL Server 数据库的存储结构

存储结构就是数据库实际存储的方式。在数据库系统中，通常以文件形式存在。每个 SQL Server 2019 数据库至少具有两个操作系统文件：数据文件(Data File)和日志文件(Log File)。为了便于分配和管理，还可以将若干数据文件集中起来，放到文件组中。

1. 数据库文件

在 SQL Server 中，每一个数据库的逻辑存储结构都有相应的物理存储结构。物理存储结构主要指数据库文件是如何在磁盘上存储的。数据库文件在磁盘上是以文件为单位存储的。一个数据库至少应该包含一个数据文件和一个日志文件。数据文件又分为主数据文件和辅助数据文件两种，如图 6-6 所示。

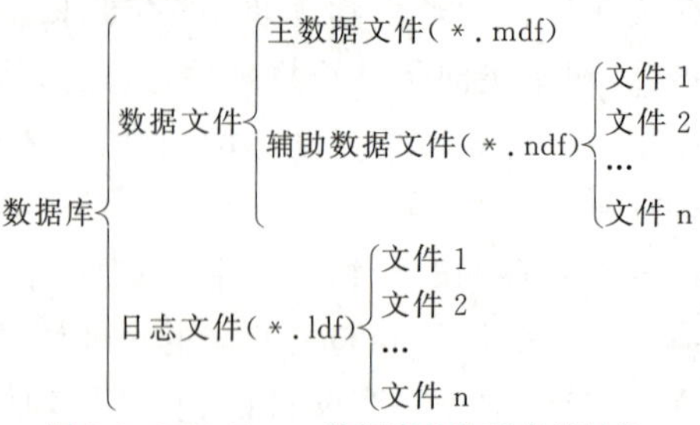

图 6-6 SQL Server 数据库的物理存储结构

(1)数据文件。数据文件包含数据和对象,例如表、索引、存储过程和视图。

主数据文件。主数据文件是数据库的起点,指向数据库中的其他文件。每个数据库都有一个主数据文件。主数据文件的推荐文件扩展名是.mdf。

辅助数据文件。除主数据文件以外的所有数据文件都是辅助数据文件。辅助数据文件的推荐文件扩展名是.ndf。通常并不需要为数据库建立辅助数据文件,除非数据库的内容太多,单一数据文件无法承载,需要使用辅助数据文件另行开辟数据的存储位置,或者分散提高数据的存取效率。

(2)日志文件。日志文件包含用于恢复数据库的所有日志信息。每个数据库必须至少有一个日志文件,当然也可以有多个。日志文件的推荐文件扩展名是.ldf。

SQL Server 2019 不强制使用.mdf、.ndf 和.ldf 等文件扩展名,但使用它们有助于标识文件的各种类型和用途。

2. 数据库文件组

为了便于分配和管理,SQL Server 允许将多个文件归纳为同一组,并赋予此组一个名称,这就是文件组。数据库文件组不是根据数据库的物理存储位置来区分的,而是根据数据文件中要存储的对象来区分的。例如,如果已建立了多个数据库文件组,那么建立一个新的对象时,可以自行指定该对象要存储到哪一个数据库文件组中。通过数据库文件组的使用,可以分散数据库的存储位置,避免过度占用一个磁盘空间,或因磁盘空间被占满而造成系统无法运行的情况。

(1)文件组类型。SQL Server 2019 中有两种类型的文件组:主文件组和用户定义文件组。

主文件组包含主数据文件和任何没有明确分配给其他文件组的其他文件。系统表的所有页均分配在主文件组中。

用户定义文件组是通过在 CREATE DATABASE 或 ALTER DATABASE 语句中使用 FILEGROUP 关键字指定的任何文件组。

一个数据库只有一个主文件组,这个主文件组在数据库建立时就已经存在。由于系统表是存放在主文件组内的,如果主文件组的磁盘空间满了,系统表就将无法动作,数据库也就无法运行,因此建立不同的文件组,将一些较次要的表分配到用户定义的文件组内,分散存储空间,避免出现主文件组塞满的情况。

(2)文件组的数据存储方式。文件组的数据存储方式是平均分配,即分散存放于各个数据文件中,同时使用所有的数据文件,而不是依次写到一个数据文件中,等数据文件填满后再写到另一个数据文件中。使用这种平均分散存储的方式,可以让各个数据文件同时增长,而不会造成数据过度集中于同一个文件上。

说明:

①日志文件不包括在文件组内。日志空间与数据空间分开管理。

②一个文件不可以是多个文件组的成员。表、索引和大型对象数据可以与指定的文件组相关联。在这种情况下,它们的所有页将被分配到该文件组。

③每个数据库中均有一个文件组被指定为默认文件组。如果创建表或索引时未指定文件组,则将假定所有页都从默认文件组分配。一次只能有一个文件组作为默认文件组。如果没有指定默认文件组,就将主文件组作为默认文件组。

索引

6.3 索引

本节将介绍索引的作用以及如何创建和维护索引。

6.3.1 索引基本概念

在数据库中建立索引是为了加快数据的查询速度。数据库中的索引与书籍中的目录或书后的术语表类似。在一本书中，利用目录或术语表可以快速查找所需信息，而无须翻阅整本书。在数据库中，索引就是使对数据的查找不需要对整个表进行扫描，就可以在其中找到所需数据。书籍的索引表是一个词语列表，其中注明了包含各个词的页码。而数据库中的索引是一个表中所包含的列值的列表，其中注明了表中包含各个值的行数据所在的存储位置。可以为表中的单个列建立索引，也可以为一组列建立索引。索引一般采用 B 树结构。索引由索引项组成，索引项由来自表中每一行的一个或多个列（称为搜索关键字或索引关键字）组成。B 树按搜索关键字排序，可以对组成搜索关键字的任何子词条集合上进行高效搜索。例如，对于一个由 A、B、C 三个列组成的索引，可以在 A 以及 A、B 和 A、B、C 上对其进行高效搜索。

例如，假设在 Student 表的 Sno 列上建立了一个索引（Sno 为索引项或索引关键字），则在索引部分就有指向每个学号所对应学生存储位置的信息，如图 6-7 所示。

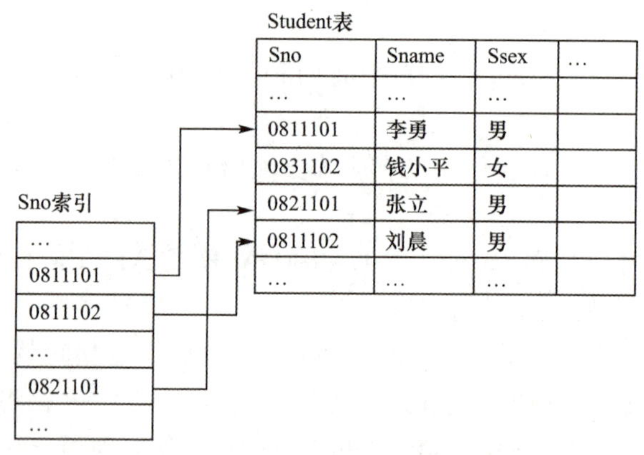

图 6-7　索引及数据间的对应关系

当数据库管理系统执行一个在 Student 表上根据指定的 Sno 查找该学生信息的语句时，它能够识别该表上的索引列（Sno），并首先在索引部分（按学号有序存储）查找该学号，然后根据找到的学号所指向的数据的存储位置，直接检索出需要的信息。如果没有索引，数据库管理系统就需要从 Student 表的第一行开始，逐行检索指定的 Sno 值。从数据结构的算法知识我们知道，有序数据的查找比无序数据的查找效率要高很多。

但索引为查找所带来的性能好处是有代价的，首先索引在数据库中会占用一定的存储空间来存储索引信息。其次，在对数据进行插入、更改和删除操作时，为了使索引与数据保持一致，还需要对索引进行相应维护。对索引的维护是需要花费时间的。

因此，利用索引提高查询效率是以占用空间和增加数据更改的时间为代价的。在设计和创建索引时，应确保对性能的提高程度大于在存储空间和处理资源方面的代价。

在数据库管理系统中，数据一般是按数据页存储的，数据页是一块固定大小的连续存储空间。不同的数据库管理系统数据页的大小不同，有的数据库管理系统数据页的大小是固定的，比如 SQL Server 的数据页就固定为 8 KB；有些数据库管理系统的数据页大小可由用户设定，比如 DB2。在数据库管理系统中，索引项也按数据页存储，而且其数据页的大小与存放数据的数据页的大小相同。

存放数据的数据页与存放索引项的数据页采用的都是通过指针连接在一起的方式连接各数据页，而且在页头包含指向下一页及前面页的指针，这样就可以将表中的全部数据或者索引链在一起。数据页的组织方式示意图如图 6-8 所示。

图 6-8　数据页的组织方式

6.3.2　索引的存储结构及分类

索引分为两大类，一类是聚集索引（Clustered Index，也称为聚簇索引），另一类是非聚集索引（Non-Clustered Index，也称为非聚簇索引）。聚集索引对数据按索引关键字值进行物理排序，非聚集索引将索引关键字按值进行排序。如图 6-7 所示的索引示意图即为非聚集索引。在 SQL Server 中聚集索引和非聚集索引都采用 B 树结构来存储索引项，而且都包含数据页和索引页，其中索引页用来存放索引项和指向下一层的指针，数据页用来存放数据。不同的数据库管理系统中索引的存储结构不尽相同，本章我们主要介绍 SQL Server 对索引采用的存储结构。

在介绍这两类索引之前，首先简单介绍一下 B 树结构。

1. B 树结构

B 树（Balanced Tree，平衡树）的最上层节点称为根节点（Root Node），最下层节点称为叶节点（Left Node）。在根节点所在层和叶节点所在层之间的层上的节点称为中间节点（Intermediate Node）。B 树结构从根节点开始，以左右平衡的方式存放数据，中间可根据需要分成许多层，如图 6-9 所示。

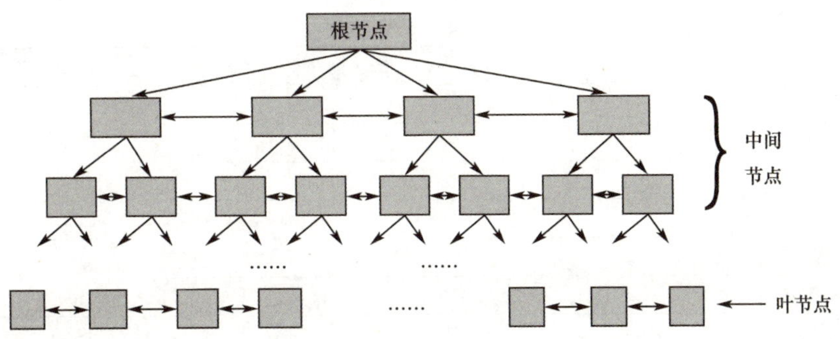

图 6-9　B 树结构

2. 聚集索引

聚集索引的 B 树是自下而上建立的，最下层的叶节点存放的是数据，因此它既是索引页，同时也是数据页。多个数据页生成一个中间层节点的索引页，然后再由数个中间层节点的索引页合成更上层的索引页，以此类推，直到生成顶层的根节点的索引页。其示意图如图

6-10 所示。生成高一层节点的方法是：从叶节点开始，高一层节点中每一行由索引关键字值和该值所在的数据页编号组成，其索引关键字值选取的是其下层节点中的最大或最小索引关键字的值。

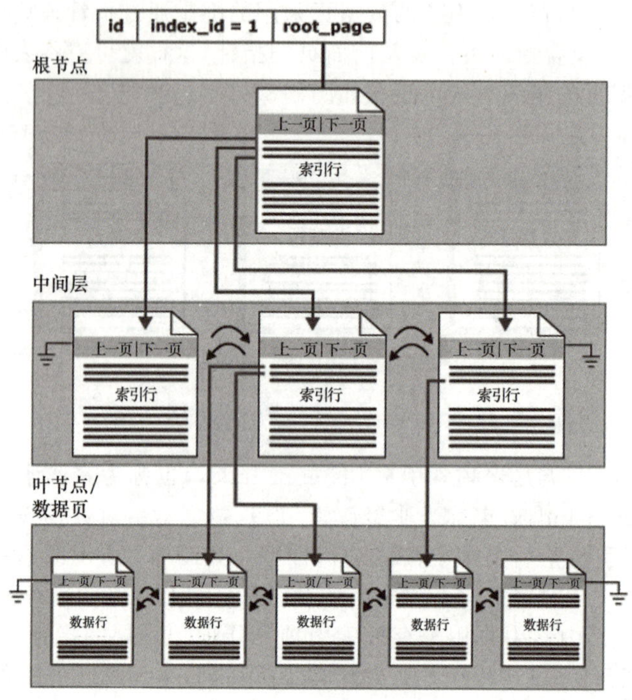

图 6-10　聚集索引结构

除叶节点之外的其他层节点，每一个索引行由索引项的值以及这个索引项在下层节点的数据页编号组成。

例如，设有职工(Employee)表，其包含的列有：职工号(Eno)、职工名(Ename)和所在部门(Dept)，数据示例见表 6-1。假设在 Eno 列上建有一个聚集索引(按升序排序)，则其 B 树结构示意图如图 6-11 所示(注：每个节点左上方位置的数字代表数据页编号)，其中虚线代表数据页间的链接。

表 6-1　Employee 表的数据

Eno	Ename	Dept
E01	AB	CS
E02	AA	CS
E03	BB	IS
E04	BC	CS
E05	CB	IS
E06	AC	IS
E07	BB	IS
E08	AD	CS
E09	BD	IS
E10	BA	IS
E11	CC	CS

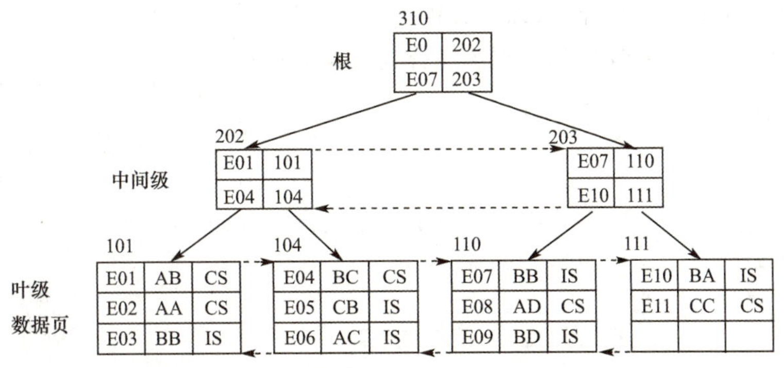

图 6-11 在 Eno 列上建有聚集索引的 B 树

在聚集索引的叶节点中，数据按聚集索引关键字的值进行物理排序。因此，聚集索引类似于电话号码簿，在电话号码簿中数据是按姓氏排序的，这里姓氏就是聚集索引关键字。由于聚集索引关键字决定了数据在表中的物理存储顺序，因此一个表只能包含一个聚集索引。但该索引可以由多个列（组合索引）组成，就像电话号码簿按姓氏和名字进行组织一样。

当在建有聚集索引的列上查找数据时，系统首先从聚集索引树的入口（根节点）开始逐层向下查找，直到达到 B 树索引的叶级，也就是达到了要找的数据所在的数据页，最后只在这个数据页中查找所需数据即可。

例如，若执行语句：SELECT * FROM Employee WHERE Eno = 'E08'

首先从根（310 数据页）开始查找，用“E08”逐项与 310 页上的每个索引关键字的值进行比较。由于“E08”大于此页的最后一个索引项“E07”的值，因此选“E07”所在的数据页 203，再进入 203 数据页继续与该页上的各索引关键字进行比较。由于“E08”大于 203 数据页上的“E07”而小于“E10”，因此选“E07”所在的数据页 110，再进入 110 数据页进行逐项比较，这时可找到 Eno 等于“E08”的项，而且这个项包含了此职工的全部数据信息。至此查找完毕。

当插入或删除数据时，除了会影响数据的排列顺序外，还会引起索引页中索引项的增加或减少，系统会对索引页进行分裂或合并，以保证 B 树的平衡性，因此 B 树的中间节点数量以及 B 树的高度都有可能会发生变化，但这些调整都是数据库管理系统自动完成的，因此，在对有索引的表进行插入、删除和更改操作时，有可能会降低这些操作的执行性能。

聚集索引对于那些经常要搜索列在连续范围内的值的查询特别有效。使用聚集索引找到包含第一个列值的行后，由于后续要查找的数据值在物理上相邻而且有序，因此只要将数据值直接与查找的终止值进行比较即可。

在创建聚集索引之前，应先了解数据是如何被访问的，因为数据的访问方式直接影响了对索引的使用。若索引建立的不合适，则非但不能达到提高数据查询效率的目的，而且还会影响数据的插入、删除和更改操作的效率。因此，索引并不是建立得越多越好（建立索引需要占用空间，维护索引需要耗费时间），而是要有一些考虑因素。

下列情况可考虑创建聚集索引：

①包含大量非重复值的列；

②使用下列运算符返回一个范围值的查询：BETWEEN AND、＞、＞＝、＜和＜＝；

③经常被用作连接的列，一般来说，这些列是外键列；

④对 ORDER BY 或 GROUP BY 子句中指定的列建立索引，可以使数据库管理系统在

查询时不必对数据再进行排序，从而可以提高查询性能；

⑤对于频繁进行更改操作的列则不适合建立聚集索引。

3. 非聚集索引

非聚集索引与图书的术语表类似。书的内容（数据）存储在一个地方，术语表（索引）存储在另一个地方。而且书的内容（数据）并不按术语表（索引）的顺序存放，但术语表中的每个词在书中都有确切的位置。非聚集索引类似于术语表，而数据类似于一本书的内容。

非聚集索引的存储结构如图 6-12 所示。

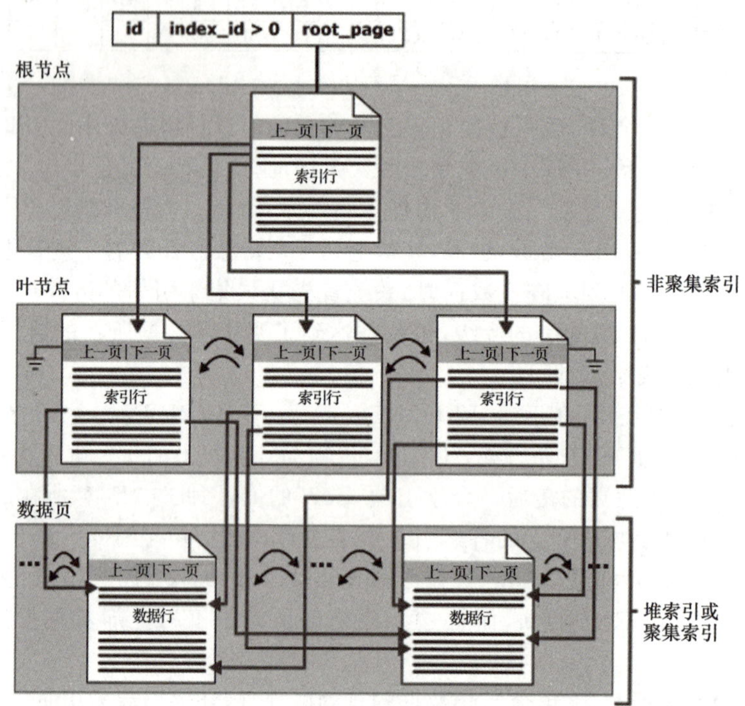

图 6-12　非聚集索引的存储结构

非聚集索引与聚集索引一样用 B 树结构，但有两个重要差别：

①数据不按非聚集索引关键字值的顺序排序和存储；

②非聚集索引的叶节点不是存放数据的数据页。

非聚集索引 B 树的叶节点是索引行。每个索引行包含非聚集索引关键字值以及一个或多个行定位器，这些行定位器指向该关键字值对应的数据行（如果索引不唯一，则可能是多行）。

非聚集索引行中的行定位器满足：

如果表是堆（意味着该表没有聚集索引），行定位器就是指向行的指针。该指针由文件标识符（ID）、页码和页上的行数生成。整个指针称为行 ID（RID）。

如果表有聚集索引或索引视图上有聚集索引，行定位器就是行的聚集索引键。

例如，假设在 Employee 表的 Eno 列上建有一个非聚集索引，则数据和其索引 B 树的形式如图 6-13 所示。从这个图可以观察到，数据页上的数据并不是按索引关键字 Eno 有序排序的，但根据 Eno 建立的索引 B 树是按 Eno 的值有序排序的，而且上一层节点中的每个索引关键字值取的是下一层节点上的最小索引键值。

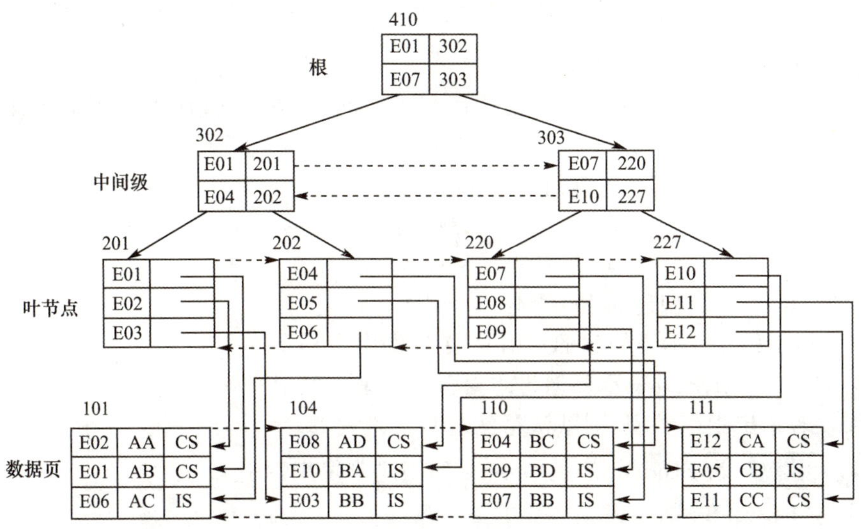

图 6-13 在 Eno 列上建有非聚集索引的情形

在建有非聚集索引的表上查找数据的过程与聚集索引类似，也是从根节点开始逐层向下查找，直到找到叶节点，在叶节点中找到匹配的索引关键字值后，其所对应的行定位器所指位置即是查找数据的存储位置。

由于非聚集索引并不改变数据的物理存储顺序，因此可以在一个表上建立多个非聚集索引。就像一本书可以有多个术语表一样，如一本介绍园艺的书可能会包含一个植物通俗名称的术语表和一个植物学名称的术语表，因为这是读者查找信息的两种最常用的方法。

在创建非聚集索引之前，应先了解数据是如何被访问的，以使建立的索引科学合理。对于下述情况可考虑创建非聚集索引：

①包含大量非重复值的列。如果某列只有很少的非重复值，比如只有 1 和 0，则不对这些列建立非聚集索引。

②经常作为查询条件使用的列。

③经常作为连接和分组条件使用的列。

4. 唯一索引

唯一索引用于确保索引列不包含重复的值，唯一索引可以只包含一个列(限制该列取值不重复)，也可以由多个列共同构成(限制这些列的组合取值不重复)。例如，如果在 LastName、FirstName 和 MiddleInitial 三个列上创建了一个唯一索引 FullName，则该表中任何两个人都不可以具有完全相同的名字(LastName、FirstName 和 MiddleInitial 名字均相同)。

聚集索引和非聚集索引都可以是唯一索引。因此，只要列中的数据是唯一的，就可以在同一个表上创建一个唯一的聚集索引和多个唯一的非聚集索引。

说明：

只有当数据本身具有唯一性特征时，指定唯一索引才有意义。如果必须要实施唯一性来确保数据的完整性，则应在列上创建 UNIQUE 约束或 PRIMARY KEY 约束，而不是创建唯一索引。例如，如果想限制学生表(主键为 Sno)中的身份证号列(sid)的取值不能有重复，则可在 sid 列上创建 UNIQUE 约束，而不是在该列上创建唯一索引。实际上，当在表上创建 PRIMARY KEY 约束或 UNIQUE 约束时，系统会自动在这些约束的列上创建唯一索引。

6.3.3 创建和删除索引

1. 创建索引

确定了索引关键字后，就可以在数据库的表上创建索引。创建索引使用的是 CREATE INDEX 语句，其一般语法格式如下：

```
CREATE [UNIQUE] [CLUSTERED | NONCLUSTERED]
    INDEX <索引名> ON <表名> ( <列名> [,... n] )
```

其中：

UNIQUE：表示要创建的索引是唯一索引。

CLUSTERED：表示要创建的索引是聚集索引。

NONCLUSTERED：表示要创建的索引是非聚集索引。

如果没有指定索引类型，则默认是创建非聚集索引。

例 6.1 为 Student 表的 Sname 列创建非聚集索引。

```
CREATE INDEX Sname_ind
    ON Student ( Sname )
```

例 6.2 为 Student 表的 Sid 列创建唯一聚集索引。

```
CREATE UNIQUE CLUSTERED INDEX Sid_ind
    ON Student ( Sid )
```

例 6.3 为 Employee 表的 FirstName 和 LastName 列创建一个聚集索引。

```
CREATE CLUSTERED INDEX EName_ind
    ON Employee ( FirstName, LastName )
```

2. 删除索引

索引一经建立，就由数据库管理系统自动使用和维护，不需要用户干预。建立索引是为了加快数据的查询效率，但如果要频繁地对数据进行增、删、改操作，则数据库管理系统会花费很多时间来维护索引，这会降低数据的修改效率；另外，存储索引需要占用额外的空间，这增加了数据库的空间开销。因此，当不需要某个索引时，可将其删除。

在 SQL 语言中，删除索引使用的是 DROP INDEX 语句。其一般语法格式如下：

```
DROP INDEX <表名>.<索引名>
```

例 6.4 删除 Student 表中的 Sname_ind 索引。

```
DROP INDEX Student.Sname_ind
```

习题 6

1. 简述存储系统的层次。
2. 文件的逻辑结构有哪些？
3. 索引的概念是什么？
4. 索引有哪几种类型？

第 7 章　数据库安全与保护

7.1　数据库安全与保护概述

安全与保护

数据库中的数据是非常重要的信息资源，它是政府部门、军事部门、企业等用来管理国家机构、做出重要决策、维护企业运转的依据。这些数据的丢失和泄露将给工作带来巨大损害，可能造成企业瘫痪、甚至危及国家安全。在互联网已经渗透到日常生活中各个领域的今天，数据的共享日益加强，利用互联网非法获取客户资料、盗取银行存款、修改重要数据甚至删除数据已成为日益严重的社会问题。因此，对数据的保护是至关重要的。DBMS 是管理数据的核心，因而其自身必须提供一整套完整而有效的数据安全保护机制来保证数据的安全可靠和正确有效。DBMS 对数据库的安全与保护通过四个方面来实现，即数据安全性控制、数据完整性控制、数据库并发控制和数据库恢复。

1. 数据安全性控制

数据安全性控制能够防止未经授权的用户存取数据库中的数据，避免数据的泄露、更改或破坏。

2. 数据完整性控制

数据完整性控制能够保证数据库中数据及语义的正确性和有效性，防止任何对数据造成错误的操作。

数据的完整性和安全性是两个不同的概念。前者是为了防止数据库中存在不符合语义的数据，防止错误信息的输入和输出；后者是保护数据库被恶意破坏和非法存取。也就是说，安全性措施的防范对象是非法用户和非法操作，确保用户所做的事情被限制在其权限内；完整性措施的防范对象是不合语义的数据，确保用户所做的事情是正确的。当然，完整性和安全性是密切相关的。

3. 数据库并发控制

在多用户同时对一个数据进行操作时，系统应能加以控制，防止破坏数据库中的数据。

4. 数据库恢复

在数据库被破坏或数据不正确时，系统有能力把数据库恢复到正确时的状态。

本章将讨论上述四种技术。

7.2 数据库的安全性

7.2.1 安全性问题

1. 数据库安全性的定义

数据库的安全性(Security)是指保护数据库，防止不合法的使用，以免数据的泄露、更改或破坏。

安全性问题不是数据库系统所独有的，所有计算机系统都有这个问题。只是在数据库系统中大量数据集中存放，而且为许多最终用户直接共享，从而使安全性问题更为突出。

2. 安全性级别

数据库的安全性和计算机系统的安全性，包括操作系统、网络系统的安全性是紧密联系、相互支持的。为了保护数据库，防止故意的破坏，可以在从低到高的 5 个级别上设置各种安全措施：

(1)环境级。计算机系统的机房和设备应加以保护，防止有人进行物理破坏。

(2)职员级。工作人员应清正廉洁，正确授予用户访问数据库的权限。

(3)操作系统级。应防止未经授权的用户从操作系统处访问数据库。

(4)网络级。由于大多数数据库系统都允许用户通过网络进行远程访问，因此网络软件内部的安全性是很重要的。

(5)数据库系统级。数据库系统的职责是检查用户的身份是否合法及使用数据库的权限是否正确。

上述环境级和职员级的安全性问题属于社会伦理道德问题。操作系统的安全性从口令到并发处理控制，以及文件系统的安全，都属于操作系统的内容。网络级的安全性措施已在电子商务中广泛应用，属于网络课程中的内容。本章主要介绍关系数据库的安全性措施。

3. 权限问题

在数据库系统中，定义存取权限为授权(Authorization)。关系数据库系统中，权限有两种：访问数据的权限和修改数据库结构的权限。DBA 可以把建立、修改基本表的权限授予用户，用户获得此权限后可以建立和修改基本表、索引和视图。因此，关系系统中存取控制的数据对象不仅有数据本身，如表、属性列等，还有模式、外模式、内模式等数据字典中的内容，见表 7-1。

表 7-1　　关系系统中的存取权限

	数据对象	操作类型
模式	模式 外模式 内模式	建立、修改、检索 建立、修改、检索 建立、修改、检索
数据	表 属性列	查找、插入、修改、删除 查找、插入、修改、删除

(1)访问数据的权限有 4 种：

①查找(Select)权限：允许用户读数据，但不能修改数据。

②插入(Insert)权限：允许用户插入新的数据，但不能修改数据。

③修改(Update)权限：允许用户修改数据，但不能删除数据。

④删除(Delete)权限：允许用户删除数据。

根据需要，可以授给用户上述权限中的一个或多个，也可以不授予上述任何一个权限。

(2)修改数据库模式的权限也有 4 种：

①索引(Index)权限：允许用户创建和删除索引。

②资源(Resource)权限：允许用户创建新的关系。

③修改(Alteration)权限：允许用户在关系结构中加入或删除属性。

④撤销(Drop)权限：允许用户撤销关系。

7.2.2 数据库安全性控制

1. 用户标识与鉴别

用户标识与鉴别是系统提供的最外层安全保护措施。其方法是由系统提供一定的方式让用户标识自己的名字或身份。每次用户要求进入系统时，由系统进行核对，通过鉴定后才提供机器使用权。对于获得上机权的用户若要使用数据库时，数据库管理系统还要进行用户标识和鉴别。用户标识和鉴别的方法有很多种，而且在一个系统中往往是多种方法并举，以获得更强的安全性。用户标识与鉴别可以重复多次。

2. 存取控制

数据库安全性所关心的主要是 DBMS 的存取控制机制。数据库安全最重要的一点就是确保只授权给有资格的用户访问数据库的权限，同时令所有未被授权的人员无法接近数据，这主要通过数据库系统的存取控制机制实现。

存取控制机制主要包括两部分：

(1) 定义用户权限，并将用户权限登记到数据字典中。用户权限是指不同的用户对于不同的数据对象允许执行的操作权限，这些定义经过编译后存放在数据字典中，被称作安全规则或授权规则。

(2) 合法权限检查，每当用户发出存取数据库的操作请求之后(请求一般应包括操作类型、操作对象和操作用户等信息)，DBMS 查找字典，根据安全规则进行合法权限检查，若用户的操作请求超出了定义的权限，系统将拒绝执行此操作。

用户权限定义和合法权限检查机制一起组成了 DBMS 的安全子系统。

3. 自主存取控制(DAC)方法

在自主存取控制中，用户对于不同的数据对象有不同的存取权限，不同的用户对同一对象也有不同的权限，而且用户还可将其拥有的存取权限转授给其他用户。因此自主存取控制非常灵活。

大型数据库管理系统几乎都支持自主存取控制，目前的SQL标准也对自主存取控制提供支持，这主要通过SQL的GRANT语句和REVOKE语句来实现。

用户权限由两个要素组成：数据对象和操作类型。定义一个用户的存取权限就是定义这个用户可以在哪些数据对象上进行哪些类型的操作。在数据库系统中，定义存取权限称为授权(Authorization)。

用户权限定义中数据对象范围越小授权子系统就越灵活。例如授权定义可精细到字段级，而有的系统只能对关系授权。授权粒度越细，授权子系统就越灵活，但系统定义与检查权限的开销也会相应增加。

衡量授权子系统精巧程度的另一个尺度是能否提供与数据值有关的授权。若授权依赖于数据对象的内容，则称为是与数据值有关的授权。有的系统还允许存取谓词引用系统变量，如一天中的某个时刻，某台终端设备号，这就是与时间和地点有关的存取权限。这样用户只能在某段时间内、某台终端上存取有关数据。

自主存取控制能够通过授权机制有效地控制其他用户对敏感数据的存取。但是由于用户对数据的存取权限是“自主”的，用户可以自由地决定将数据的存取权限授予何人、决定是否将“授权”的权限授予别人。在这种授权机制下，仍可能存在数据的“无意泄露”。

4. 强制存取控制(MAC)方法

在强制存取控制中，每一个数据对象被标以一定的密级，每一个用户也被授予某一个级别的许可证。对于任意一个对象，只有具有合法许可证的用户才可以存取。强制存取控制因此相对严格。

有些数据库的数据具有很高的保密性，通常具有静态的严格的分层结构，强制存取控制对于存放这样数据的数据库非常适用。这个方法的基本思想在于每个数据对象(文件、记录或字段等)被赋予一定的密级，级别从高到低有：绝密级(Top Secret)、机密级(Secret)、秘密级(Confidential)和公用级(Unclassified)。每个用户也具有相应的级别，称为许可证级别(Clearance Level)。

在系统运行时，采用如下两条简单规则：

(1) 用户只能查看比他级别低或同级的数据；

(2) 用户只能修改和他同级的数据。

在第(2)条，用户既不能修改比他级别高的数据又不能修改比他级别低的数据，主要是为了防止具有较高级别的用户将该级别的数据复制到较低级别的文件中。

强制存取控制是一种独立于值的简单的控制方法。它的优点是系统能执行“信息流控制”。在前面介绍的授权方法中，允许凡有权查看保密数据的用户就可以把这种数据拷贝到非保密的文件中，造成无权用户也可接触保密数据。而强制存取控制可以避免这种非法的信息流动。

注意，这种方法在通用数据库系统中不十分有用，只是在某些专用系统中才更有用。

5. 视图机制

视图(View)是从一个或多个基本表导出的表,进行存取权限控制时我们可以为不同的用户定义不同的视图,把数据对象限制在一定的范围内,也就是说,通过视图机制把要保密的数据对无权存取的用户隐藏起来,从而自动地对数据提供一定程度的安全保护。

视图机制间接地实现了支持存取谓词的用户权限定义。在不直接支持存取谓词的系统中,我们可以先建立视图,然后在视图上进一步定义存取权限。

视图机制使系统具有三个优点:数据安全性、逻辑数据独立性和操作简便性。

6. 审计

因为任何系统的安全保护措施都不是完美无缺的,蓄意盗窃、破坏数据的人总是想方设法打破控制。审计追踪是一个对数据库进行更新(插入、删除、修改)的日志,还包括一些其他信息,如哪个用户执行了更新和什么时候执行的更新等。如果怀疑数据库被篡改了,那么就开始执行 DBMS 的审计软件。该软件将扫描审计追踪中某一时间段内的日志,以检查所有作用于数据库的存取动作和操作。当发现一个非法的或未授权的操作时,DBA 就可以确定执行这个操作的账号。

审计通常是很费时间和空间的,所以 DBMS 往往都将其作为可选特征,允许 DBA 根据应用对安全性的要求,灵活地打开或关闭审计功能。审计功能主要用于安全性要求较高的部门。

7. 数据加密

对于高度敏感性数据,例如财务数据、军事数据、国家机密,除以上安全性措施外,还可以采用数据加密技术。

数据加密是防止数据库中数据在存储和传输中失密的有效手段。加密的基本思想是根据一定的算法将原始数据(术语为明文,Plain Text)变换为不可直接识别的格式(术语为密文,Cipher Text),从而使得不知道解密算法的人无法获知数据的内容。加密方法主要有两种:对称密钥加密法和公开密钥加密法。

(1) 对称密钥加密法

对称密钥密码体制属于传统密钥密码系统。加密密钥与解密密钥相同或者由其中一个推出另一个。对称密钥加密法的输入是源文和加密键,输出是密码文。加密算法可以公开,但加密键是一定要保密的。密码文对于不知道加密键的人来说,是不容易解密的。

(2) 公开密钥加密法

在这种方法中,每个用户有一个加密密钥和一个解密密钥,其中加密密钥不同于解密密钥,加密密钥公之于众,谁都可以用,解密密钥只有解密人知道,分别称为“公开密钥”和“私密密钥”。公开密钥密码体制也称为不对称密钥密码体制。

如果用户想要存储加密数据,就通过公开密钥对数据进行加密。这些加密数据的解密需要用私密密钥。由于用来加密的公开密钥对所有用户公开,我们就有可能利用这一方法安全地交换信息。如果用户 U1 希望与用户 U2 共享数据,那么 U1 就用 U2 的公开密钥来加密数据。由于只有用户 U2 知道如何解密,因此信息的传输是安全的。

公开密钥加密法的另一个有趣的应用是“数字签名”(Digital Signature)。数字签名扮演的是物理文件签名的电子化角色,用来验证数据的真实性。此时私密密钥用来加密数据,加密后的数据可以公开。所有人都可以用公钥来解码,但没有私钥的人就不能产生编码数据。这样我们就可以验证数据是否由宣称产生这些数据的人所产生。另外，数字签名也可以用来保证“认可”。也就是，在一个人创建了数据后声称他没有创建它（实际上欲否认签名）的情况下，我们可以证明这个人一定创建了这个数据（除非它的私钥泄露给他人）。

有关数据加密技术及密钥管理问题等已超出本书范围，有兴趣的读者请参阅数据加密技术方面的书籍。

有些数据库产品提供了数据加密程序，可根据用户的要求自动对存储和传输的数据进行加密处理。还有一些数据库产品虽然本身未提供加密程序，但提供了接口，允许用户用其他厂商的加密程序对数据加密。

由于数据加密与解密是比较费时的操作，而且数据加密与解密程序会占用大量系统资源，因此数据加密功能通常也作为可选特征，允许用户自由选择。

7.2.3 统计数据库的安全性

有一类数据库称为“统计数据库”，例如人口调查数据库，它包含大量的记录，但其目的只是向公众提供统计、汇总信息，而不是提供单个记录的内容。在统计数据库中，虽然不允许用户查询单个记录的信息，但是用户可以通过处理足够多的汇总信息来分析单个记录的信息，这就给统计数据库的安全性带来严重的威胁。

看下面的例子：

用户甲想知道用户乙的工资数额，他可以通过下列两个合法查询获取：

(1)用户甲和其他 N 个职员的工资总额是多少？

(2)用户乙和其他 N 个职员的工资总额是多少？

假设第 1 个查询的结果是 X，第 2 个查询的结果是 Y，由于用户甲知道自己的工资是 Z，那么他可以计算出用户乙的工资 $=Y-(X-Z)$。

统计数据库应防止上述问题发生。上述问题产生的原因是两个查询包含了许多相同的信息（两个查询的“交”）。系统应对用户查询得到的记录数加以控制。

在统计数据库中，对查询应做下列限制：

(1)一个查询查到的记录个数至少是 n；

(2)两个查询查到的记录的“交”数目至多是 m。

系统可以调整 n 和 m 的值，使得用户很难在统计数据库中获取其他个别记录的信息，但要做到完全杜绝是不可能的。我们应限制用户计算和、个数、平均值的能力。如果一个破坏者只知道他自己的数据，那么已经证明，他至少要花 $1+(n-2)/m$ 次查询才有可能获取其他个别记录的信息。因而，系统应限制用户查询的次数在 $1+(n-2)/m$ 次以内。但是这个方法还不能防止两个破坏者联手查询导致数据的泄露。

保证数据库安全性的另一个方法是“数据污染”，也就是在回答查询时，提供一些偏离正确值的数据，以免数据泄露。当然，这个偏离要在不破坏统计数据的前提下进行。此时，系统应该在准确性和安全性之间做出权衡。当安全性遭到威胁时，只能降低准确性的标准。但是无论采用什么安全性机制，都仍然会存在绕过这些机制的途径。好的安全性措施应该使得那些试图破坏安全的人所花费的代价远远超过他们所得到的利益，这也是整个数据库安全机制设计的目标。

7.2.4 应用程序安全

虽然大型数据库管理系统(如 Oracle、DB2 和 SQL Server)都提供了具体的数据库安全特性,但是这些特性本质上都只实现了常规性的安全保护。如果应用程序要求特别的安全措施,例如禁止用户查看某个表的行,或者禁止查看表连接中的其他职员的数据行,此时 DBMS 的安全机制就无能为力了。在这种情况下,必须通过数据库应用程序的特性来提高系统安全。

举例来说,Internet 应用程序的安全通常由 Web 服务器提供。在这个服务器上执行应用程序,其安全措施意味着敏感的数据不必通过网络传输。

为了更好地理解这一点,假定一个应用程序采用如下设计方案:当用户单击浏览页面上某个特定按钮后,将向 Web 服务器发送如下查询,再将其发送到数据库。

```
Select * From Employee;
```

这个语句必然会返回 Employee 表中的所有行。如果应用程序安全机制只允许雇员访问他们自己的数据,那么 Web 服务器将把如下的 Where 语句添加到该查询中:

```
Select * From Employee
Where Employee. Name='<%SESSION(" EmployeeName")%>';
```

如果您了解 Internet 应用技术,就会知道像上面的表达式会使得 Web 服务器将雇员的名字代入 Where 语句中。对于以“Liu Ming”身份登录的用户,上面的表达式就会变成如下形式:

```
Select * From Employee
Where Employee. Name=' Liu Ming';
```

因为这个名字是由 Web 服务器上的应用程序插入的,游览的用户并不知道发生了什么,所以不能加以干涉。

如上所述,可以在 Web 服务器上完成这样的安全处理,但也可以在应用程序本身内部实现,或者写成在适当的时候由 DBMS 执行的存储过程或触发器。

我们在 Web 服务器可访问的安全数据库中存储附加数据,并使用存储过程和触发器。举例来说,安全数据库可以包含与附加的 Where 语句匹配的用户身份。例如,假设人事部的用户可以访问自身以外的用户数据,则可以将合适的 Where 语句存储到安全数据库,应用程序可以读取这些信息,并根据需要将其添加到 SQL Select 语句中。

通过应用程序处理扩展 DBMS 安全还有许多其他方法,但总体而言,应该先利用 DBMS 本身的安全特性。只有当它们不能满足要求时,我们才能添加应用程序代码。安全措施和数据的关系越紧密,泄密的可能性就越小。此外,使用 DBMS 安全特性比自己编制代码更快速,代价更小,而且效果可能更好。

7.2.5 SQL Sever 安全性实践

1. 概述

分层安全方法通过利用针对不同安全作用域的多个安全功能提供深层防御解决方案。借助在 SQL Server 2016 中推出并在后续版本中进行了改进的安全功能,可以应对安全威胁,并提供可靠的数据库应用程序。

Azure 遵守多个行业法规和标准，使用户能够使用虚拟机中运行的 SQL Server 生成符合规定的解决方案。

2. 列级别保护

组织通常需要在列级别保护数据，因为与客户、员工、商业秘密、医疗保健、财务和其他敏感数据相关的数据通常存储在 SQL Server 数据库中。敏感列通常包括国家标识/社会安全号码、移动电话号码、名字、姓氏、财务账户标识，以及可以视为个人身份的信息。

本部分所述的方法和功能将以最小的开销在列级别提升保护级别，而无须对应用程序代码进行大量更改。

使用 Always Encrypted 对静态数据和传输中的数据进行加密，仅在应用程序客户端级别对加密数据进行解密。尽可能使用随机加密而不是确定性加密。Always Encrypted(具有 enclave)可以在随机加密方案中提高比较操作(如 Between、In、Like、Distinct、Join 等)的性能。

当 Always Encrypted 不可用时，使用动态数据掩码(DDM)在列级别对数据进行模糊处理。动态数据掩码与 Always Encrypted 不兼容。尽可能利用 Always Encrypted 而不是动态数据掩码。

还可以在列级别将权限授予表、视图或表值函数。

3. 行级别保护

行级别安全性 (RLS) 使用户能够利用执行上下文来控制对数据库表中的行的访问。RLS 可确保用户只能看到与其相关的记录。这样就无须对应用程序进行重大更改，从而提高了应用程序“记录级别”的安全性。

业务逻辑封装在由用于打开和关闭 RLS 功能的安全策略所控制的表值函数中。该安全策略还控制绑定到 RLS 所操作的表的 FILTER 和 BLOCK 谓词。使用行级别安全性限制向发出调用的用户返回的记录。对于通过应用程序用户共享同一个 SQL Server 用户账户的中间层应用程序连接到数据库的用户，使用 SESSION_CONTEXT (T-SQL)。

4. 文件级别保护

透明数据加密(TDE)通过为数据库文件提供静态加密，在文件级别保护数据。透明数据加密(TDE)可确保在不使用正确的证书解密数据库文件的情况下无法附加和读取数据库文件、备份文件及 tempdb 文件。如果没有透明数据加密，攻击者可能会带走物理介质(驱动器或备份磁带)并还原或附加数据库以读取内容。支持透明数据加密是为了与 SQL Server 中的所有其他安全功能配合工作。透明数据加密可对数据和日志文件执行实时 I/O 加密和解密。TDE 加密利用存储在用户数据库中的数据库加密密钥 (DEK)。还可以使用受主数据库的数据库主密钥保护的证书来保护数据库加密密钥。

5. 审核和报告

若要审核 SQL Server，请在服务器级别或数据库级别创建审核策略。服务器策略将应用到服务器上的所有现有数据库和新建数据库。为简单起见，请启用服务器级审核并允许数据库级审核继承所有数据库的服务器级属性。

审核包含应用了安全措施的敏感数据的表和列。如果表或列非常重要，需要使用安全功能进行保护，则应将其视为重要，需要进行审核。尤其重要的，对于包含敏感信息，但是由于某种应用程序或体系结构限制而不可能应用所需的安全措施的表，应进行审核和定期检查。

6. 标识和身份验证

SQL Server 支持两种身份验证模式：Windows 身份验证模式和“SQL Server 和 Windows 身份验证模式”(混合模式)。

登录名独立于数据库用户。必须将登录名或 Windows 组单独映射到数据库用户或角色。接下来，向用户、服务器角色和/或数据库角色授予访问数据库对象的权限。

SQL Server 支持以下三种登录类型：

本地 Windows 用户账户或 Active Directory 域账户：SQL Server 依赖 Windows 对 Windows 用户账户进行身份验证。

Windows 组：向 Windows 组授予访问权限，会向作为组成员的所有 Windows 用户登录名授予访问权限。将用户从组中删除，将删除用户来自组的权限。组成员身份是首选策略。

SQL Server 登录名：SQL Server 将用户名和密码存储在主数据库中。

以下建议和实践可帮助保护用户标识和身份验证方法：

①使用最小权限基于角色的安全性策略改进安全管理。

将 Active Directory 用户放入 AD 组中是标准做法，AD 组应存在于 SQL Server 角色中，并且应向 SQL Server 角色授予应用程序所需的最小权限。

②在 Azure 中，通过使用基于角色的访问 (RBAC) 控件来利用最小权限安全性

③尽可能选择 Active Directory 而不是 SQL Server 身份验证。

当用户变更角色或离开组织时，还可以轻松将用户从组中删除。组安全性被视为最佳实践。

④对具有计算机级别访问权限的账户使用多重身份验证，包括使用 RDP 登录到计算机的账户。这有助于防范凭据盗窃或泄露，因为单因素基于密码的身份验证是一种较弱的验证形式。

⑤需要使用强且复杂的密码，这种密码不容易被猜到。定期更新密码并强制实施 Active Directory 策略。

⑥组托管服务账户 (gMSA) 提供自动密码管理、简化的服务主体名称 (SPN) 管理并将管理权委托给其他管理员。

使用 gMSA 时，由 Windows 操作系统管理账户的密码，而不是依赖管理员来管理密码。gMSA 会自动更新账户密码，无须重新启动服务。

gMSA 降低了管理面，改进了职责分离。

⑦最大限度地减少授予 DBA AD 账户的权限。

⑧从 sysadmin 角色中删除 DBA 账户，并向 DBA 账户授予 CONTROL SERVER，而不是使其成为 sysadmin 角色的成员。系统管理员角色不接受 DENY，而 CONTROL SERVER 接受。

7. 数据世系和数据完整性

将数据更改的历史记录保留一段时间对于应对数据的意外更改非常有利。它还可用于应用程序更改审核，并且当错误的参与者引入了未经授权的数据更改时，可以恢复数据元素。

利用临时表将记录版本保留一段时间，并在记录的生命周期内查看数据，以提供应用程序数据的历史视图。

8. 安全评估工具和评估

下面的配置和评估工具可保证外围应用安全、标识数据安全，并在实例级别提供 SQL Server 环境安全性的最佳实践评估。

(1)外围应用配置

建议仅启用环境所需的功能，以便最大限度地减少可能受到恶意用户攻击的功能的数量。

(2)SQL Server (SSMS)的漏洞评估

漏洞评估是一个非常有用的工具，可帮助发现、跟踪和修正潜在的数据库漏洞。可用于提高数据库的安全性，并在每个数据库中执行。

(3)SQL 数据发现和分类 (SSMS)

通常，DBA 管理着服务器和数据库，而不知道数据库中包含的数据的敏感性。数据发现和分类增加了对数据的敏感度级别进行发现、分类、标记和报告的功能。

7.2.6 常见的 SQL 威胁

1. SQL 注入风险

SQL 注入攻击会将恶意代码插入字符串中，这些字符串会传递给 SQL Server 实例来完成执行操作。

若要最大限度地降低 SQL 注入风险，请考虑以下事项：

①检查构成 SQL 语句的任何 SQL 进程是否存在注入漏洞。

②以参数化方式构造动态生成的 SQL 语句。

③开发人员和安全管理员应检查调用 EXECUTE、EXEC 或 sp_executesql 的所有代码。

④禁止输入以下字符：

; 查询分隔符

'字符数据字符串分隔符

-- 单行注释分隔符

/ * ... * / 注释分隔符

xp_ 目录扩展存储过程，例如 xp_cmdshell。

⑤始终验证用户输入并清理错误输出，防止溢出并暴露给攻击者。

2. 旁道风险

若要最大限度地降低旁道攻击的风险，需考虑以下事项：

①确保应用最新的应用程序和操作系统修补程序。

②对于混合工作负荷，确保为本地的任何硬件应用新的固件修补程序。

③在 Azure 中，对于高度敏感的应用程序和工作负荷，可以通过隔离的虚拟机、专用主机或利用机密计算虚拟机(例如 DC 系列和 使用第三代 AMD EPYC 处理器的虚拟机)添加对旁道攻击的额外保护。

3. 基础设施威胁

常见的基础设施威胁如下：

①暴力访问

攻击者尝试在不同账户上使用多个密码进行身份验证，直到找到正确的密码。

②密码破解/密码喷射

攻击者针对所有已知用户账户尝试一个精心设计的密码（对多个账户使用一个密码）。如果初次密码喷射失败，他们会重试，使用另一个精心设计的密码，通常在尝试之间会等待一定的时间以避开检测。

③勒索软件攻击

勒索软件攻击是一种定向攻击，使用恶意软件加密数据和文件，阻止对重要内容的访问。攻击者通常以加密货币的形式向受害者勒索钱财，以换取解密密钥。

7.3 数据库的完整性

数据的完整性

数据库中的数据是从外界输入的，而数据的输入由于种种原因，会发生输入无效或错误信息。保证输入的数据符合规定，成为数据库系统（尤其是多用户的关系数据库系统）首要关注的问题。数据库完整性因此而提出。

数据库的完整性是指数据的正确性（Correctness）、有效性（Validity）和相容性（Consistency）。所谓正确性是指数据的合法性，例如，数值型数据中只能包含数字而不能包含字母；所谓有效性是指数据是否属于所定义的有效范围，例如，性别只能是男或女，学生成绩的取值范围为 0～100 的整数；所谓相容性是指表示同一事实的两个数据应相同，不一致就是不相容。数据库是否具备完整性关系到数据库系统能否真实地反映现实世界，因此维护数据库的完整性是非常重要的。

为维护数据库的完整性，DBMS 必须提供一种机制来保证数据库中数据是正确的，避免非法的不符合语义的错误数据的输入和输出所造成的无效操作和错误结果。这些加在数据库数据之上的语义约束条件称为“数据库完整性约束条件”，有时也称为完整性规则，它们作为模式的一部分存入数据库中。而 DBMS 中检查数据库中的数据是否满足语义规定的条件称为“完整性检查”。

本节将讲述数据库完整性的概念及其在 SQL Server 中的实现方法。

7.3.1 完整性约束条件

完整性检查是围绕完整性约束条件进行的，因此完整性约束条件是完整性控制机制的核心。

完整性约束条件作用的对象可以是关系、元组、列三种。其中列约束主要是列的类型、取值范围、精度、排序等约束条件。元组约束是元组中各个字段间的联系的约束。关系约束是若干元组间、关系集合上以及关系之间的联系的约束。

完整性约束条件涉及的三类对象，其状态可以是静态的，也可以是动态的。所谓静态约束是指数据库每确定状态时的数据对象所应满足的约束条件，它是反映数据库状态合理性的约束。

动态约束是指数据库从一种状态转变为另一种状态时，新、旧值之间所应满足的约束条件，它是反映数据库状态变迁的约束。

综合上述两个方面，可以将完整性约束条件分为六类。

1. 静态列级约束

静态列级约束是对一个列的取值域的说明，这是最常用也最容易实现的一类完整性约束，包括以下几方面：

(1)对数据类型的约束

例如，中国人的姓名的数据类型规定为长度为 8 字符型，而西方人的姓名的数据类型规定为长度为 40 或以上字符型，因为西方人的姓名较长。

(2)对数据格式的约束

例如，规定居民身份证号码的前六位表示居民户口所在地。

(3)对取值范围或取值集合的约束

例如，规定学生成绩的取值范围为 0～100，性别的取值集合为[男，女]。

(4)对空值的约束

空值表示未定义或未知的值，或有意为空的值。它与零值和空格不同。有的列允许空值，有的则不允许。例如图书信息表中图书标识不能取空值，价格可以为空值。

(5)其他约束

例如关于列的排序说明、组合列等。

2. 静态元组约束

一个元组是由若干个列值组成的，静态元组约束就是规定元组的各个列之间的约束关系。例如订货关系中包含发货量、订货量等列，规定发货量不得超过订货量。

3. 静态关系约束

在一个关系的各个元组之间或者若干关系之间常常存在各种联系或约束。常见的静态关系约束有：

(1)实体完整性约束。在关系模式中定义主键，一个基本表中只能有一个主键。

(2)参照完整性约束。在关系模式中定义外部键。

实体完整性约束和参照完整性约束是关系模式的两个极其重要的约束，称为关系的两个不变性。

(3)函数依赖约束。大部分函数依赖约束都在关系模式中定义。

(4)统计约束。即字段值与关系中多个元组的统计值之间的约束关系。例如规定职工平均年龄不能大于 50 岁。这里，职工的平均年龄是一个统计值。

4. 动态列级约束

动态列级约束是修改列定义或列值时应满足的约束条件，包括下面两方面：

(1)修改列定义时的约束

例如，将允许空值的列改为不允许空值时，如果该列目前已存在空值，则拒绝这种修改。

(2)修改列值时的约束

修改列值有时需要参照其旧值，并且新旧值之间需要满足某种约束条件。例如，职工工资调整不得低于其原来工资,学生年龄只能增长等。

5. 动态元组约束

动态元组约束是指修改元组中的值时,各个字段间需要满足某种约束条件。例如职工工资调整时新工资不低于原工资+工龄 * 2 等。

6. 动态关系约束

动态关系约束是加在关系变化前后状态上的限制条件,例如事务一致性、原子性等约束条件。

以上六类完整性约束条件的含义可用表 7-2 进行概括。当然,完整性约束条件可以从不同角度进行分类。因此会有多种分类方法。

表 7-2 完整性约束条件

状态	列 级	元组级	关系级
静态	列定义 · 类型 · 格式 · 值域 · 空值	元组值应 满足的条件	实体完整性约束 参照完整性约束 函数依赖约束 统计约束
动态	改变列定义 或列值	元组新旧值之间 应满足的约束条件	关系新旧状态间 应满足的约束条件

7.3.2 完整性控制

DBMS 的完整性控制机制应具有三方面的功能:

定义功能,提供定义完整性约束条件的机制。

检查功能,检查用户发出的操作请求是否违背了完整性约束条件。

如果发现用户的操作请求使数据违背了完整性约束条件,则采取恰当的操作,例如拒绝操作、报告违反情况、改正错误等方法来保证数据的完整性。

一个完善的完整性控制机制应该允许用户定义所有六类完整性约束条件。

下面介绍完整性控制的一般方法。

1. 约束可延迟性

SQL 标准中所有约束都定义有延迟模式和约束检查时间。

(1)延迟模式

约束的延迟模式分为立即执行约束(Immediate Constraints)和延迟执行约束(Deferred Constraints)。立即执行约束是在执行用户事务时,对事务的每一更新语句执行完后,立即对数据应满足的约束条件进行完整性检查。延迟执行约束是指在整个事务执行结束后才对数据应满足的约束条件进行完整性检查,检查正确方可提交。例如银行数据库中"借贷总金额应平衡"的约束就应该是延迟执行的约束,从账号 A 转一笔资金到账号 B 为一个事务,从账号 A 转出去资金后金额就不平衡了,必须等转入账号 B 后金额才能重新平衡,这时才能进行完整性检查。

如果发现用户操作请求违背了完整性约束条件,系统将拒绝该操作,但对于延迟执行的约束，系统将拒绝整个事务，把数据库恢复到该事务执行前的状态。

(2)约束检查时间

每一个约束定义包括初始检查时间规范，分为立即检查和延迟检查。立即检查时约束的延迟模式可以是立即执行约束或延迟执行约束，其约束检查时在每一事务开始就是立即方式。延迟检查时约束的延迟模式只能是延迟执行约束，且其约束检查时在每一事务开始就是延迟方式。延迟执行约束可以改变约束检查时间。延迟模式和约束检查时间之间的联系见表 7-3。

表 7-3　　延迟模式和约束检查时间之间的联系

延迟模式	立即执行约束	延迟执行约束	
约束初始检查时间	立即检查	立即检查	延迟检查
约束检查时间的可改变性	不可改变	可改变为延迟方式	可改变为立即方式

2. 实现参照完整性要考虑的相关问题

在关系系统中，最重要的完整性约束是实体完整性和参照完整性，其他完整性约束条件则可以归入用户定义的完整性。

下面详细讨论实现参照完整性要考虑的几个问题：

(1)外部键能否接受空值问题

在实现参照完整性时，除了应该定义外部键以外，还应该根据应用环境确定外部键列是否允许取空值。

例如，Pubs 示例数据库包含图书信息表 Titles 和出版社信息表 Publishers，其中 Publishers 关系的主键为出版社标识 pub_id，Titles 关系的主键为图书标识 title_id，外部键为出版社标识 pub_id，称 Titles 为参照关系，Publishers 为被参照关系。

Titles 中，某一元组的 pub_id 列若为空值，表示此图书的出版社未知，这和应用环境的语义是相符的，因此 Titles 的 pub_id 列可以取空值。再看下面两个关系，图书作者联系表 Titleauthor 关系为参照关系，外部键为图书标识 title_id，Titles 为被参照关系，其主键为 title_id。若 Titleauthor 的 title_id 为空值，则表明尚不存在的某本图书，或者某本不知图书标识的图书，由某位作者所写，这与应用环境是不相符的，因此 Titleauthor 的 title_id 列不能取空值。

(2)在被参照关系中删除元组的问题

如果要删除被参照表的某个元组(删除一个主键值)，而参照关系存在若干元组，其外部键值与被参照关系删除元组的主键值相同，那么对参照表有什么影响，由定义外部键时参照动作决定。下面有五种不同的策略：

①无动作(NO ACTION)

对参照表没有影响。

②级联删除(CASCADES)

将参照关系中所有外部键值与被参照关系中要删除元组主键值相同的元组一起删除。如果参照关系同时又是另一个关系的被参照关系，则这种删除操作会继续级联下去。

例如将上述 Titleauthor 关系中多个 au_id ＝ ‘A001’的元组一起删除。

③受限删除(RESTRICT)

只有当参照关系中没有任何元组的外部键值与要删除的被参照关系中元组的主键值相同时,系统才执行删除操作,否则拒绝此删除操作。

例如对于上述情况,系统将拒绝删除 Authors 关系中 au_id = ‘A001’的元组。

④置空值删除(SET NULL)

删除被参照关系的元组,并将参照关系中所有与被参照关系中被删元组主键值相应的外部键值均置为空值。

例如将上述 Titleauthor 关系中所有 au_id = ‘A001’的元组的 au_id 值置为空值。

⑤置默认值删除(SET DEFAULT)

与上述置空值删除方式类似,只是把外部键值均置为预先定义好的默认值。

对于这五种方法,哪一种是正确的呢?这要依应用环境的语义来定。

例如:在 Pubs 示例数据库中,要删除 Authors 关系中 au_id = ‘A001’的元组,而 Titleauthor 关系中又有多个元组的 au_id 都等于‘A001’。显然第 1 种方法是对的。因为当一个作者信息从 Authors 表中删除了,他在图书作者联系表 Titleauthor 中的记录也应随之删除。

(3)在参照关系中插入元组时的问题

例如向 Titleauthor 关系插入(A001,T001,1,20)元组,而 Authors 关系中尚没有 au_id = ‘A001’的作者,一般地,当参照关系插入某个元组,而被参照关系不存在相应的元组,其主码值与参照关系插入元组的外部键值相同,这时可有以下策略:

①受限插入

仅当被参照关系中存在相应的元组,其主键值与参照关系插入元组的外部键值相同时,系统才执行插入操作,否则拒绝此操作。

例如对于上面的情况,系统将拒绝向 Titleauthor 关系插入(A001,T001,1,20)元组。

②递归插入

首先向被参照关系中插入相应的元组,其主键值等于参照关系插入元组的外部键值,然后向参照关系插入元组。例如对上述情况,系统将首先向 Authors 关系插入 au_id = ‘A001’的元组,然后向 Titleauthor 关系插入 Titleauthor 元组。

(4)修改关系中主码的问题

①不允许修改主键

在有些关系数据库系统中,修改关系主键的操作是不允许的,例如不能用 UPDATE 语句将作者标识‘A001’改为‘A002’。如果需要修改主键值,只能先删除该元组,然后再把具有新主键值的元组插入关系中。

②允许修改主键

在有些关系数据库系统中,允许修改关系主键,但必须保证主键的唯一性和非空,否则拒绝修改。

当修改的关系是被参照关系时,还必须检查参照关系,是否存在这样的元组,其外部键值等于被参照关系要修改的主键值。

例如要将 Authors 关系中 au_id = ‘A001’的 au_id 值改为‘A111’,而 Titleauthor 关系中有多个元组的 au_id = ‘A001’,这时与在被参照关系中删除元组的情况类似,可以有:

无动作、级联修改、拒绝修改、置空值修改、置默认值修改五种策略加以选择。

当修改的关系是参照关系时，还必须检查被参照关系，是否存在这样的元组，其主键值等于被参照关系要修改的外部键值。

例如要把 Titleauthor 关系中(A001,T001,1,20)元组修改为(A111,T001,1,20)，而 Authors 关系中尚没有 au_id = 'A111'的作者，这时与在参照关系中插入元组时情况类似，可以有受限插入和递归插入两种策略加以选择。

从上述讨论看到 DBMS 在实现参照完整性时，除了要提供定义主键、外部键的机制外，还需要提供不同的策略供用户选择。选择哪种策略，都要根据应用环境的要求确定。

3. 断言与触发器机制

(1)断言

如果完整性约束牵涉面广，与多个关系有关，或者与聚合操作有关，那么可以使用 SQL92 提供的"断言"(Assertion)机制让用户编写完整性约束。

(2)触发器

前面提到的一些约束机制，属于被动的约束机制。在检查出对数据库的操作违反约束后，只能做些比较简单的动作，例如拒绝服务。如果我们希望在某个操作后，系统能自动根据条件转去执行各种操作，甚至执行与原操作无关的操作，那么还可以通过触发器(Trigger)机制来实现。所谓触发器就是一类靠事件驱动的特殊过程，任何用户对该数据的增、删、改操作均由服务器自动激活相应的触发器，在核心层进行集中的完整性控制。一个触发器由事件、动作和条件三部分组成。有关触发器的内容请参照第 11 章 11.3 节。

7.3.3 SQL Sever 完整性的实现

数据完整性分为四类：实体完整性(Entity Integrity)、域完整性(Domain Integrity)、参照完整性(Referential Integrity)和用户定义完整性(User-defined Integrity)。

SQL Sever 有两种方法实现数据完整性：

(1)声明型数据完整性：在 CREATE TABLE 和 ALTER TABLE 定义中使用约束限制表中的值。使用这种方法实现数据完整性简单且不容易出错，系统直接将实现数据完整性的要求定义在表和列上。

(2)过程型数据完整性：由缺省、规则和触发器实现，由视图和存储过程支持。

表 7-4 给出了这两种方法的对应关系。

表 7-4　声明型数据完整性与过程型数据完整性的对应关系

完整性	约束	其他方法(包括缺省/规则)实现
实体完整性	PRIMARY KEY (列级 / 表级)	CREATE UNIQUE CLUSTERED INDEX(创建在不允许空值的列上)、指定主键
实体完整性	UNIQUE (列级 / 表级)	CREATE UNIQUE NONCLUSTERED INDEX(可创建在允许空值的列上)
参照完整性	FOREIGN KEY/REFERENCES (列级 / 表级)	CREATE TRIGGER、指定外键
域完整性	CHECK(表级)	CREATE TRIGGER
域完整性	CHECK(列级)	CREATE RULE

（续表）

完整性	约束	其他方法(包括缺省/规则)实现
域完整性	DEFAULT(列级)	CREATE DEFAULT
域完整性	NULL/NOT NULL(列级)	

注：约束分为列级约束和表级约束。如果约束只对一列起作用，应定义为列级约束，如果约束对多列起作用，则应定义为表级约束。

1. 约束

约束(Constraint)是 Microsoft SQL Server 提供的自动保持数据库完整性的一种方法，定义了可输入表或表的单个列中的数据的限制条件。在 SQL Server 中有六种约束：空值约束(Null/Not Null Constraint)、主键约束(Primary Key Constraint)、唯一约束(Unique Constraint)、外键约束(Foreign Key Constraint)、缺省值约束(Default Constraint)和检查约束(Check Constraint)。

约束的定义是在 CREATE TABLE 语句中，其一般语法如下：

```
CREATE TABLE table_name
(column_name data_type
[[CONSTRAINT constraint_name]
{
[NULL/NOT NULL]
| PRIMARY KEY [CLUSTERED | NONCLUSTERED]
| UNIQUE [CLUSTERED | NONCLUSTERED]
| [FOREIGN KEY] REFERENCES ref_table [(ref_column) ]
| DEFAULT constant_expression
| CHECK(logical_expression)
}
][, … n ]
)
```

在 CREATE TABLE 语句中使用 CONSTRAINT 引出完整性约束的名字，该完整性约束的名字必须符合 SQL Server 的标识符规则，并且在数据库中是唯一的。

(1)空值约束

用来指定某列的取值是否可以为空值。NULL 不是 0 也不是空白，而是表示“不知道”“不确定”或“没有数据”的意思。

空值约束只能用于定义列级约束，其语法格式如下：

```
[CONSTRAINT constraint_name][NULL/NOT NULL]
```

(2)主键约束

保证某一列或一组列中的数据相对于表中的每一行都是唯一的。并且，这些列就是该表的主键。主键约束不允许在创建主键约束的列上有空值，在缺省情况下，主键约束将产生唯一的聚集索引。这种索引只能使用 ALTER TABLE 删除约束后才能删除。主键约束创建在表的主键列上，它对实现实体完整性更加有用。主键约束的作用就是为表创建主键。

主键约束既可以用于定义列级约束，又可以用于定义表级约束。

用于定义列级约束时，其语法格式如下：

```
[CONSTRAINT constraint_name] PRIMARY KEY
```

用于定义表级约束时，即将某些列的组合定义为主键时，其语法格式如下：

```
[CONSTRAINT constraint_name] PRIMARY KEY (<column_name>[{,<column_name >}])
```

(3)唯一约束

唯一约束用于指明基本表在某一列或多个列的组合上的取值必须唯一。定义了唯一约束的那些列称为唯一键，系统将自动为唯一键创建唯一的非聚集索引，从而保证了唯一键的唯一性，这种索引只能使用 ALTER TABLE 删除约束后才能被删除。唯一键允许为空，但系统为保证其唯一性，最多只可以出现一个 NULL 值。

唯一约束和主键约束的区别：

①在一个基本表中，只能定义一个主键约束，但可以定义多个唯一约束。

②两者都为指定的列建立唯一索引，但主键约束限制更严格，不但不允许有重复值，而且也不允许有空值。

③唯一约束与主键约束产生的索引可以是聚集索引也可以是非聚集索引，但在缺省情况下唯一约束产生非聚集索引，主键约束产生聚集索引。

注意：不能同时为同一列或一组列既定义唯一约束，又定义主键约束。

唯一约束既可以用于定义列级约束，又可以用于定义表级约束。

用于定义列级约束时，其语法格式如下：

```
[CONSTRAINT constraint_name] UNIQUE
```

用于定义表级约束时，其语法格式如下：

```
[CONSTRAINT constraint_name] UNIQUE (<column_name>[{,<column_name >}])
```

(4)外键约束

一般情况下，外键约束和参照约束一起使用，来保证参照完整性。要求指定的列(外键)中正被插入或更新的新值，必须在被参照表(主表)的相应列(主键)中已经存在。

外键约束和参照约束既可以用于定义列级约束，又可以用于定义表级约束，其语法格式如下：

```
[CONSTRAINT constraint_name] [FOREIGN KEY] REFERENCES ref_table (ref_column) [{,<
ref_column>}])
```

(5)缺省值约束

当向数据库中的表插入数据时，如果用户没有明确给出某列的值时，SQL Server 自动为该列输入指定值。

空值约束只能用于定义列级约束，其语法格式如下：

```
[CONSTRAINT constraint_name] DEFAULT constant_expression
```

(6)检查约束

用来指定某列可取值的清单或可取值的集合或某列可取值的范围。检查约束主要用于实现域完整性，它在 CREATE TABLE 和 ALTER TABLE 语句中定义。当对数据库中的表执行插入或更新操作时，检查新行中的列值必须满足的约束条件。

检查约束既可以用于定义列级约束，又可以用于定义表级约束，其语法格式如下：

```
[CONSTRAINT constraint_name] CHECK(logical_expression)
```

例 7.1 创建包含完整性约束的图书信息表 title，其结构见表 7-5。

表 7-5 图书信息表结构

列名	数据类型	可为空	缺省值	检查	键/索引
title_id	varchar(6)	否			聚集主键
Title	varchar(80)	否			非聚集
Type	char(12)	否	'UNDECIDED'		
pub_id	char(4)	是			外键 publishers(pub_id)
Price	money	是		范围在 5～100	
ytd_sales	int	是			
Pubdate	datetime	否	GETDATE( )		

用 CREATE TABLE 语句创建如下：

```
CREATE TABLE Title
(
title_id varchar(6)
CONSTRAINT title_id_PRIM PRIMARY KEY,
Title varchar(80)
CONSTRAINT title_CONS NOT NULL
CONSTRAINT title_UNIQ UNIQUE,
Type char(12)
CONSTRAINT type_CONS NOT NULL
CONSTRAINT type_DEF DEFAULT 'UNDECIDED',
pub_id char(4)
CONSTRAINT pub_id_FORE FOREIGN KEY REFERENCES publishers(pub_id),
Price money
CONSTRAINT price_CHK CHECK (price BETWEEN 5 AND 100),
ytd_salesint,
Pubdate datetime
    CONSTRAINT pubdate_CONS NOT NULL
CONSTRAINT pubdate_DEF DEFAULT GETDATE( )
)
```

2. 规则

规则是数据库对象之一。它指定当向表的某列(或使用与该规则绑定的用户定义数据类型的所有列)插入或更新数据时，限制输入新值的取值范围。规则如下：

- 值的清单或值的集合
- 值的范围
- 必须满足的单值条件
- 用 like 子句定义的编辑掩码

规则是实现域完整性的方法之一。规则用来验证一个数据库中的数据是否处于一个指定的值域范围内，是否与特定的格式相匹配。当数据库中数据值被更新或被插入时，就要检查新值是否遵循规则，如果不符合规则就拒绝执行此更新或插入的操作。

规则可用于表中列或用户定义数据类型。规则在实现功能上等同于 CHECK 约束。

创建规则的语句格式如下：

```
CREATE RULE rule_name AS condition_expression
```

其中：

• rule_name 为创建的规则的名字，应遵循 SQL Server 标识符和命名准则。

• condition_expression 指明定义规则的条件，在这个条件表达式中不能包含列名或其他数据库对象名，但它带有一个@为前缀的参数(参数的名字必须以@为第一个字符)，也称空间标识符(spaceholder)。意即这个规则被附加到这个空间标识符，它只在规则定义中引用，为数据项值在内存中保留空间，以便与规则做比较。

规则创建之后，使用系统存储过程 sp_bindrule 与表中的列捆绑，也可与用户定义数据类型捆绑，其语法如下：

```
sp_bindrule rule_name, object_name [,futureonly]
```

其中：

• rule_name 是由 CREATE RULE 语句创建的规则名字，它将与指定的列或用户定义数据类型捆绑。

• object_name 是指定要与该规则相绑定的列名或用户定义数据类型名。如果指定的是表中的列，其格式为“table. column”，否则被认为是用户定义数据类型名。如果名字中含有空格、标点符号或名字是保留字，则必须将它放在引号中。

使用系统存储过程 sp_unbindrule 可以解除由 sp_bindrule 建立的缺省与列或用户定义数据类的绑定。其语法如下：

```
sp_unbindrule objname [,futureonly]
```

不再使用的规则可用 DROP RULE 语句删除，其格式如下：

```
DROP RULE [owner.] rule_name[,[owner.] rule_name…]
```

创建规则的几点考虑：

• 用 CREATE RULE 语句创建规则，用 sp_bindrule 把所创建的规则绑定至一列或用户定义的数据类型。

• 规则可以绑定到一列、多列或数据库中具有给定的用户定义数据类型的所有列。

• 在一个列上至多有一个规则起作用，如果有多个规则与一列相绑定，那么只有最后绑定到该列的规则是有效的。

例 7.2 在 pubs 数据库中创建规则 price_rule，规定价格的取值范围为 5～100，并将规则 price_rule 与 titles 表的 price 属性列相绑定。

```
USE PUBS
GO
CREATE RULE price_rule AS @price >= 5 and @price <= 100
GO
EXEC sp_bindrule 'price_rule', 'titles. price'
GO
```

例 7.3 解除规则 price_rule 与 titles 表的 price 属性列之间的绑定，再删除规则 price_rule。

```
EXEC sp_unbindrule 'titles. price'
GO
DROP RULE price_rule
GO
```

以上介绍的是在 SQL Server 查询分析器中使用 SQL 语句和系统存储过程来管理规则。

3. 缺省

缺省也是数据库对象之一，它指定在向数据库中的表插入数据时，如果用户没有明确给出某列的值，SQL Server 自动为该列(包括使用与该缺省相绑定的用户定义数据类型的所有列)输入的值。它是实现数据完整性的方法之一。在关系数据库中，每个数据元素(表中的某行某列)必须包含某值，即使这个值是空值。对不允许空值的列，就必须输入某个非空值，这个值要么由用户明确输入，要么由 SQL Server 输入缺省值。

缺省可用于表中的列或用户定义数据类型。

创建缺省的语句格式如下：

```
CREATE DEFAULT[owner] default_name AS constant_expression
```

其中：

• default_name 是新建缺省的名字，它必须遵循 SQL Server 标识符和命名规则。

• constant_expression 是一个常数表达式，在这个表达式中不含有任何列名或其他数据库对象名，但可使用不涉及数据库对象的 SQL Server 内部函数。

缺省创建之后，应使用系统存储过程 sp_bindefault 与表中的列捆绑，也可与用户定义数据类型捆绑，其语法如下：

```
sp_bindefault default_name, object_name [,futureonly]
```

其中：

• default_name 是由 CREATE DEFAULT 语句创建的缺省名字，它将与指定的列或用户定义数据类型捆绑。

• object_name 是指定要与该缺省相绑定的列名或用户定义数据类型名。如果指定的是表中的列，其格式为“table. column”，否则被认为是用户定义数据类型名。如果名字中含有空格、标点符号或名字是保留字，则必须将它放在引号中。

绑定的几点考虑：

• 绑定的缺省只适用于受 INSERT 语句影响的行。

• 绑定的规则只适用于受 INSERT 和 UPDATE 语句影响的行。

• 不能将缺省或规则绑定到系统数据类型或 timestamp 列。

• 若绑定了一个缺省或规则到一个用户定义数据类型，又绑定了一个不同的缺省或规则到使用该数据类型的列，则绑定到列的缺省和规则有效。

使用系统存储过程 sp_unbindefault 可以解除由 sp_bindefault 建立的缺省与列或用户定义数据类的绑定。语法如下：

```
sp_unbindefault objname [,futureonly]
```

不再使用的缺省可用 DROP DEFAULT 语句删除，其格式如下：

```
DROP DEFAULT [owner. ] default_name[,[owner. ] default_name…]
```

创建缺省的几点考虑：

- 确定列对于该缺省足够大。
- 缺省需和它要绑定的列或用户定义数据类型具有相同的数据类型。
- 缺省需符合该列的任何规则。
- 缺省需符合所有 CHECK 约束。

例 7.4 在 pubs 数据库中创建缺省 price_default，规定价格的缺省值为 50，并将该缺省与 titles 表的 price 属性列相绑定。

```
USE PUBS
GO
CREATE DEFAULT price_default AS 50
GO
EXEC sp_bindefault price_default, 'titles.price'
GO
```

例 7.5 解除缺省 price_default 与 titles 表的 price 属性列之间的绑定，然后删除此缺省。

```
EXEC sp_unbindefault 'titles.price'
GO
DROP DEFAULT price_default
GO
```

上面我们介绍的是在 SQL Server 的查询分析器中使用 SQL 语句和系统存储过程来管理缺省。

7.4 事务

本节讨论事务处理技术。事务是一系列的数据库操作，是数据库应用程序的基本逻辑单元。事务处理技术主要包括并发控制技术和数据库恢复技术。在讨论并发控制技术和数据库恢复技术之前，先讨论事务的概念。

7.4.1 事务的概念

事务的概念

1. 事务的定义

从用户的观点看，对数据库的某些操作应是一个整体，也就是一个独立的不可分割的工作单元。例如，客户认为银行转账(将一笔资金从账户 A 转到账户 B)是一个独立的操作，但在数据库系统中这是由转出和转入等几个操作组成的。显然，这些操作要么全都发生，要么由于出错(可能账户 A 已透支)而全不发生，保证这一点很重要。如果数据库上只完成了部分操作，例如只执行了转出或转入，那就有可能出现某个账户突然少了或者多出一些资金的情况。

所以，需要某种机制来保证某些操作序列的逻辑整体性。而这一点，如果交由应用程序来完成，其复杂性过高。所幸 DBMS 提供了实现这一目标的机制，即事务。

所谓事务(Transaction)是用户定义的一个数据库操作序列，这些操作要么全部成功运行，否则，将不执行其中任何一个操作，这是一个不可分割的工作单元。

在关系数据库中，一个事务可以是一条 SQL 语句、一组 SQL 语句或整个程序。事务和程序是两个概念。一般来讲，一个程序中包含多个事务。

应用程序必须用命令 begin transaction、commit 或 rollback 来标记事务逻辑的边界。begin transaction 表示事务开始；commit 表示提交，即提交事务的所有操作，具体说就是将事物中所有对数据库的更新写回到磁盘上的物理数据库中去，事务正常结束；rollback 表示回滚，即在事务运行的过程中发生了某种故障，事务不能继续执行，系统将事务中对数据库的所有已完成的更新操作全部撤销，回滚到事务开始时的状态。对于不同的 DBMS 产品，这些命令的形式有所不同。

为便于从形式上说明问题，我们假定事务采用以下两种操作来访问数据：

read(x)：从数据库读取数据项 x 到内存缓冲区中。

write(x)：从内存缓冲区中把数据项 x 写入数据库。

2. 事务基本性质

从保证数据库完整性出发，我们要求数据库管理系统维护事务的几个性质：原子性（Atomicity）、一致性（Consistency）、隔离性（Isolation）、持久性（Durability），简称为 ACID 特性，下面分别加以讲述。

(1)原子性

一个事务对数据库的所有操作，是一个不可分割的逻辑工作单元。事务的原子性是指事务中包含的所有操作要么全做，要么一个也不做。

事务开始之前数据库是一致的，事务执行完毕之后数据库也是一致的，但在事务执行的中间过程中数据库可能是不一致的。这就是需要原子性的原因：事务的所有活动在数据库中要么全部反映，要么全部不反映，以保证数据库是一致的。

(2)一致性

事务的隔离执行（在没有其他事务并发执行的情况下）必须保证数据库的一致性，即数据不会因事务的执行而遭受破坏。

所谓一致性，就是定义在数据库上的各种完整性约束。在系统运行时，由 DBMS 的完整性子系统执行测试任务。确保单个事务的一致性是该事务编码的应用程序员的责任。事务应该把数据库从一个一致性状态转换到另外一个一致性状态。

(3)隔离性

即使每个事务都能确保一致性和原子性，但当几个事务并发执行时，它们的操作指令会以某种人们所不希望的方式交叉执行，这也可能会导致不一致的状态。

隔离性要求系统必须保证事务不受其他并发执行的事务的影响，即要达到这样一种效果：对于任何一对事务 T1 和 T2，在 T1 看来，T2 要么在 T1 开始之前已经结束，要么在 T1 完成之后再开始执行。这样，每个事务都感觉不到系统中有其他事务在并发执行。

事务的隔离性确保事务并发执行后的系统状态与这些事务以某种次序串行执行后的状态是等价的。确保隔离性是 DBMS 并发子系统的责任，我们将在 7.5 节讨论数据库并发控制技术。

(4)持久性

一个事务一旦成功完成，它对数据库的改变必须是永久的，即使是在系统遇到故障的情况下也不会丢失。数据的重要性决定了事务持久性的重要性。确保持久性是 DBMS 恢复子系统的责任。

保证事务 ACID 特性是事物处理的重要任务。事务 ACID 特性可能遭到破坏的因素有：

①多个事务并发执行，不同事务的操作交叉执行；

②事务在运行过程中被强行停止。

在第一种情况下，数据库管理系统必须保证多个事务的交叉运行不影响这些事务的原子性。在第二种情况下，数据库管理系统必须保证被强行终止的事务对数据库和其他事务没有任何影响。

这些就是数据库管理系统中并发控制机制和恢复机制的责任。

7.4.2 事务调度

事务调度

一般来讲，在一个大型的 DBMS 中，可能会同时存在多个事务处理请求，系统需要确定这组事务的执行次序，即每个事务的指令在系统中执行的时间顺序，这称作事务的调度。

任何一组事务的调度必须保证两点：第一，调度必须包含所有事务的指令；第二，一个事务中指令的顺序在调度中必须保持不变。只有满足这两点才称得上是一个合法的调度。

事务调度有两种基本形式：串行和并行。串行调度是在前一个事务完成之后，再开始做另外一个事务，类似于操作系统中的单道批处理作业。串行调度要求属于同一事务的指令紧挨在一起。如果有 n 个事务串行调度，可以有 n! 个不同的有效调度。而在并行调度中，来自不同事务的指令可以交叉执行，类似于操作系统中的多道批处理作业。如果有 n 个事务并行调度，可能的并发调度数远远大于 n! 个。

数据库系统对并发事务中并发操作的调度是随机的，而不同的调度可能会产生不同的结果，那么哪个结果是正确的呢？

如果一个事务运行过程中没有其他事务同时运行，也就是说它没有受到其他事务的干扰，那么就可以认为该事务的运行结果是正常的或者是预想的。因此将所有事务串行起来的调度策略一定是正确的。虽然以不同的顺序串行执行事务可能会产生不同的结果，但由于不会将数据库置于不一致状态，所以都是正确的。

定义多个事务的并发执行是正确的，当且仅当其结果与按某一次序串行地执行它们时的结果相同，我们称这种调度策略为可串行化(Serializable)的调度。

可串行性(Serializability)是并发事务正确性的准则。按这个准则规定，一个给定的并发调度，当且仅当它是可串行化的，才认为是正确调度。

从系统运行效率和数据库一致性两个方面来看，串行调度运行效率低但保证数据库总是一致的，而并行调度提高了系统资源的利用率和系统的事务吞吐量(单位时间内完成事务的个数)，但可能会破坏数据库的一致性。因为两个事务可能会同时对同一个数据库对象操作，因此即便每个事务都正确执行，也会对数据库的一致性造成破坏。这就需要某种并发控制机制来协调事务的并发执行，防止它们之间相互干扰。

以一个银行系统为例，假定有两个事务 T1 和 T2，T1 是转账事务，从账户 A 过户到账户 B，T2 则是为每个账户结算利息。T1 和 T2 的描述如图 7-1 所示，图中为数字编号，代表事务中语句的执行顺序。

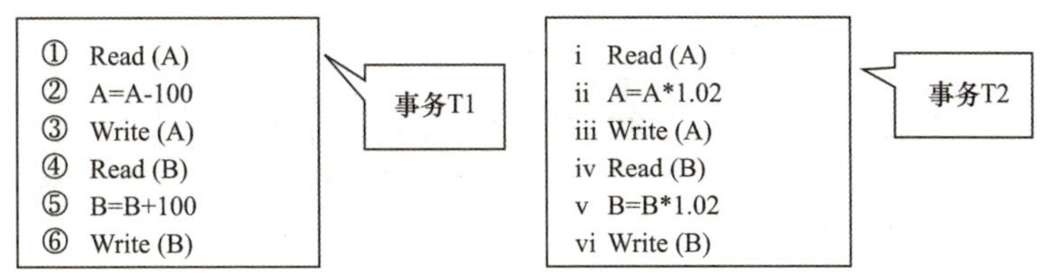

图 7-1 事务 T1 和 T2 描述

设 A、B 数据库中账户的初始余额分别为 1 000 元、2 000 元。下面是几种可能的调度情况：

串行调度一：先执行事务 T1 所有语句，这时数据库中账户 A 和账户 B 的余额为(A：900，B：2100)，再执行事务 T2 所有语句，数据库中账户 A 和账户 B 的最终余额为(A：918，B：2142)。

串行调度二：先执行事务 T2 所有语句，这时数据库中账户 A 和账户 B 的余额(A：1020，B：2140)，再执行事务 T1 所有语句，数据库中账户 A 和账户 B 的最终余额为(A：920，B：2140)。

尽管这两个串行调度的最终结果不一样，但它们都是正确的。

并行调度三：先执行事务 T1 的①、②、③语句，再执行事务 T2 的ⅰ、ⅱ、ⅲ语句，接着是事务 T1 的④、⑤、⑥语句，最后是事务 T2 的ⅳ、ⅴ、ⅵ语句，数据库中账户 A 和账户 B 的最终余额为(A：918，B：2142)。

这个并行调度是正确的，因为它等价于先 T1 后 T2 的串行调度。

并行调度四：先执行事务 T1 的①、②语句，再执行事务 T2 的ⅰ、ⅱ语句，接着是事务 T1 的③语句，然后依次是事务 T2 的ⅲ、ⅳ、ⅴ语句，事务 T1 的④、⑤语句，事务 T2 的ⅵ语句，事务 T1 的⑥语句。数据库中账户 A 和账户 B 的最终余额为(A：1020，B：2100)。

该并行调度是错误的，因为它不等价于任何一个由 T1 和 T2 组成的串行调度。在上面列举的各种调度中，假定事务是完全提交的，并没有考虑因故障而造成事务中止的情况。如果一个事务中止了，那么按照事务原子性要求，它所做过的操作都应该被撤销，相当于这个事务从来没有被执行过。

考虑到事务中止的情况，我们可以扩展前面关于可串行化的定义：如果一组事务并行调度的执行结果等价于这组事务中所有提交事务的某个串行调度，则称该并行调度是可串行化的。

在并发执行时，如果事务 Ti 被中止，单纯撤销该事务的影响是不够的，因为其他事务有可能用到了 Ti 的更新结果。因此还必须确保依赖于 Ti 的任何事务 Tj(Tj 读取了 Ti 写的数据)也中止。

例如，假定有两个事务，T3 是存款事务，T4 是为账户结算利息。T3 往账户 A 里存入 100 元，然后 T4 再结算 A 的利息，那么这其中有部分利息是由 T3 存入的款项产生的。如果 T3 被撤销，也应该撤销 T4，否则那部分存款利息就是无中生有了。T3 和 T4 的描述如图 7-2 所示。这样的情形有可能会出现在多个事务中，这样由于一个事务的故障而导致一系列其他事务的回滚，称为级联回滚。

级联回滚导致大量撤销工作，尽管事务本身没有发生任何故障，但仍可能因为其他事务的失败而回滚。应该对调度做出某种限制以避免级联回滚发生，这样的调度称为无级联调度。

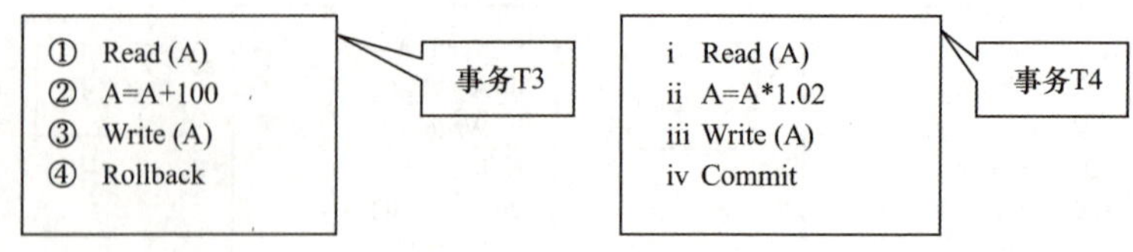

图 7-2 事务 T3 和 T4 的描述

再考虑下面形式的调度(事务 T3 和 T4 的描述如图 7-2)：

并行调度五：先执行事务 T3 的①、②、③语句，再执行事务 T4 的ⅰ、ⅱ、ⅲ、ⅳ语句，最后是事务 T3 的④语句。数据库中账户 A 最终余额为(A:1000)。

在上述调度中，T3 对 A 做了一定修改，并写回到数据库中，然后 T4 在此基础上对 A 做进一步处理。注意 T4 是在完成存款动作之后计算 A 的利息，并且在调度中先于 T3 提交。如果 T3 在以后的执行过程中失败了，那么应该撤销 T3 已做的操作。由于 T4 读取了由 T3 写入的数据项 A，同样必须中止 T4，但 T4 已经提交了，不能再中止。如果只回滚 T3，A 的值会恢复成 1000，这样加到 A 上的利息就不见了，但银行是付出了这部分利息的。这样就出现了发生故障后不能正确恢复的情形，即称作不可恢复的调度，是不允许的。

一般数据库系统都要求调度是可恢复的。可恢复调度应该满足：对于每对事务 Ti 和 Tj，如果 Tj 读取了由 Ti 所写的数据项，则 Ti 必须先于 Tj 提交。

很容易验证无级联调度总是可恢复的。在 7.5 节我们会看到，系统通过采用两段锁协议来保证调度是无级联的。即事务在修改数据项之前首先会获得该数据项上的排他锁，并且一直将锁保持到事务结束。这样正常情况下其他事务在该事务结束之前不可能访问它所修改的数据项。

7.4.3 事务隔离级别

事务隔离级别

1. 并发操作带来的问题

(1)丢失修改(Lost Update)

两个事务 T1 和 T2 读入同一数据并修改，T2 提交的结果破坏了 T1 提交的结果，导致 T1 的修改丢失。丢失修改又称作写-写错误。如图 7-3 所示。

例如，假定有两个顾客甲和乙，甲通过事务 T1 往账户 A 里存入 500 元，乙通过事务 T2 从账户 A 里取出 200 元，账户 A 初始余额为 2000 元。考虑这样一个活动序列：T1 和 T2 依次读取账户 A 的余额 A，T1 先存款，在自己的内存区域修改余额 A＝A＋500，所以 T1 的内存区域中 A 为 2500，并将 A 写回数据库，T2 再取款，也在自己的内存区域修改余额 A＝A－200，所以 T2 的内存区域中 A 为 1800，并将 A 写回数据库，最终余额为 1800 元。或者在依次读取账户 A 的余额后，乙先取款完成后，甲再存款，最终余额为 2500 元。这会导致甲往账户 A 的存款 500 元或乙从账户 A 的取款 200 元不知所踪。原因就在于最终数据库里只反映出了最后的修改结果，之前的修改结果丢失了。

之所以发生这种不一致现象，是由于两个事务同时修改一个数据项导致的。正如前面所提到的，一般 DBMS 在事务修改数据之前，都要求先获得数据上的排他锁，所以实际中不会出现两个事务同时修改同一数据的情况。

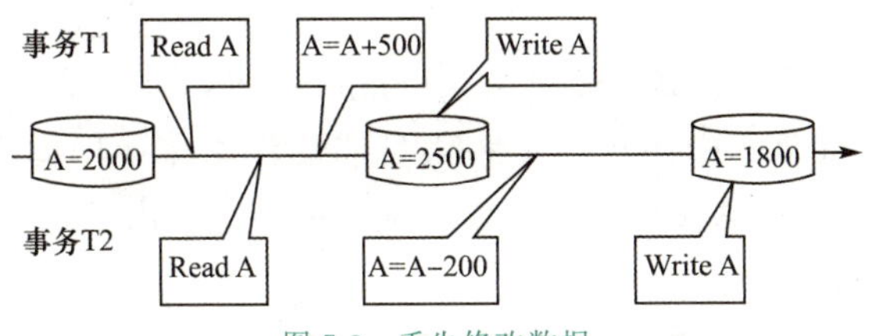

图 7-3 丢失修改数据

(2)脏读(Dirty Read)

事务 T1 修改某一数据,并将其写回磁盘,事务 T3 读取同一数据后,T1 由于某种原因被撤销,这时 T1 已修改过的数据恢复原值,T3 读到的数据与数据库中的数据不一致,则 T3 读到的数据就为“脏”数据,即不正确的数据。脏读又称作写-读错误。如图 7-4 所示。

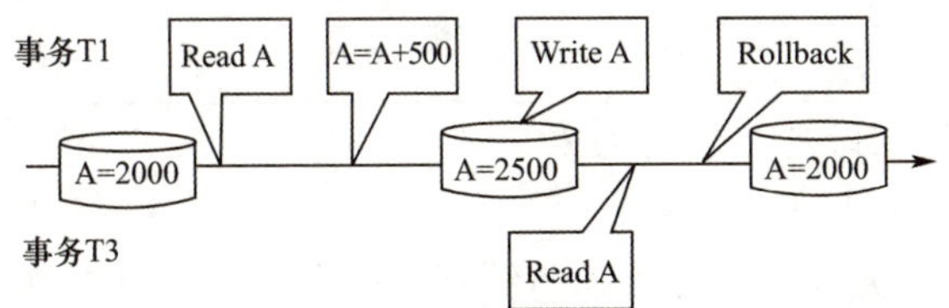

图 7-4 脏读数据

提交意味着一种确认,确认事务的修改结果真正反映到数据库中了。而在事务提交之前,事务的所有活动都处于一种不确定状态,各种各样的故障都可能导致它的中止,即不能保证它的活动最终能反映到数据库中。如果其他事务基于未提交事务的中间状态来做进一步的处理,那么它的结果很可能是不可靠的,正如我们不能依靠草稿上的蓝图来盖楼一样。

如果一个事务是对一张大表做统计分析,那么它读取了部分脏数据对其结果来说是无碍的。但如果一个存款事务正在向某账户上存入 500 元,那么这时取款事务就不能对该账户执行取款,否则很可能会出现存款事务失败的情况,它所存入账户的资金被撤销,但这笔资金却可能被取走。

(3)不可重复读(Non-Repeatable Read)

事务 T3 读取某一数据后,事务 T1 对其做了修改,当 T3 再次读取该数据时,得到与前次不同的值。不可重复读又称作读-写错误,如图 7-5 所示。

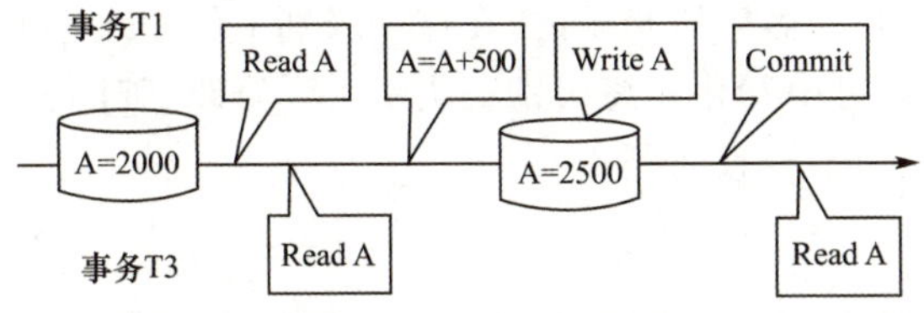

图 7-5 不可重复读数据

(4)幻象读(Phantom Read)

事务 T2 按一定条件读取了某些数据后,事务 T1 插入(删除)了一些满足这些条件的数据,当 T2 再次按相同条件读取数据时,发现多(少)了一些记录。

对于幻象这种情况,即使事务可以保证它所访问到的数据不被其他事务修改也还是不够的,因为如果只是控制现有数据的话,并不能阻止其他事务插入新的满足条件的元组。

产生上述四类数据不一致性的主要原因是并发操作破坏了事务的隔离性。

2. 事务隔离级别的定义

SQL-92 标准中定义了四个事务隔离级别(Isolation Level)。隔离标准阐明了在并发控制问题中允许的操作,以便使应用程序编程人员能够声明将使用的事务隔离级别,并且由 DBMS 通过管理封锁来实现相应的事务隔离级别。表 7-6 给出了每个隔离级别在此隔离级别下可能发生的不一致现象。

表 7-6　事务隔离级与不一致现象之间的关系

隔离级别 / 不一致现象	Read uncommitted (未提交读)	Read committed (提交读)	Repeatable read (可重复读)	Serializable (可串行化)
脏读	可能	不可能	不可能	不可能
不可重复读	可能	可能	不可能	不可能
幻象读	可能	可能	可能	不可能

下面对以下隔离级别做进一步的阐述。

(1)Read uncommitted(未提交读)

未提交读又称脏读,允许运行在该隔离级别上的事务读取当前数据页上的任何数据,而不管该数据是否已经提交。设置隔离级别为未提交读,解决了丢失修改问题。

使用未提交读会牺牲数据的一致性,带来的好处就是高并发性。因此不能将财务事务的隔离级别设置成未提交读,但在诸如预测销售趋势的决策支持分析中,完全精确的结果是不必要的,这时采用未提交读是合适的。

(2)Read committed(提交读)

提交读是保证运行在该隔离级别上的事务不会读取其他未提交事务所修改的数据,解决了丢失修改和脏读问题。

(3)Repeatable read(可重复读)

可重复读保证一个事务如果再次访问同一数据,与此前访问相比,数据不会发生改变。换句话说,在事务两次访问同一数据之间,其他事务不能修改该数据。可重复读隔离级别解决了丢失修改、脏读和不可重复读问题,但可重复读允许发生幻象读。

(4)Serializable(可串行化)

可串行化级别,正如它的名字所暗示的,在这个级别上的一组事务的并发执行与它们的某个串行调度是等价的。可串行化隔离级别解决了丢失修改、脏读、不可重复读和幻象读问题,即并发操作带来的四个不一致问题。

7.5　并发控制

数据库是一个共享资源,可以供多个用户使用。当多个用户并发地存取数据库时就会产生多个事务同时存取同一数据的情况。若对并发操作不加控制就可能会存取不正确的数据,破坏数据库的一致性,所以数据库管理系统必须提供并发控制机制。

事务是并发控制的基本单位,事务最基本的特性之一是隔离性。当数据库中有多个事务并发执行时,由于事务之间操作的相互干扰,事务的隔离性不一定能保持,从而导致对数据库一致性潜在的破坏。为保持事务的隔离性，系统必须对并发事务之间的相互作用加以控制，这称为并发控制。并发控制的目的是保证一个用户的工作不会对另一个用户的工作产生不合理的影响。在某些情况下，这些措施保证了当一个用户和其他用户一起操作时，所得结果和他单独操作的结果是一样的。在另一些情况下，这表示用户的工作按预定的方式受其他用户的影响。

并发控制的主要技术是封锁(Locking)。

7.5.1 封锁技术

封锁技术

封锁是实现并发控制的非常重要的技术。所谓封锁就是事务 T 在对某个数据对象操作之前，先向系统发出请求，对其加锁。加锁后事务 T 就对该数据对象有了一定的控制，在事务 T 释放它的锁之前，其他的事务不能更新此数据对象。封锁可以由 DBMS 自动执行，或由应用程序及查询用户发给 DBMS 的命令执行。

事务对数据库的操作可以概括为读和写。当两个事务对同一个数据项进行操作时，可能的情况有读-读、读-写、写-读和写-写。除了第一种情况，其他情况下都可能产生数据的不一致，因此要通过封锁来避免后三种情况的发生。最基本的封锁模式有两种：排他锁(eXclusive Locks，简称 X 锁)和共享锁(Share Locks，简称 S 锁)。

(1)排他锁

排他锁又称写锁，若事务 T 对数据对象 A 加上 X 锁，则只允许 T 读取和修改 A，其他任何事务都不能再对 A 加任何类型的锁，直到 T 释放 A 上的锁。这就保证了其他事务在 T 释放 A 上的锁之前不能再读取和修改 A。申请对 A 的排他锁，可以表示为 Xlock(A)。

(2)共享锁

共享锁又称读锁，若事务 T 对数据对象 A 加上 S 锁，则事务 T 可以读 A 但不能修改 A，其他事务只能再对 A 加 S 锁，而不能加 X 锁，直到 T 释放 A 上的 S 锁。这就保证了其他事务可以读 A，但在 T 释放 A 上的 S 锁之前不能对 A 做任何修改。申请对 A 的共享锁，可以表示为 Slock(A)。

排他锁与共享锁的控制方式可以用图 7-6 的相容矩阵来表示。

T1 \ T2	X	S	—
X	N	N	Y
S	N	Y	Y
-	Y	Y	Y

Y=Yes，相容的请求
N=No，不相容的请求
X：表示 X 锁
S：：表示 S 锁
—：表示无锁

图 7-6 封锁类型的相容矩阵

在图 7-6 的封锁类型相容矩阵中，最左边一列表示事务 T1 已经获得的数据对象上的锁的类型，其中横线表示没有加锁。最上面一行表示另一事务 T2 对同一数据对象发出的封锁请求。T2 的封锁请求能否被满足用矩阵中的 Y 和 N 表示，其中 Y 表示事务 T2 的封锁要求与 T1 已持有的锁相容，封锁请求可以满足。N 表示 T2 的封锁请求与 T1 已持有的锁冲突，T2 的请求被拒绝。

7.5.2 事务隔离级别与封锁协议

在运用X锁和S锁这两种基本封锁，对数据对象加锁时，还需要约定一定规则，例如何时申请X锁或S锁、持锁时间、何时释放等，称这些规则为封锁协议(Locking Protocol)。对封锁方式规定不同的规则，就达到了不同的事务隔离级别。下面介绍它们之间的关系。对并发操作的不正确调度可能会带来丢失修改、不可重复读和读脏数据等不一致性问题，不同的事务隔离级别分别在不同程度上解决了这一问题，为并发操作的正确调度提供一定的保证。不同的事务隔离级别达到的系统一致性级别是不同的。

当事务隔离级别设置为Read uncommitted(未提交读)时，事务T在修改数据R之前必须先对其加X锁，直到事务结束才释放。未提交读协议能够解决丢失修改问题。

现在有两个事务T1和T2，读入同一数据并修改，按照图7-3所示的顺序进行调度，遵循未提交读封锁协议。其执行过程如图7-7所示。

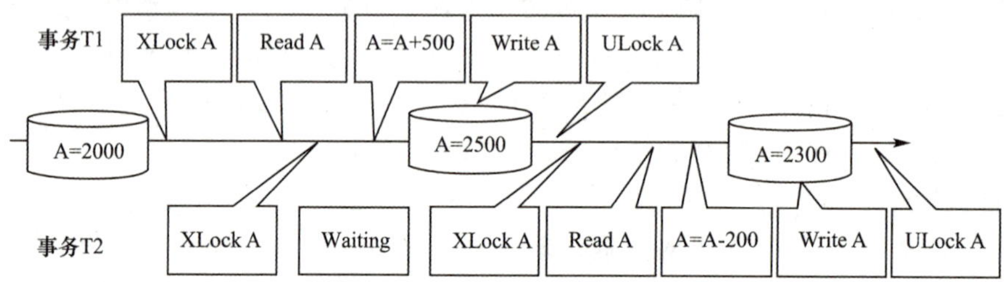

图7-7 防止丢失修改的事务调度过程

虽然当事务隔离级别设置为未提交读时，能解决丢失修改的问题，但并不能解决脏读的问题。现在有两个事务T1和T3，T1修改账户A的值，T3读取账户A的值。按照图7-8的调度顺序进行调度，两个事务虽然遵循了未提交读协议，但依然出现了脏读的问题。这是什么原因呢？

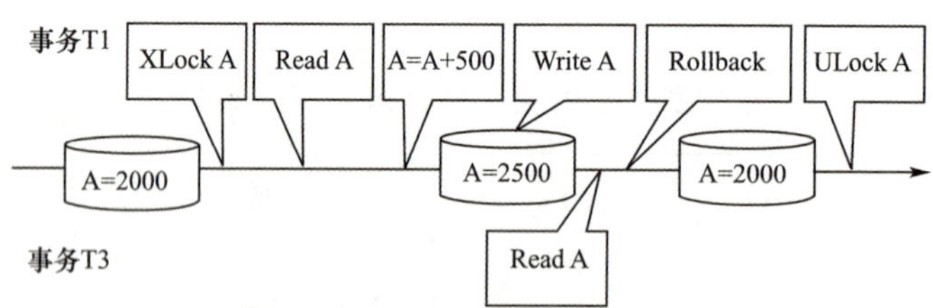

图7-8 未提交读协议的脏读现象

隔离级别为未提交读，如果仅仅是读数据不对其进行修改，是不必等待也不需要加任何锁的，所以它不能保证不读脏数据、可重复读和无幻象读。

当事务隔离级别设置为Read committed(提交读)时，要求事务T在修改数据R之前必须先对其加X锁，直到事务结束才释放；事务T在读取数据R之前必须先对其加S锁，读完后即可释放S锁。还是上例的两个事务T1和T3，T1修改账户A的值，T3读取账户A的值。遵循提交读协议的调度过程如图7-9所示。提交读隔离级别解决了丢失修改和脏读的问题。

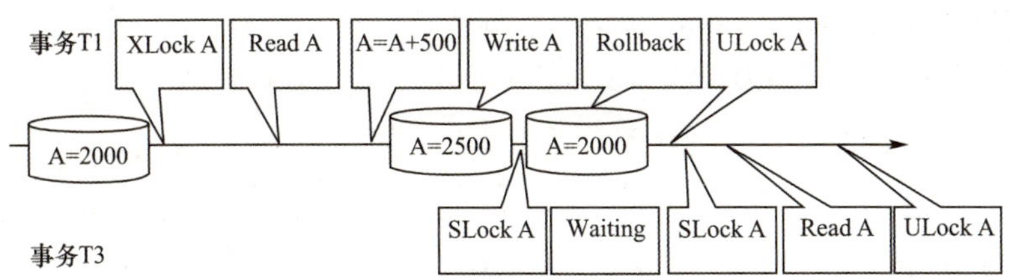

图 7-9 提交读协议解决脏读现象的调度过程

虽然当事务隔离级别设置为提交读时，能解决丢失修改和脏读的问题，但并不能解决不可重读的问题。现在有三个事务，事务 T1 往账户 A 里存入 500 元，事务 T3 读取账户 A 的值两次，事务 T2 从账户 A 里取 200 元，账户 A 初始余额为 2000 元。如图 7-10 所示的调度顺序进行调度，三个事务虽然遵循了提交读协议，但依然出现了不可重读的问题。这是什么原因呢？

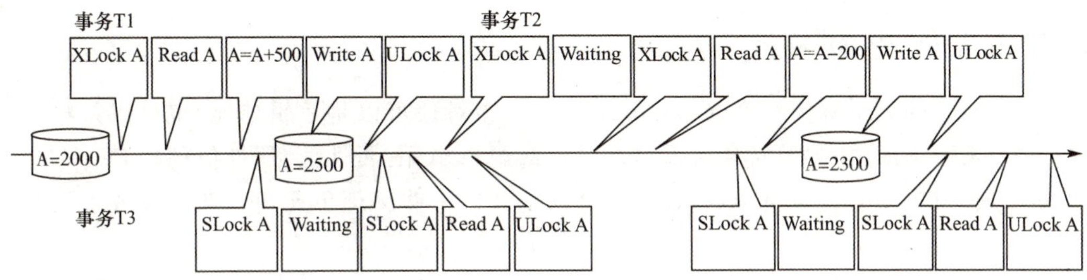

图 7-10 提交读协议的不可重读现象

这时需要将事务隔离级别设置为 Repeatable read（可重复读），事务 T 在修改数据 R 之前必须先对其加 X 锁，直到事务结束才释放；事务 T 在读取数据 R 之前必须先对其加 S 锁，直到事务结束才释放。

还是上例的三个事务，按照图 7-10 的调度顺序进行调度，如果三个事务均遵循可重复读协议，其执行过程如图 7-11 所示。可重复读协议解决了上例中的不可重读的问题。

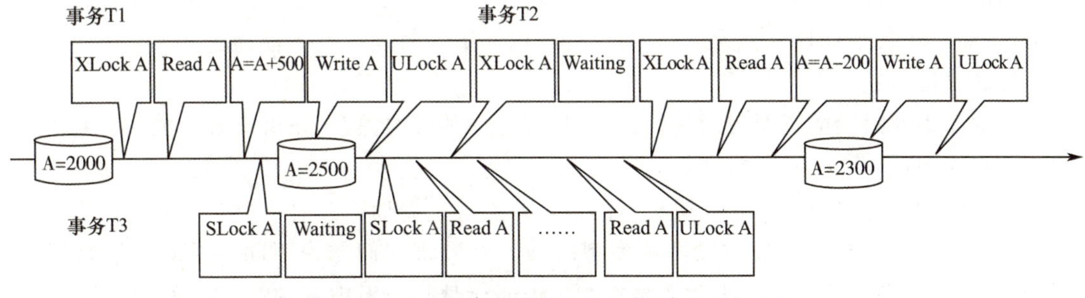

图 7-11 可重复读协议解决不可重读现象的调度过程

当事务隔离级别设置为 Serializable（可串行化）时，解决了丢失修改、脏读、不可重复读问题和幻象读问题，即并发操作带来的四个不一致问题。为保证可串行化事务隔离级别，并发事务应遵循强两段锁协议。

事务隔离级别对应的封锁协议的主要区别在于什么操作需要申请封锁，以及何时释放锁（持锁时间）。锁持有的时间主要依赖于锁模式和事务的隔离性级别。默认的事务隔离级别是 Read Committed，在这个级别，一旦读取并且处理完数据，其上的共享锁马上就被释放，而排他锁则一直持续到事务结束，不管是提交还是回滚。如果事务的隔离性级别为

Repeatable Read 或者 Serializable，共享锁和排他锁一样，直到事务结束，它们才会被释放。我们称保持到事务结束的锁为长锁，而用完就释放的锁为短锁。表 7-7 给出了 SQL Server 中的锁持有度。

表 7-7　　SQL Server 中的锁持有度

隔离性级别	锁模式	
	S 锁	X 锁
Read uncommitted	无	长
Read committed	短	长
Repeatable read	长	长
Serializable	长	长

除了通过重定义事务的隔离性级别之外，还可以使用在查询中使用封锁提示来改变锁的持有度。

7.5.3　封锁的粒度

封锁对象的大小称为粒度(Granularity)。封锁对象可以是逻辑单元，也可以是物理单元。在关系数据库中，封锁对象可以是这样一些逻辑单元：属性值、属性值的集合、元组、关系、索引项、整个索引直至整个数据库；也可以是这样一些物理单元：页(数据页或索引页)、块等。

封锁力度与系统的并发度和并发控制的开销密切相关。直观来看，封锁的粒度越大，数据库所能够封锁的数据单元就越少，并发度就越小，系统开销也越小；反之，封锁的粒度越小，并发度较高，但系统开销也就越大。

因此，如果在一个系统中同时支持多种封锁粒度供不同的事务选择是比较理想的，这种封锁方法称为多粒度封锁(Multiple Granularity Locking)。选择封锁粒度时应该同时考虑封锁开销和并发度两个因素，适当选择封锁粒度以求得最优的效果。一般说来，需要处理大量元组的事务可以以关系为封锁粒度；需要处理多个关系的大量元组的事务可以以数据库为粒度；而对于一个处理少量元组的用户事务，以元组为封锁粒度比较合适。

1. 多粒度封锁

数据库中被封锁的资源，按粒度大小会呈现出一种层次关系，元组隶属于关系，关系隶属于数据库，我们称之为粒度树。

多粒度封锁协议允许多粒度层次中的每个节点被独立加锁。对一个节点加锁意味着这个节点的所有后裔节点也被加以同样类型的锁。如果将它们作为不同的对象直接封锁的话，有可能产生潜在的冲突。因此系统检查封锁冲突时必须考虑这种情况。例如事务 T 要对 R1 关系加 X 锁。系统必须搜索其上级节点数据库、关系 R1 以及 R1 中的每一个元组，如果其中某一个数据对象已经加了不相容锁，则 T 必须等待。

一般地，对某个数据对象加锁，系统要检查该数据对象上有无封锁与之冲突；还要检查其所有上级节点，看本事务的封锁是否与该数据对象上的封锁冲突；还要检查其所有下级节点，看上面的封锁是否与本事务的封锁冲突。显然，这样的检查方法效率很低。为此可以引入意向锁(Intend lock，I 锁) 解决这种冲突。当为某节点加上 I 锁时，就表明其某些内层节点已发生事实上的封锁，防止其他事务再去封锁该节点。这种封锁方式称作多粒度封锁

(Multi Granularity Lock,MGL)。锁的实施是从封锁层次的根开始,依次占据路径上的所有节点,直至要真正进行显式封锁的节点的父节点为止。

2. 意向锁

意向锁的含义是如果对一个节点加意向锁,则说明该节点的下层节点正在加锁;对任一节点加锁时,必须先对它所在的上层节点加意向锁。例如,对任一元组加锁时,必须先对它所在的关系加意向锁。于是,事务 T 要对关系 R1 加 X 锁时,系统只要检查根节点数据库和关系 R1 是否已加了不相容的锁,而不再需要搜索和检查 R1 中的每一个元组是否加了 X 锁。下面介绍三种常用的意向锁:意向共享锁(Intent Share Lock,IS 锁);意向排他锁(Intent Exclusive Lock,IX 锁);共享意向排他锁(Share Intent Exclusive Lock,SIX 锁)。

(1) IS 锁:如果对一个数据对象加 IS 锁,表示它的后裔节点拟(意向)加 S 锁。例如,要对某个元组加 S 锁,则首先对关系和数据库加 IS 锁。

(2) IX 锁:如果对一个数据对象加 IX 锁,表示它的后裔节点拟(意向)加 X 锁。例如,要对某个元组加 X 锁,则首先对关系和数据库加 IX 锁。

(3) SIX 锁:如果对一个数据对象加 SIX 锁,表示对它加 S 锁,再加 IX 锁,即 SIX=S+IX。例如对某个表加 SIX 锁,则表示该事务要读整个表(所以要对该表加 S 锁),同时会更新个别元组(所以要对该表加 IX 锁)。

具有意向锁的多粒度封锁方法中任意事务 T 要对一个数据对象加锁,必须先对它的上层节点加意向锁。申请封锁时应该按自上而下的次序进行;释放封锁时应该按自下而上的次序进行。

具有意向锁的多粒度封锁方法提高了系统的并发度,减少了加锁和解锁的开销,它已经在实际的数据库管理系统产品中得到广泛应用,例如 SQL Server 就采用了这种封锁方法。

7.5.4 封锁带来的问题

与操作系统一样,封锁的方法可能引起活锁和死锁。

1. 活锁

如果事务 T1 封锁了数据 R,事务 T2 又请求封锁 R,于是 T2 等待。T3 也请求封锁 R,当 T1 释放了 R 上的封锁之后系统首先批准了 T3 的请求,T2 仍然等待。然后 T4 又请求封锁 R,当 T3 释放了 R 上的封锁之后系统又批准了 T4 的请求……T2 有可能永远等待,这就是活锁的情形。避免活锁的简单方法是采用先来先服务的策略。如图 7-12 所示为锁的相容矩阵。

T_1 \ T2	S	X	IS	IX	SIX	—
S	Y	N	Y	N	N	Y
X	N	N	N	N	N	Y
IS	Y	N	Y	Y	Y	Y
IX	N	N	Y	Y	N	Y
SIX	N	N	Y	N	N	Y
—	Y	Y	Y	Y	Y	Y

说明:
Y=Yes,相容的请求
N=No,不相容的请求
X:表示 X 锁
S::表示 S 锁
IS:意向共享锁
IX:意向排他锁
SIX:共享意向排他锁
—:表示无锁

图 7-12 锁的相容矩阵

2. 死锁

如果事务 T1 封锁了数据 R1,T2 封锁了数据 R2,然后 T1 又请求封锁 R2,因 T2 已封锁了 R2,于是 T1 等待 T2 释放 R2 上的锁。接着 T2 又申请封锁 R1,因 T1 已封锁了 R1,T2 也只能等待 T1 释放 R1 上的锁。这样就出现了 T1 在等待 T2,而 T2 又在等待 T1 的局面,T1 和 T2 两个事务永远不能结束,形成死锁。如图 7-13、图 7-14 所示。

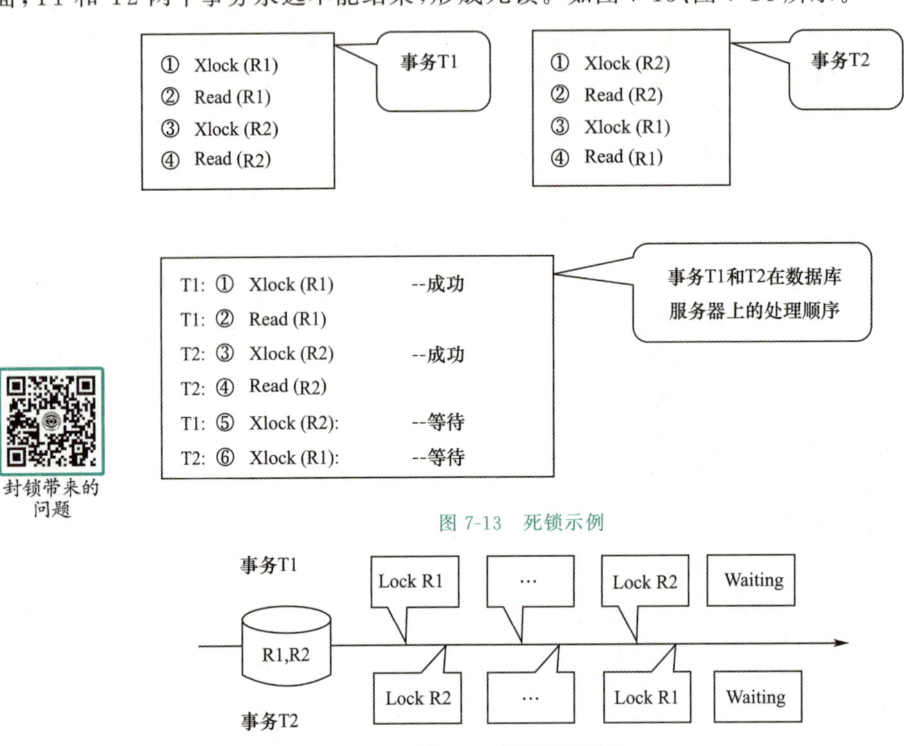

图 7-13 死锁示例

图 7-14 死锁执行过程

死锁的问题在操作系统和一般并行处理中已做了深入研究,目前在数据库中解决死锁问题主要有两类方法,一类方法是采取一定措施来预防死锁的发生,另一类方法是允许发生死锁,采用一定手段定期诊断系统中有无死锁,若有则解除之。

(1) 死锁的预防

预防死锁通常有两种方法。第一种方法是要求每个事务必须一次将所有要使用的数据全部加锁,否则就不能继续执行。这种方法称为一次封锁法。一次封锁法虽然可以有效地防止死锁的发生,但降低了系统的并发度。第二种方法是预先对数据对象规定封锁顺序,所有事务都按这个顺序实行封锁,这种方法称为顺序封锁法。顺序封锁法可以有效地防止死锁,但维护这样的资源的封锁顺序非常困难,成本很高。

因此 DBMS 在解决死锁的问题上普遍采用诊断并解除死锁的方法。

(2) 死锁的诊断与解除

数据库系统中诊断死锁的方法与操作系统类似,一般使用超时法或事务等待图法。

如果一个事务的等待时间超过了规定的时限,就认为发生了死锁,此方法称为超时法。超时法实现简单,但其不足也很明显。一是有可能误判死锁,事务因为其他原因使等待时间超过时限,系统会误认为发生了死锁。二是时限若设置得太长,死锁发生后不能及时发现。

事务等待图是一个有向图 G=(T,U)。T 为结点的集合,每个结点表示正运行的事务;

U 为边的集合,每条边表示事务等待的情况。事务等待图动态地反映了所有事务的等待情况。并发控制子系统周期性地检测事务等待图,如果发现图中存在回路,则表示系统中出现了死锁。如图 7-15 所示。(a)中 T1 和 T2 形成了回路,表示已经死锁了;(b)中 T2 和 T3 形成了小回路,T1、T2、T3 和 T4 形成了大回路,也表明此时已经死锁了。

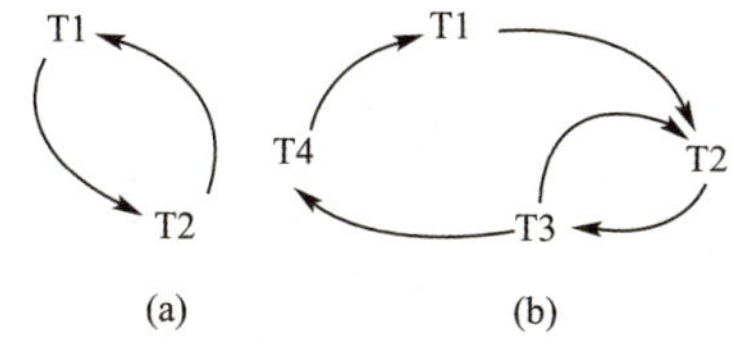

图 7-15 等待图法示意图

DBMS 的并发控制子系统一旦检测到系统中存在死锁,就要设法解除。通常采用的方法是选择一个处理死锁代价最小的事务,将其撤销,释放此事务持有的所有的锁,使其他事务得以继续运行下去。当然,对撤销的事务所执行的数据修改操作必须加以恢复。

7.5.5 两段锁协议

两段锁协议(Two-Phase Locking Protocol)就是保证并发调度可串行化的封锁协议。该协议要求每个事务分两个阶段提出加锁和解锁申请:

(1)在对任何数据进行读、写操作之前,首先要申请并获得对该数据的封锁;

(2)在释放一个封锁之后,事务不再申请和获得任何其他封锁。

所谓两段锁的含义是,事务分为两个阶段,第一个阶段是获得封锁,也称为扩展阶段。在这个阶段,事务可以申请获得任何数据项上的任何类型的锁,但是不能释放任何锁。第二个阶段是释放阶段,也称为收缩阶段。在这个阶段,事务可以释放任何数据项上的任何类型的锁,但是不能申请任何锁。

例如事务 T1 遵守两段锁协议,其封锁序列是:

Slock A　Slock B　Xlock C　　Unlock A　Unlock B　Unlock C;

|←——扩展阶段——→|　|——→收缩阶段——→|

又如事务 T2 不遵守两段锁协议,其封锁序列是:

Slock A　Unlock A　Slock B　Xlock C　Unlock C　Unlock B;

可以证明,若并发执行的所有事务均遵守两段锁协议,则对这些事务的任何并发调度策略都是可串行化的。

需要说明的是,事务遵守两段锁协议是可串行化调度的充分条件,而不是必要条件。若并发事务都遵守两段锁协议,则对这些事务的任何并发调度策略都是可串行化的;若对并发事务的一个调度是可串行化的,不一定所有事务都符合两段锁协议。

在表 7-8 中事务 T1 和 T2 遵循了两段锁协议,表中的调度顺序最终保证了可串行化。事务 T3 和 T4 没有遵循两段锁协议,其调度也是可串行化的。

表 7-8 两段锁和非两段锁对比

时刻	T1	T2	T3	T4
t0	SLock(B)		SLock(B)	
t1	Y=B=4		Y=B=4	

（续表）

时刻	T1	T2	T3	T4
t2	XLock(A)		ULock(B)	
t3		SLock(A)		XLock(A)
t4	A=Y+1	Wait		SLock(A)
t5	Write(A)	Wait	A=Y+1	Wait
t6	ULock(B)	Wait	Write(A)	Wait
t7	ULock(A)	Wait	ULock(A)	Wait
t8		SLock(A)		SLock(A)
t9		X=A=5		X=A=5
t10		XLock(B)		ULock(A)
t11		B=X+1		XLock(B)
t12		Write(B)		B=X+1
t13		ULock(A)		Write(B)
t14		ULock(B)		ULock(B)

注意：在两段锁协议下，也可能发生读脏数据的情况。如果事务的排他锁在事务结束之前就释放，那么其他事务就可能读取到未提交数据。这可以通过将两段锁修改为严格两段锁协议（Strict Two-Phase Locking Protocol）加以避免。严格两段锁协议除了要求封锁两阶段之外，还要求事务持有的所有排他锁必须在事务提交后方可释放。这个要求保证在事务提交之前所写的任何数据均以排他方式加锁，从而防止了其他事务读这些数据。

严格两段锁协议不能保证可重复读，因为它只要求排他锁保持到事务结束，而共享锁可以立即释放。这样当一个事务读完数据之后，如果马上释放共享锁的话，那么其他事务就可以对其进行修改；当事务重新再读时，得到与前次读取不一样的结果。为此可以将两阶段封锁协议修改为强两段锁协议（Rigorous Two-Phase Locking Protocol），它要求事务提交之前不得释放任何锁。很容易验证在强两段锁条件下，事务可以按其提交的顺序串行化。

另外要注意两段锁协议和防止死锁的一次封锁法的异同之处。一次封锁法要求每个事物都必须一次将所有要使用的数据全部加锁，否则就不能继续执行，因此一次封锁法遵守两段协议；但是两段锁协议并不要求事务必须一次将所有要使用的数据全部加锁，因此遵守两段锁协议的事务可能发生死锁。

例如，事务 T1 和 T2 按照表 7-9 的顺序进行调度，请大家分析一下后续时刻的执行结果。

表 7-9　　事务调度顺序

时刻	T1	T2
t0	SLock(B)	
t1	Y=B=4	
t2		SLock(A)
t3	XLock(A)	

7.5.6　悲观并发控制与乐观并发控制

1. 悲观并发控制

悲观并发控制采用基于锁的并发控制措施，封锁所使用的系统资源，阻止用户以影响其他用户的方式修改数据。该方法主要用在资源竞争激烈的环境中，以及当封锁数据的成本低于回滚事务的成本时，它立足于事先预防冲突，因此称该方法为悲观并发控制。

2. 乐观并发控制

在乐观并发控制中，用户不封锁数据，这会提高事务的并发度。在执行更新时，系统进行检查，查看与上次读取的值是否一致，如果不一致，将产生一个错误，接收错误信息的用户将回滚事务并重新开始。该方法主要用在资源竞争较少的环境中，以及偶尔回滚事务的成本低于封锁数据的成本的环境中，它体现了一种事后协调冲突的思想，因此称该方法为乐观并发控制。

数据库恢复技术

7.6 数据库恢复技术

任何系统都会产生故障，数据库系统也不例外。产生故障的原因有多种，包括计算机系统崩溃、硬件故障、程序故障、人为错误等。这些故障轻则造成运行事务非正常中断，影响数据库中数据的正确性，重则破坏数据库，使数据库中全部或部分数据丢失。因此，数据库系统必须采取某种措施，以保证即使发生故障，也可以保持事务的原子性和持久性。在DBMS中，这项任务是由恢复子系统来完成的。所谓恢复，就是负责将数据库从故障所造成的错误状态中恢复到某一已知的正确状态（一致性状态或完整状态）。本章讨论数据库恢复的概念和常用技术。

7.6.1 故障的种类

系统可能发生的故障有很多种，每种故障需要不同的方法来处理。一般来讲，数据库系统主要会遇到三种故障：事务故障、系统故障、介质故障。

1. 事务故障

事务故障指事务的运行没有到达预期的终点就被终止，有两种错误可能造成事务执行失败。

（1）非预期故障：指不能由应用程序处理的故障，例如运算溢出、与其他事务形成死锁而被选中撤销事务、违反了某些完整性限制等，但该事务可以在以后的某个时间重新执行。

（2）可预期故障：指应用程序可以发现的事务故障，并且应用程序可以控制让事务回滚。例如转账时发现账面金额不足。

可预期故障由应用程序处理，非预期故障不能由应用程序处理。故事务故障仅指非预期故障。

2. 系统故障

系统故障又称软故障（Soft Crash），指在硬件故障、软件错误（如CPU故障、突然停电、DBMS、操作系统或应用程序等异常终止）的影响下，导致内存中数据丢失，并使得事务处理终止，但未破坏外存中数据库。这种由于硬件错误和软件漏洞致使系统终止，而不破坏外存内容的假设又称为故障-停止假设（Fail-Stop Assumption）。

3. 介质故障

介质故障又称硬故障（Hard Crash），指由于磁盘的磁头碰撞、瞬时的强磁场干扰等造成磁盘的损坏，破坏外存上的数据库，并影响正在存取这部分数据的所有事务。

计算机病毒可以繁殖和传播并造成计算机系统的危害，已成为计算机系统包括数据库的重要威胁。它也会对介质故障造成同样的后果，破坏外存上的数据库，并影响正在存取这部分数据的所有事务。

总结各类故障，对数据库的影响有两种可能性。一是数据库本身被破坏。二是数据库没有被破坏，但数据可能不正确，这是因为事务的运行被非正常终止造成的。

因此，数据库一旦被破坏仍要用恢复技术将数据库加以恢复。恢复的基本原理是冗余，即数据库中任一部分的数据可以根据存储在系统别处的冗余数据来重建。数据库中一般有两种形式的冗余：副本和日志。

要确定系统如何从故障中恢复，首先，需要确定用于存储数据的设备的故障状态。其次，必须考虑这些故障状态对数据库内容有什么影响。然后可以设计在故障发生后仍保证数据库一致性以及事务的原子性的算法。这些算法称为恢复算法，它一般由两部分组成：

(1)在正常事务处理时采取措施，保证有足够的冗余信息可用于故障恢复。

(2)故障发生后采取措施，将数据库内容恢复到某个保证数据库一致性、事务原子性及持久性的状态。

7.6.2 恢复的实现技术

恢复机制涉及的两个关键问题是：第一，如何建立冗余数据；第二，如何利用这些冗余数据实施数据库恢复。

建立冗余数据最常用的技术是数据转储和登录日志文件。通常在一个数据库系统中，这两种方法是一起使用的。

1. 数据转储

数据转储是数据库恢复中采用的基本技术。所谓转储即 DBA 定期地将整个数据库复制到磁带或另一个磁盘上保存起来的过程。这些备用的数据文本称为后备副本或后援副本。

当数据库遭到破坏后可以将后备副本重新装入，但重装后备副本只能将数据库恢复到转储时的状态，要想恢复到故障发生时的状态，必须重新运行在转储以后的所有更新事务。

转储是十分耗费时间和资源的，不能频繁进行。DBA 应该根据数据库使用情况确定一个适当的转储周期。

转储可分为静态转储和动态转储。

(1)静态转储

静态转储是在系统中无运行事务时进行的操作。即转储操作开始时，数据库处于一致性状态，而转储期间不允许(或不存在)对数据库的任何存取、修改活动。显然，静态转储得到的一定是一个数据一致性的副本。

静态转储简单，但转储必须等待正运行的用户事务结束才能进行，同样，新的事务必须等待转储结束才能执行。显然，这会降低数据库的可用性。

(2)动态转储

动态转储是指转储期间允许对数据库进行存取或修改。即转储和用户事务可以并发执行。

动态转储可克服静态转储的缺点，它不用等待正在运行的用户事务结束，也不会影响新事务的运行。但是，转储结束时后援副本上的数据并不能保证正确有效。为此，必须把转储期间各事务对数据库的修改活动登记下来，建立日志文件(Log File)。这样，后援副本加上日志文件就能把数据库恢复到某一时刻的正确状态。

转储还可以分为全量转储和增量转储两种方式。全量转储是指每次转储全部数据库。增量转储则指每次只转储上一次转储后更新过的数据。从恢复角度看，使用全量转储得到的后备副本进行恢复一般说来会方便些。但如果数据库很大，事务处理又十分频繁，则增量转储方式更实用更有效。

数据转储有两种方式，分别可以在两种状态下进行，因此数据转储方法可以分为四类：动态海量转储、动态增量转储、静态海量转储和静态增量转储。

2. 登记日志文件(Logging)

使用最为广泛的用于记录数据库更新的结构就是日志(log)。日志是以事务为单位记录数据库的每一次更新活动的文件，由系统自动记录。

为保证数据库是可恢复的，登记日志文件时必须遵循两条原则：

(1)登记的次序严格按并发事务执行的时间次序。

(2)必须先写日志文件，后写数据库。

把对数据的修改写到数据库中和把表示这个修改的日志记录写到日志文件中是两个不同的操作。有可能在这两个操作之间发生故障，即这两个写操作只完成了一个。如果先写了数据库修改，而在运行记录中没有登记这个修改，则以后就无法恢复这个修改了。如果先写日志，但没有修改数据库，按日志文件恢复时只不过是多执行一次不必要的撤销操作，并不会影响数据库的正确性。所以为了安全，一定要先写日志文件。

日志文件在数据库恢复中起着非常重要的作用。可以用来进行事务故障恢复和系统故障恢复，并协助后备副本进行介质故障恢复。在故障发生后，可通过前滚(rollforward)和回滚(rollback)恢复数据库(图 7-16)。前滚就是通过后备副本恢复数据库，并且重新应用保存后的所有有效事务。回滚就是撤销错误地执行或者未完成的事务对数据库的修改，以此来纠正错误。要撤销事务，日志中必须包含数据库发生变化前的所有记录的备份，这些记录叫作前像(before-images)。可以通过将事务的前像应用到数据库来撤销事务。为了恢复事务，日志中必须包含数据库改变之后的所有记录的备份，这些记录叫作后像(after-images)。通过将事务的后像应用到数据库可以恢复事务。

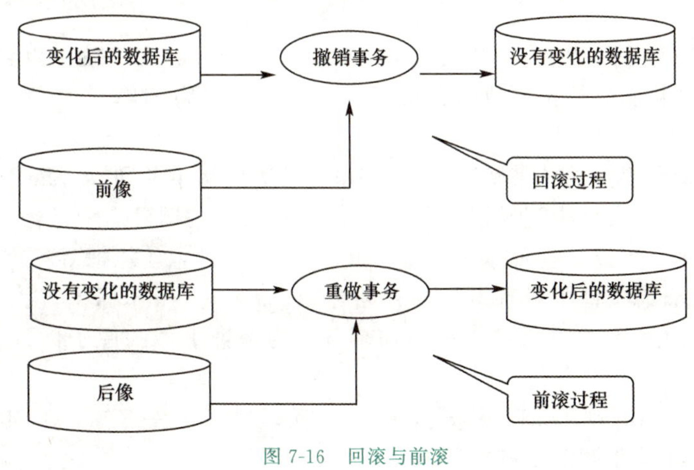

图 7-16　回滚与前滚

3. 基本日志结构

日志是日志记录(Log Records)的序列，一般包含以下几种形式的记录。

(1)事务开始标识,如 < Ti start>。

(2)更新日志记录(Update Log Record),描述一次数据库写操作,如<Ti,Xi,V1,V2>,各字段的含义如下:

①事务标识 Ti 是执行 Write 操作的事务的唯一标识。

②数据项标识 Xi 是所写数据项的唯一标识。通常是数据项在磁盘上的位置。

③更新前数据的旧值 V1 (对插入操作而言,此项为空值)。

④更新后数据的新值 V2 (对删除操作而言,此项为空值)。

(3)事务结束标识。

①< Ti commit >,表示事务 Ti 提交。

②< Ti abort>,表示事务 Ti 中止。

下面示例了随着 T0 和 T1 事务活动的进行,日志中记录变化的情况,A、B、C 的初值分别为 1000、2000 和 700。三个阶段表示日志中记录变化的情况分别为 T0 完成但未提交;T0 已提交;T1 完成但未提交,T1 已提交。如图 7-17 所示。

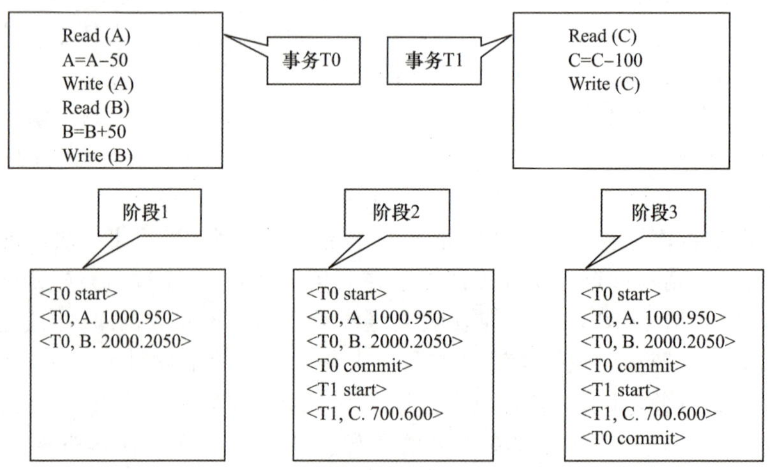

图 7-17 日志记录事务活动示意图

7.6.3 SQL Server 基于日志的恢复策略

当系统运行过程中发生故障,利用数据库后备副本和日志文件就可以将数据库恢复到故障前的某个一致性状态。不同故障其恢复策略和方法也不一样。

1. 事务分类

根据日志中记录事务的结束状态,可以将事务分为圆满事务和夭折事务。

圆满事务:指日志文件中记录了事务的 commit 标识,说明日志中已经完整地记录下事务所有的更新活动。可以根据日志重现整个事务,即根据日志就能把事务重新执行一遍。

夭折事务:指日志文件中只有事务的开始标识,而无 commit 标识,说明对事务更新活动的记录是不完整的,无法根据日志来重现事务。为保证事务的原子性,应该撤销这样的事务。

如图 7-17 所示,在阶段 1,T0 是夭折事务;在阶段 2,T0 是圆满事务,T1 是夭折事务;在阶段 3,T0 和 T1 均是圆满事务。

2. 基本的恢复操作

redo:对圆满事务所做过的修改操作应执行 redo 操作,即重新执行该操作,修改对象赋予其新记录值。这种方法又称为前滚,如图 7-18 所示。

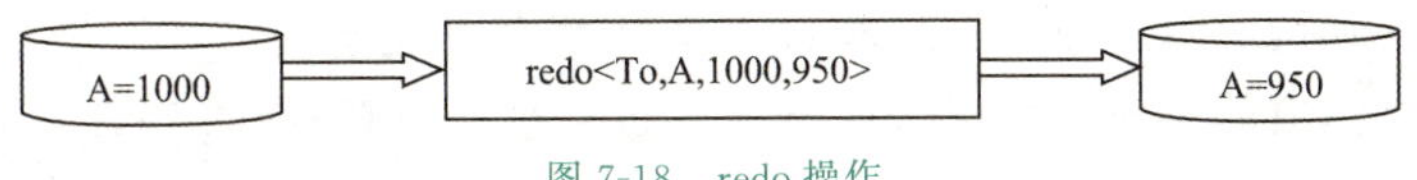

图 7-18 redo 操作

undo:对夭折事务所做过的修改操作应执行 undo 操作,即撤销该操作,修改对象赋予其旧记录值。这种方法又称为回滚,如图 7-19 所示。

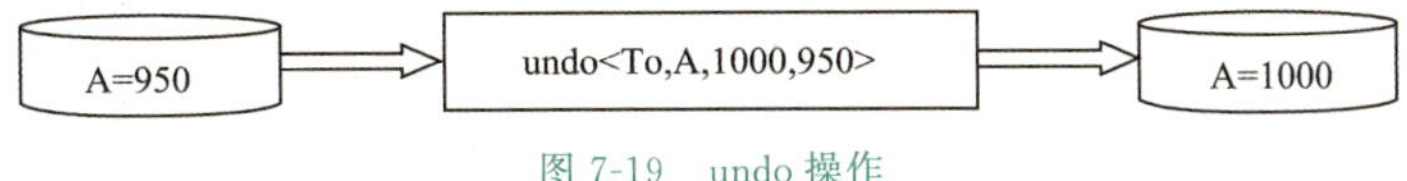

图 7-19 undo 操作

3. 事务故障的恢复

事务故障属于夭折事务,应该将其回滚,撤销(undo)事务对数据库已做的修改。事务故障的恢复是由系统自动完成的,对用户是透明的。具体的恢复措施如下:

反向扫描日志文件,查找该事务的更新操作。

对该事务的更新操作执行逆操作,即将事务更新前的旧值写入数据库。若是插入操作,则做删除操作;若是删除操作,则做插入操作;若是修改操作,则相当于用修改前的旧值代替修改后的新值。

继续反向扫描日志文件,查找该事务的其他更新操作,并做同样处理。

如此处理下去,直至读到此事务的开始标识,事务的故障恢复就完成了。

注意,一定要反向撤销事务的更新操作,这是因为一个事务可能两次修改同一数据项,后面的修改基于前面的修改结果。如果正向撤销事务的操作,那么最终数据库反映出来的是第一次修改后的结果,而非第一次修改前也即事务开始前的状态。

假定发生故障时日志文件和数据库内容如图 7-20 所示。

反向和正向撤销事务操作的结果分别为 A=1000 和 A=950。

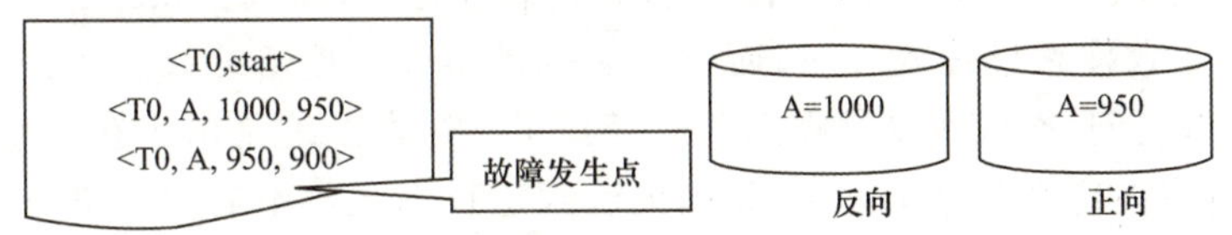

图 7-20 发生故障时日志文件和数据库内容

4. 系统故障的恢复

对于系统故障,有两种情况会造成数据库的不一致:

(1)未完成事务对数据库的更新可能已写入数据库。

(2)已提交事务对数据库的更新可能还留在缓冲区没来得及写入数据库。

因此恢复操作就是要撤销故障发生时未完成的事务,重做已完成的事务。系统故障的恢复是由系统在重新启动时自动完成的,不需要用户干预。

系统故障的恢复措施如下:

(1)正向扫描日志文件,找出圆满事务,将其事务标识记入重做队列(redo);找出夭折事务,将其事务标识记入撤销队列(undo)。

(2)对撤销队列中的各个事务进行撤销(undo)处理。方法是:反向扫描日志文件,对每个 undo 事务的更新操作执行逆操作,即将日志记录中"更新前的值"写入数据库。

(3)对重做队列中的各个事务进行重做(redo)处理。方法是:正向扫描日志文件,对每个 redo 事务重新执行日志文件登记的操作,即将日志记录中"更新后的值"写入数据库。

5. 介质故障恢复

发生介质故障时，磁盘上数据文件和日志文件都有可能遭到破坏。恢复方法是重装数据库，然后重做已完成的事务。可以按照下面的过程进行恢复，如图 7-21 所示。

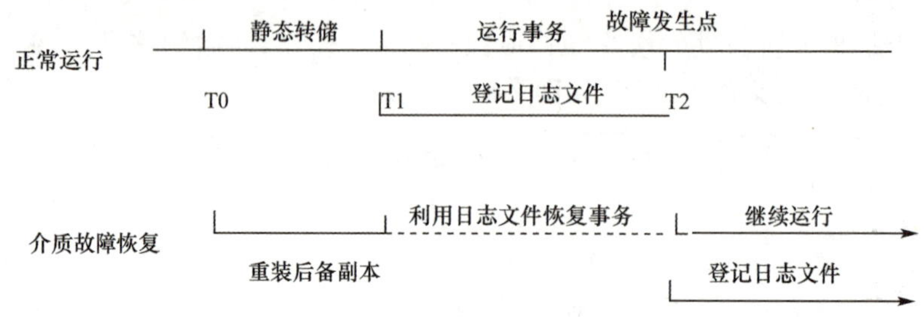

图 7-21　采用静态转储介质故障恢复

(1)装入最新的数据库后备副本，将数据库恢复到最近一次转储时的一致性状态。

(2)装入相应的日志文件副本，重做已完成的事务。即首先扫描日志文件，找出故障发生时已提交的事务的标识，将其记入重做队列。然后正向扫描日志文件，对重做队列中的所有事务进行重做处理。即将日志记录中“更新后的值”写入数据库。

这样就可以将数据库恢复至故障前某一时刻的一致状态了。

介质故障的恢复需要 DBA 介入。但 DBA 只需要重装最近转储的数据库副本和有关的各日志文件副本，然后执行系统提供的恢复命令即可，具体的恢复操作仍由 DBMS 完成。

7.6.4　SQL Server 检查点

1. 一般检查点原理

利用日志技术进行数据库恢复时，恢复子系统必须从头开始扫描日志文件，以决定哪些事务是圆满事务，哪些是夭折事务，以便分别对它们进行 redo 或 undo 处理。它需要扫描整个日志文件，导致搜索过程太耗时，而且许多圆满事务的更新结果已经提交到数据库中了，但仍需要重做它们，使得恢复过程无谓地变长了。这样处理是由于在发生故障的时候，日志文件和数据库内容有可能不一致，我们无法判定日志文件中的圆满事务是否完全反映到数据库中去了，所以只能逐个重做它们。为避免这种开销，我们引入检查点(checkpoints)机制。它的主要作用就是保证在检查点时刻外存上的日志文件和数据库文件的内容是完全一致的。

在数据库系统运行时，DBMS 定期或不定期地设置检查点，在检查点时刻保证所有已完成事务对数据库的修改写到外存，并在日志文件写入一条检查点记录。当数据库需要恢复时，只有检查点后面的事务需要恢复。这种检查点机制大大提高了恢复过程的效率。一般 DBMS 自动执行检查点操作，不需要人工干预。

生成检查点的步骤如下：

(1)将当前位于主存的所有日志记录输出到外存上。

(2)将所有修改了的数据库缓冲块(脏页)输出到外存上。

(3)将一个日志记录 ＜checkpoint L＞ 输出到外存上，其中 L 是检查点时刻系统内的活跃事务列表。

如图 7-22 简略示意了当故障发生时，对于检查点前后各种状态事务的不同处理情况。

T1：在：检查点之前提交，不需要 redo。

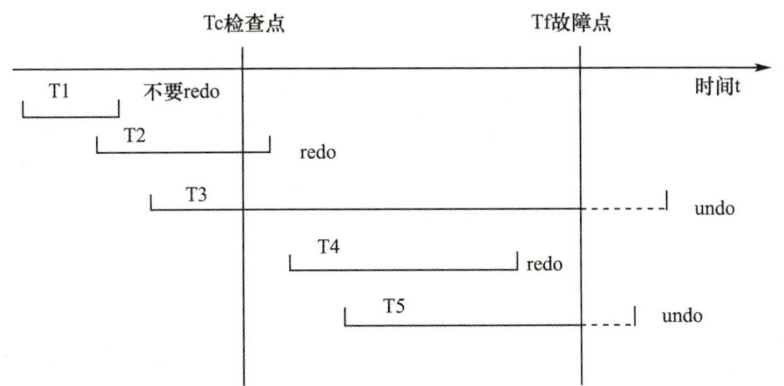

图 7-22 检查点前后不同状态的事务恢复示意图

T2：在检查点之前开始执行，在检查点之后故障点之前提交，需要 redo。

T3：在检查点之前开始执行，在故障点时还未完成，所以予以撤销。

T4：在检查点之后开始执行，在故障点之前提交，需要 redo。

T5：在检查点之后开始执行，在故障点时还未完成，所以予以撤销。

2. 糊模检查点

在生成检查点的过程中，不允许事务执行任何更新动作，比如写缓冲块或写日志记录，以避免造成日志文件与数据库文件之间的不一致。但如果缓存中页的数量非常大，这种限制会使得生成一个检查点的时间很长，从而导致事务处理中难以忍受的中断。

为避免这种中断，可以改进检查点技术，使之允许在检查点记录写入日志后，但在修改过的缓冲块写到磁盘前做更新。这样产生的检查点称为模糊检查点（Fuzzy Checkpoint）。

由于只有在写入检查点记录之后，页才输出到磁盘，系统有可能在所有页写完之前崩溃，这样，磁盘上的检查点可能是不完善的。一种处理不完善检查点的方法是，将最后一个完善检查点记录在日志中的位置存在磁盘固定的位置 last_checkpoint 上，系统在写入检查点记录时不更新该信息，而是在写检查点记录前，创建所有修改过的缓冲页的列表，只有在所有该列表中的缓冲页都输出到了磁盘上以后，last_checkpoint 信息才会更新。

即使使用模糊检查点，正在输出到磁盘的缓冲页也不能更新，虽然其他缓冲页可以被并发更新。

习题 7

1. 数据库的安全保护通过哪些方面来实现？
2. 什么是数据的安全性控制？
3. 什么是数据的完整性控制？
4. 什么是事务？事务的基本性质是什么？
5. 什么是调度？什么是可串行化调试？
6. 并发操作会带来哪几类问题？试举例说明。
7. 数据库的并发控制的主要技术是什么？
8. 什么是两段锁协议？其作用是什么？

第 8 章　实体-联系模型

实体-联系(E-R)模型是数据库设计者、编程者和用户之间有效、标准的交流方法。它是一种非技术的方法，表达清晰，为形象化数据提供了一种标准和逻辑途径。E-R 模型能准确反映现实世界中的数据以及在用户业务中的使用情况，它提供了一种有用的概念，允许数据库设计者将用户对数据库需求的非正式描述转化成一种能在数据库管理系统中实施的更详细、准确的描述。因此，用 E-R 模型建模是数据库设计者必须掌握的重要技能。这种技术已广泛应用于数据库设计中。

8.1　E-R 模型的基本概念

E-R 模型是用于数据库设计的高层概念数据模型。概念数据模型独立于任何数据库管理系统(DBMS)和硬件平台，该模型也被定为企业数据的逻辑表示。它通过定义代表数据库全部逻辑结构的企业模式来辅助数据库设计，是一种自顶向下的数据库设计方法，是数据的一种大致描述，由需求分析中收集的信息来构建。E-R 模型是若干语义数据模型中的一种，它有助于将现实世界企业中的信息和相互作用映射为概念模式。许多数据库设计工具都借鉴了 E-R 模型的概念，E-R 模型为数据库设计者提供了下列几个主要的语义概念。

实体：指用户业务中可区分的对象。

联系：指对象之间的相互关联。

属性：用来描述实体和联系。每个属性都与一组数值的集合(也称为值域)相对应，属性的取值均来自该集合。

约束：对实体、联系和属性的约束。

8.1.1　实体

实体是现实世界中独立存在的、可区别于其他对象的“对象”或“事物”。实体是关于将被收集的信息的主要数据对象。一个实体一般是物理存在的对象,如人、汽车、商品、职工等。每个实体都可以有自己的属性。

在 E-R 模型中,实体是存在于用户业务中抽象且有意义的事物。这些事物被模式化成可用属性描述的实体。实体之间存在多种联系。

1. 实体(或实体集)与实体实例

实体(Entity,也称为实体集)是一组具有相同特征或属性的对象的集合。在 E-R 模型中,相似的对象被分到同一个实体中。实体可以包含物理(或真实)存在的对象,也可以包含概念(或抽象)存在的对象。每个实体用一个实体名和一组属性来标识。一个数据库通常包含许多不同的实体,实体的一个实例表现为一个具体的对象,比如一个具体的学生。E-R 模型中的“实体”对应关系数据库中的一张表,实体的实例对应表中的一行记录。

2. 实体的分类

实体可以分为强实体和弱实体。强实体(Strong Entity,也称为强实体集)指不依赖于其他实体而存在的实体,比如“职工”实体。强实体的特点是:每个实例都能被实体的主键唯一标识。弱实体(Weak Entity,也称为弱实体集)指依赖于其他实体而存在的实体,比如“职工子女”实体,该实体必须依赖于“职工”实体的存在而存在。强实体有时也称为父实体、主实体或者统治实体,弱实体也称为子实体、依赖实体或从实体。在 E-R 模型中,一般用单线矩形框表示强实体,用双线矩形框表示弱实体。

如图 8-1 所示,描述了“职工”实体和其中的两个实例,从这个图也可以看出实体和实例的区别。

实体:职工			
属性		实例	
属性名	域	实例 1	实例 2
职工号	长度为 6 字节的字符串	Z10001	Z10002
姓名	长度为 8 字节的字符串	张小平	李红丽
性别	长度为 2 字节的字符串	男	女
出生日期	日期类型	1980-2-5	1976-8-10

图 8-1 有实例的实体

实体联系模型(一)

8.1.2 联系

联系指用户业务中相关的 2 个或多个实体之间的关联。它表示现实世界的关联关系。联系只依赖于实体间的关联,在物理和概念上是不存在的。联系的一个具体值称为联系实例。联系实例是可唯一区分的关联,它包括每一个参与实体的一个实例,表明特定的实体实例间是相互关联的。联系也被视为抽象对象。联系通过连线将相互关联的实体连接起来。

在 E-R 建模中,相似的联系被归到一个联系(也称为联系集或联系型)中。这样,一个具体的联系表达了一个或多个实体之间的一组有意义的关联,例如假设“学生”实体和“课程”实体之间存在一个“选课”联系,则如果学生(081001,张三,男)选了课程(C001,计算机网络),则(081001,张三,男)和(C001,计算机网络)之间就存在一个联系实例,这个联系实例可表示为(081001,C001,…)。

具有相同属性的联系实例都属于一个联系。

联系有如下特性：联系的度、连接性、存在性、n 元联系。

1. 联系的度

联系的度指联系中相关联的实体的数量，一般有递归联系或一元联系、二元联系和三元联系。

(1)递归联系：递归联系指同一实体的实例之间的联系。在递归联系中，实体中的一个实例只与同一实体中的另一个实例相互关联，如图 8-2(a)所示。在图 8-2 中，“管理”是实体“职工”与“职工”之间的递归联系。递归联系也称为一元联系。参与联系的每一个实例都有特定的角色。联系的角色名对递归联系非常重要，它确定了每个参与者的功能。在“管理”联系中“职工”实体的第一个参与者的角色名为“管理者”，第二个参与者的角色名为“被管理”。当两个实体之间不止一个联系时，角色名就很有用。而当参与联系的实体之间的作用很明确时，联系中的角色名就不是必需的了。

(2)二元联系：二元联系指两个实体之间的关联，比如部门和职工、班和学生、学生和课程等。二元联系是最常见的联系，其联系的度为 2。图 8-2(b)所示的是“部门”和“职工”之间的二元联系。

(3)三元联系：三元联系指三个实体之间的关联，其联系的度为 3。用一个与三个实体相连接的菱形来表示三元联系，如图 8-2(c)。三个实体“顾客”“商品”和“商店”与一个菱形“购买”相连接。当二元联系不能充分准确地描述三个实体间的关联语义时，则需要采用三元联系来描述。

不管是哪种类型的联系，都需要指明实体间的连接是“一”还是“多”。

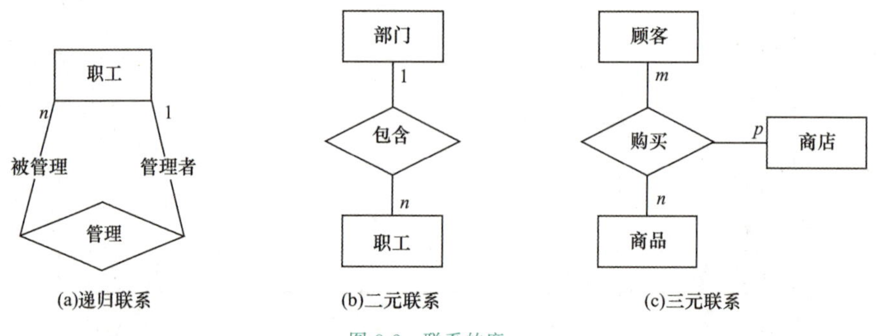

图 8-2 联系的度

2. 联系的连接性

联系的连接性描述联系中相关联实体间映射的约束，取值为“一”或“多”。例如，图 8-2(b)所示的 E-R 图，实体“部门”和“职工”之间为一对多的联系，即对“职工”实体中的多个实例，在“部门”中至多有一个实例与其关联。实际的连接数目称为联系的连接基数。由于基数值常随着联系实例发生变化，所以基数比连接性使用的少。

如图 8-3 所示，描述了二元联系中的三种基本连接结构：一对一(1:1)、一对多 (1:n)和多对多(m:n)。图 8-3(a)中为一对一连接，表示一个部门只有一个经理，而且一个人只担任一个部门的经理，这两个实体的最大和最小连接基数都仅为 1。图 8-3(b)所示的一对多连接，则表示一个部门可有多名职工，而一个职工只能在一个部门工作。“职工”端的最大和最小连接基数分别为 n 和 1。“部门”端的最大和最小连接基数都为 1。图 8-3(c)所示的多对多连接，则表示一个职工可以参与多个项目，一个项目可以由多个职工来完成。“职工”和

“项目”的最大连接基数分别为 m 和 n，最小连接基数都为 1。如果 m 和 n 的值分别为 10 和 5，则表示一个职工最多可以参与 5 个项目，一个项目最多可以由 10 个职工来完成。

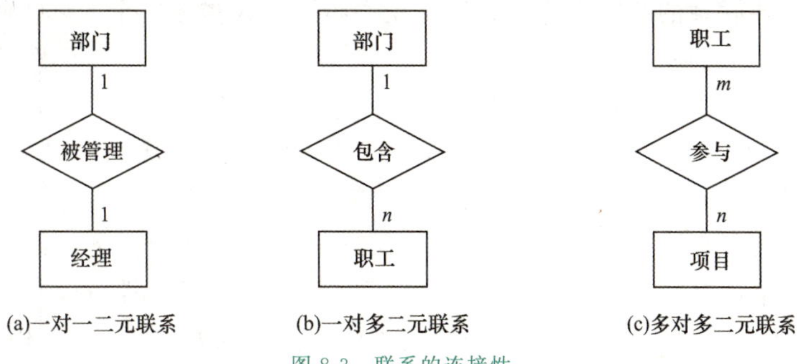

图 8-3 联系的连接性

3. n 元联系

在 n 元联系中，用具有 n 个连接的菱形来表示 n 个实体之间的关联，每个连接对应一个实体。如图 8-4 所示为一个 n 元联系的例子。

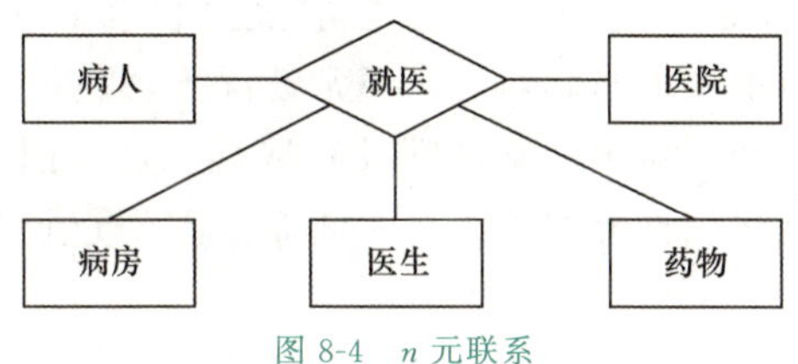

图 8-4 n 元联系

4. 联系的存在性

联系的存在性指某个实体的存在依赖于其他实体的存在。如图 8-5 所示给出了一些联系存在的例子。联系中实体的存在分为强制和非强制(也称为可选的)两种。强制存在要求联系中任何一端的实体的实例都必须存在，而非强制存在允许实体的实例可以不存在。例如实体“职工”可以管理某个“部门”，也可以不管理任何“部门”，因此“职工”和“部门”之间的“被管理”联系中 “部门”实体是非强制存在的。而对“部门”和“职工”之间的“拥有”联系，如果要求每个部门必须有职工，而且每个职工必须属于某个部门，则“部门”和“职工”相对“拥有”联系来说都是强制存在的。对于强制存在的实体，一般都会使用“必须”这个词来描述。

在 E-R 图中，在实体和联系的连线上标○表示是非强制联系，如图 8-5(a)所示；在实体和联系的连线上加一条垂直线表示强制联系，如图 8-5(b)所示。如果在连线上既没有标○，也没有加垂直线，则表示未知联系，如图 8-5(c)所示，在图 8-5(c)中，实体既不是强制存在的也不是非强制存在的，最小连接定为 1。

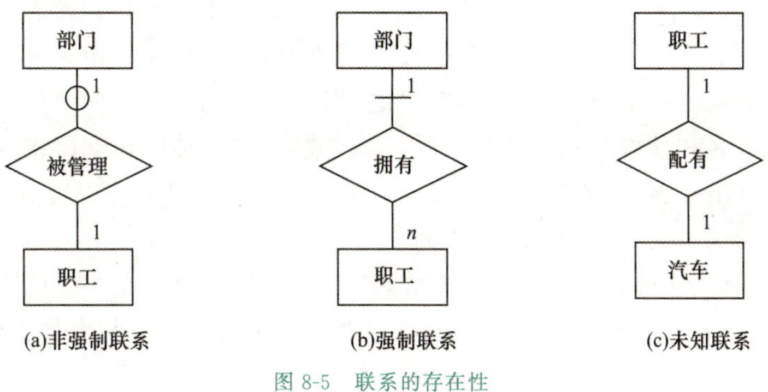

图 8-5 联系的存在性

8.1.3 属性

实体的特性或联系的特征都称为属性。用一组属性来描述一个实体。同一个实体中的实例具有相同或相似的属性。例如："学生"实体的属性有姓名、学号、性别等。实体中的每个属性都有取值范围，属性的取值范围称为值域。值域定义了属性的所有取值，例如：如果职工的年龄在18到60岁之间，则可以将"职工"实体的"年龄"属性定义为整型，且值域为18到60。一个属性可以由多个值域构成。例如：属性"生日"的值域由年、月、日的值域构成。多个属性可以共享一个值域，该值域称为属性域。属性域的值是一组一个或多个属性所允许的取值。例如，同一企业中"工人"和"管理员"的"生日"属性可以共享一个属性域。

属性值描述每个实例，它是数据库存储的主要数据。例如："职工"实体中"姓名"属性的取值可以是具有5个汉字的字符串，"身份证号"的取值可以是18位数字等。联系也可以具有属性。如图8-6所示，"职工"实体和"项目"实体间的多对多联系"参与"具有"分配的任务""开始日期"和"结束日期"属性。在这个例子中，当给定一个具体职工和一个具体项目后，有一组"分配的任务""开始日期"和"结束日期"属性值与其对应；当单独描述"职工"或"项目"时，这三个属性都有多个值与其对应。通常情况下，只有二元多对多联系和三元联系才具有属性，而一对一联系和一对多联系通常没有属性。这是因为如果联系至少有一端是单一实体，则可以很明确地将属性分配给某个实体而不需要分配给联系。

实体联系模型（二）

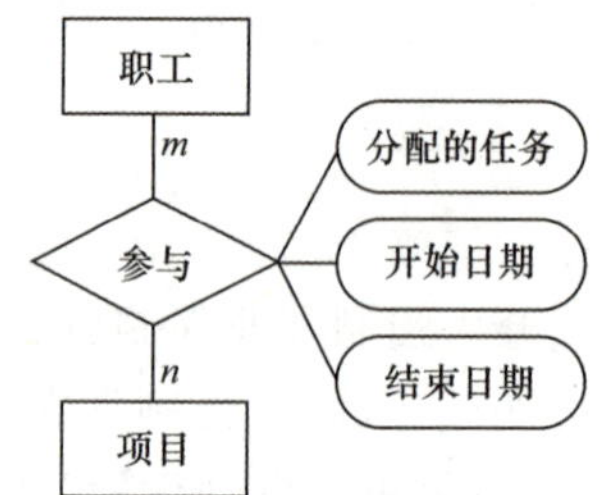

图8-6 联系的属性

属性可以分为以下几类：简单属性、复合属性、单值属性、多值属性、派生属性。

下面我们分别介绍这几类属性。

1. 简单属性

简单属性是由一个独立成分构成的属性。简单属性不可再分成更小的成分。简单属性也称为原子属性。"学生"实体中的学号、姓名、性别属性都是简单属性的例子。

2. 复合属性

复合属性是由多个独立存在的成分构成的属性。一些属性可以划分成更小的独立成分。例如，假设"职工"实体中有"地址"属性，该属性有"＊＊省＊＊市＊＊区＊＊街道"形式的取值，则这种形式的取值可进一步分解为"省""市""区"和"街道"四个属性，而"街道"又可分为街道号、街道名和楼牌号三个简单属性。如果"职工"实体中包含外国人，则外国人的名字经常分为"名"(first_name)和"姓"(last_name)，因此"姓名"又可以拆分为"名"和"姓"两部分。如图8-7所示，说明了复合属性的例子。

复合属性是有层次的，如图8-7(b)所示的"地址"属性，其中的"街道"可划分为三个简单属性：街道名、街道号和楼牌号。这些简单属性值的集合构成了复合属性的值。

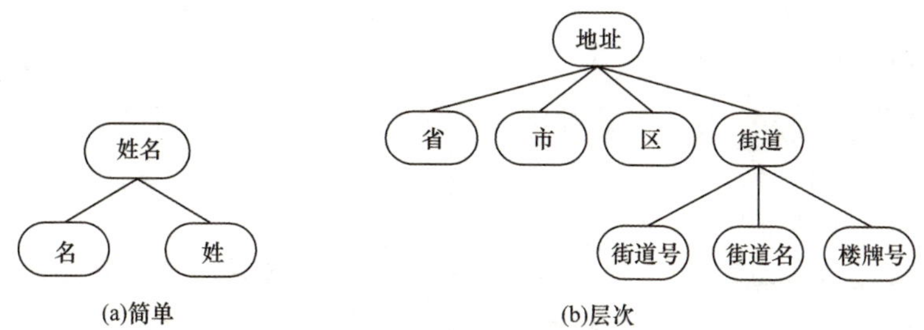

图 8-7 复合属性

3. 单值属性

若某属性对于特定实体中的每个实例都只取一个值，则这样的属性为单值属性。例如："学生"实体中每个实例的"学号"属性都只有一个值，比如"0812101"，则该属性即为单值属性。大多数属性均为单值属性。

4. 多值属性

若某属性对于特定实体中的每个实例可以取多个值，则这样的属性即为多值属性。也就是说，多值属性的取值可以不止一个。例如"职工"的"技能"属性，一个职工可以有多项技能，比如"总体设计""程序设计""数据库管理"。

可以对多值属性的取值数目进行上、下界的限制。例如：可以限定"技能"属性的取值为1～3。在 E-R 图中，用双线圆角矩形表示多值属性，如图 8-8 所示。

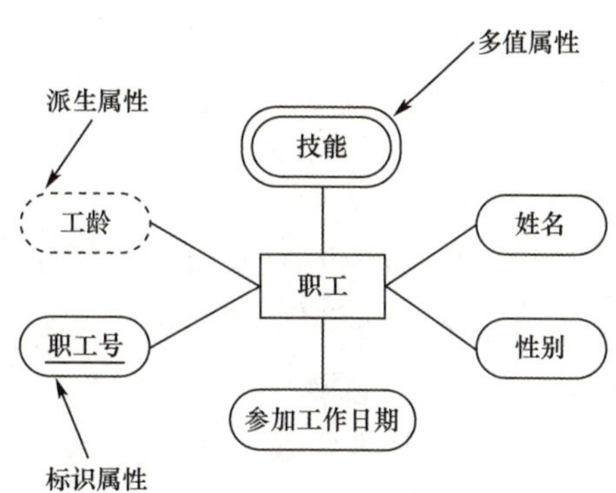

图 8-8 E-R 图中各种属性的表示

5. 派生属性

派生属性的值是由相关联的属性或属性组派生出来的，这些属性可以来自同一实体，也可以来自不同实体。例如，"职工"实体中的"工龄"属性的值可以由该职工的"参加工作日期"和当前日期计算得到，所以"工龄"属性就是派生属性，在 E-R 图中用虚线的圆角矩形表示，如图 8-8 所示。

在有些情况下，属性值可以派生于同一实体中的实例。例如，"职工"实体的"总人数"属性的值可以通过计算"职工"实体中的实例总数获得。

6. 标识属性

在一个实体中，每个实例需要被唯一识别。可以用实体中的一个或多个属性来标识实体实例，这些属性就称为标识属性。标识属性指能够唯一标识实体中每个实例的属性或属性组。例如，"职工"实体中的标识属性是"职工号"，"项目"实体中的标识属性是"项目号"。

在 E-R 图中标识属性用下划线标识，如图 8-8 中的“职工号”。在某些实体中，如果单个属性都不能满足标识属性的要求，那么就用两个或多个属性作为标识属性。这些用于唯一识别一个实例的属性组称为复合标识符。如图 8-9 所示为一个复合标识符的例子，其中，“列车”实体有一个复合标识符“列车标识”。“列车标识”属性由“车次”和“发车时间”组成。“车次”和“发车时间”属性组能够唯一标识从始发站到目的站的各列车实例。

与此类似，联系的标识符是指唯一标识联系中的属性或属性组。联系通常由多个属性共同标识。大多数情况下，联系的标识属性也是参与联系的实体的标识属性。如图 8-10 所示，“学号”和“课程号”属性组能够唯一地标识“选课”联系中的每个实例。“学号”和“课程号”属性也是该联系的参与实体中的标识属性。如果实体标识符和联系中的标识符的值域相同，那么为了方便，通常习惯将实体标识符与联系中的标识符同名。图 8-10 中的“学号”是“学生”实体的标识符，同时也标识“选课”联系中的学生。

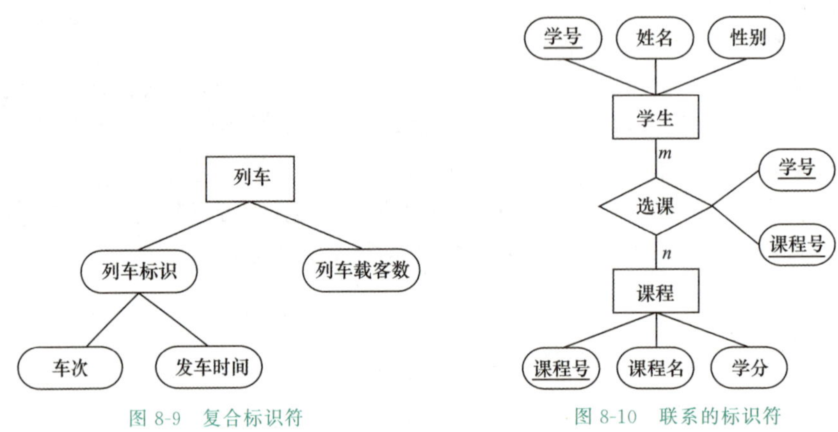

图 8-9　复合标识符　　图 8-10　联系的标识符

8.1.4　约束

联系通常采用特定约束来限制联系集合中的实体组合。约束要反映现实世界中对联系的限定。例如，“部门”实体要求每个部门必须有一个员工，“职工”实体中的每个人必须有一种技能。联系中约束的主要类型有：多样性约束、基数约束和参与约束等。

1. 多样性约束

多样性指一个实体所包含的每个实例都通过某种联系与另一个实体的同一实例相关联。它约束了实体相关联的方式，是由企业或用户确立的原则或商业规则的一种表示。在为用户业务建模时，定义和表示用户业务中的所有约束是很重要的。

2. 基数约束

基数约束指定了一个实体中的实例与另一个实体中的每个实例相关联的数目。基数约束分为最大基数约束和最小基数约束两种。最小基数约束指一个实体中的实例与另一个实体中的每个实例相关联的最小数目，最大基数约束指一个实体中的实例与另一个实体中的每个实例相关联的最大数目。

例如，假设一名职工只管理一个部门，一个部门只由一名职工管理，则“职工”和“部门”之间的基数约束都是 1。如图 8-11 所示。

3. 参与约束

参与约束指明一个实体是否依赖于通过联系与之关联的其他实体。参与约束分为全部参与约束(也称为强制参与)和部分参与(也称为可选参与)约束两种。全部参与约束指一个实体中的所有实例都必须通过联系与另一个实体相关联。全部参与约束也称为存在依赖。部分参与约束指一个实体中的部分实例通过联系与另一个实体相关联,但不是所有的都必须。

例如,假设所有部门都有一个管理者,但并不是每个职工都管理一个部门,则"职工"和"部门"间的参与约束就是 0 或 1,而"部门"和"职工"间的参与约束是 1。

4. 排除约束

在排除约束中,对多个关系的通常或默认的处理是包含 OR,OR 允许某个实体或全部实体都参与。但在有些情况下,排除约束(不相交或不包含 OR)可能会影响多个关系,它允许在几个实体中最多只有一个实体实例参与到只有一个根实体的联系中。

如图 8-12 所示,说明了排除约束的一个例子,在这个例子中,根实体"工作任务"有两个相关的实体:"外部项目"和"内部项目"。"工作任务"可以分配到"外部项目"中或者是"内部项目"中,但不能同时分配到这两个实体中。这意味着,在"外部项目"和"内部项目"实体的实例中最多只有一个能够应用到"工作任务"的实例中。

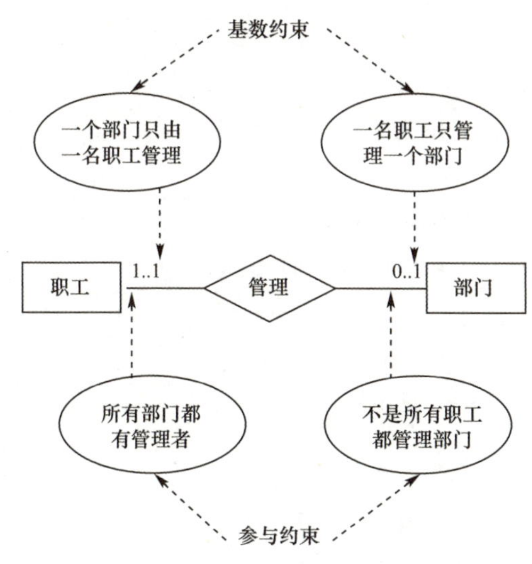

图 8-11 一对一联系的基数约束与参与约束

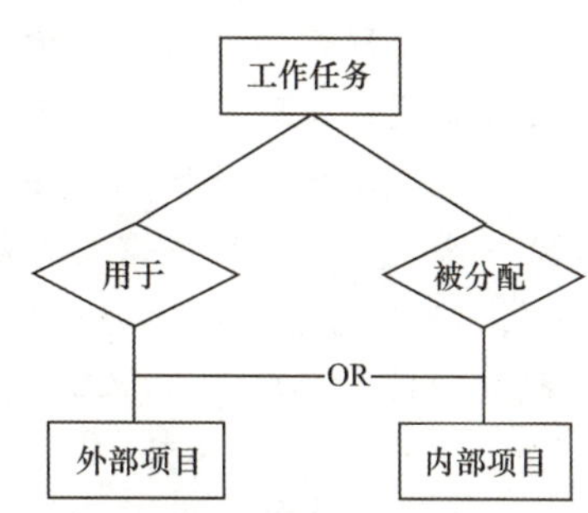

图 8-12 排除约束示例

8.2 E-R 图符号

E-R 模型通常用实体-联系图(E-R 图)表示,E-R 图是 E-R 模型的图形表示。我们在本书第 2 章 2.2.2 节介绍了基本的 E-R 图并给出了 E-R 图的一些表达符号,本章我们对 E-R 模型进行更深入介绍,根据本章对 E-R 模型的扩展,E-R 图的表示也有相应的表达符号,如图 8-13 所示。

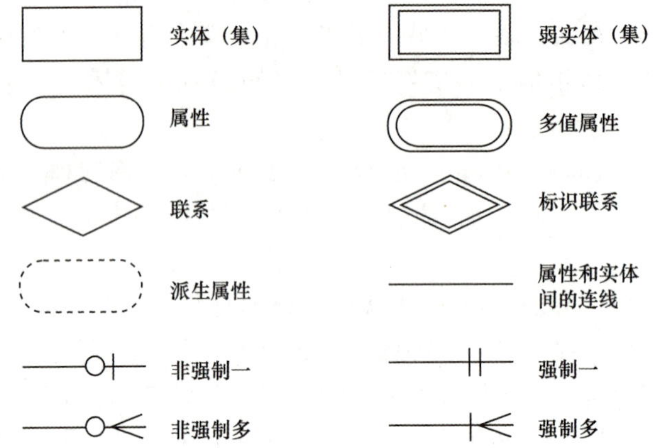

图 8-13　E-R 图的符号

习题 8

1. 什么是强实体？什么是弱实体？请举例说明。
2. 什么是联系？联系和联系实例的区别是什么？
3. 有哪些不同类型的联系？请各举一例说明。
4. 什么是联系的度？请举例说明不同类型的联系的度。
5. 什么是联系的存在性？请举例说明不同类型的联系的存在性。
6. 什么是递归联系？请举例说明。
7. 什么是属性？属性有哪些类型？
8. 一个企业的数据库需要存储如下信息：

职工：职工号、工资、电话号码

部门：部门号、部门名、人数

职工_子女：姓名、年龄

每个职工都在某个部门工作，每个部门由一个职工管理。当父母确定时，其孩子的名字是唯一的。一旦父母离开该企业，孩子的信息也不保存。

请根据以上信息，画出 E-R 图。

第 9 章　关系规范化理论

数据库设计是数据库应用领域中的主要研究课题，其任务是在给定的应用环境下，创建满足用户需求且性能良好的数据库模式、建立数据库及其应用系统，使之能有效地存储和管理数据，满足某公司或部门各类用户业务的需求。

数据库设计需要理论指导，关系数据库规范化理论就是数据库设计的一个理论指南。规范化理论研究的是关系模式中各属性之间的依赖关系及其对关系模式性能的影响，探讨“好”的关系模式应该具备的性质，以及达到“好”的关系模式的方法。规范化理论提供了判断关系模式好坏的理论标准，帮助我们预测可能出现的问题，是数据库设计人员的有力工具，同时也使数据库设计工作有了严格的理论基础。

本章主要讨论关系数据库规范化理论，讨论如何判断一个关系模式是否是好的关系模式，以及如何将不好的关系模式分解成好的关系模式，并能保证所得到的关系模式仍能表达原来的语义。

9.1　关系模式设计的问题

概述

假设有描述学生选课及住宿情况的关系模式：

S-L-C(Sno，Sname，Ssex，Sdept，Sloc，Cno，Grade)

其中各属性分别为：学号、姓名、性别、学生所在系、学生所住宿舍楼、课程号和考试成绩。设每个系的学生都住在同一宿舍楼中，该关系模式的主键为(Sno，Cno)。

观察表 9-1 所示的数据，看看这个关系模式存在什么问题。

表 9-1　S-L-C 模式的部分数据示例

Sno	Sname	Ssex	Sdept	Sloc	Cno	Grade
0811101	李勇	男	计算机系	2 公寓	C001	96

（续表）

Sno	Sname	Ssex	Sdept	Sloc	Cno	Grade
0811101	李勇	男	计算机系	2 公寓	C002	80
0811101	李勇	男	计算机系	2 公寓	C003	84
0811101	李勇	男	计算机系	2 公寓	C005	62
0811102	刘晨	男	计算机系	2 公寓	C001	92
0811102	刘晨	男	计算机系	2 公寓	C002	90
0811102	刘晨	男	计算机系	2 公寓	C004	84
0821102	吴宾	女	信息管理系	1 公寓	C001	76
0821102	吴宾	女	信息管理系	1 公寓	C004	85
0821102	吴宾	女	信息管理系	1 公寓	C005	73
0821102	吴宾	女	信息管理系	1 公寓	C007	
0821103	张海	男	信息管理系	1 公寓	C001	50
0821103	张海	男	信息管理系	1 公寓	C004	80
0831103	张珊珊	女	通信工程系	1 公寓	C004	78
0831103	张珊珊	女	通信工程系	1 公寓	C005	65
0831103	张珊珊	女	通信工程系	1 公寓	C007	

从这个表可以发现如下问题。

(1)数据冗余问题

在这个关系中，学生所在系和其所住宿舍楼的信息有冗余，因为一个系有多少个学生，这个系所对应的宿舍楼的信息就至少要重复存储多少遍。学生基本信息(包括学生学号、姓名、性别和所在系)也有重复，一个学生修了多少门课，他的基本信息就重复多少遍。

(2)数据更新问题

如果某一学生从计算机系转到了信息管理系，那么不但要修改此学生的 Sdept 列的值，而且还要修改其 Sloc 列的值，从而使修改复杂化。

(3)数据插入问题

虽然新成立了某个系，并且确定了该系学生的宿舍楼，即已经有了 Sdept 和 Sloc 信息，却不能将这个信息插入 S-L-C 表中，因为这个系还没有招生，其 Sno 和 Cno 列的值均为空，而 Sno 和 Cno 是这个表的主键，不能为空。

(4)数据删除问题

如果一名学生最初只选修了一门课，之后又放弃了，那么应该删除该学生选修此门课程的记录。但由于这个学生只选了一门课，因此，删除此学生选课记录的同时也就删除了此学生的其他基本信息。

数据的增、删、改问题统称为操作异常。为什么会出现以上操作异常呢？是因为关系模式没有设计好，它的某些属性之间存在“不良”的函数依赖关系。如何改造这个关系模式并避免以上问题是关系规范化理论要解决的问题，也是我们讨论函数依赖的原因。

解决上述问题的方法就是进行模式分解，即把一个关系模式分解成两个或多个关系模式，在分解的过程中消除那些“不良”的函数依赖，从而获得良好的关系模式。

下面，先从函数依赖开始讨论。

9.2 函数依赖

数据的语义不仅表现为完整性约束，对关系模式的设计也提出了一定的要求。针对一个实际应用业务，如何构建合适的关系模式，应构建几个关系模式，每个关系模式由哪些属性组成等，这些都是数据库设计问题，确切地讲是关系数据库的逻辑设计问题。

下面介绍关系模式中各属性之间的依赖关系。

函数依赖基本概念

9.2.1 基本概念

函数是我们非常熟悉的概念，对公式：$Y=f(X)$，自然也不会陌生，但是大家熟悉的是 X 和 Y 在数量上的对应关系，即给定一个 X 值，都会有一个 Y 值和它对应。也可以说，X 函数决定 Y，或 Y 函数依赖于 X。在关系数据库中讨论函数或函数依赖注重的是语义上的关系，例如：省$=f$(城市)。只要给出一个具体的城市值，就会有唯一的省值和它对应，如“衡阳市”在“湖南省”，这里“城市”是自变量 X，“省”是因变量或函数值 Y。一般把 X 函数决定 Y，或 Y 函数依赖于 X 表示为：$X \rightarrow Y$

根据以上讨论可以写出较直观的函数依赖定义，即如果有一个关系模式 $R(A1,A2,\cdots,An)$，X 和 Y 为$\{A1,A2,\cdots,An\}$的子集，r 是 R 的任一具体关系，那么对于关系 r 中的任意一个 X 值，都只有一个 Y 值与之对应，则称 X 函数决定 Y 或 Y 函数依赖于 X。

例如，对学生关系模式 Student(Sno, Sname, Sdept, Sage)有以下函数依赖关系：

```
Sno→Sname, Sno→Sdept, Sno→Sage
```

对学生选课关系模式：SC(Sno, Cno, Grade)

有以下函数依赖关系：

```
(Sno, Cno)→Grade
```

显然，函数依赖讨论的是属性之间的依赖关系，它是语义范畴的概念，也就是说关系模式的属性之间是否存在函数依赖只与语义有关。下面给出函数依赖的形式化定义。

定义 9.1 设有关系模式 $R(A1,A2,\cdots,An)$，X 和 Y 均为$\{A1,A2,\cdots,An\}$的子集，r 是 R 的任一具体关系，$t1$、$t2$ 是 r 中的任意两个元组。如果由 $t1[X]=t2[X]$可以推导出 $t1[Y]=t2[Y]$，则称 X 函数决定 Y，或 Y 函数依赖于 X，记为 $X \rightarrow Y$。

在以上定义中特别要注意，只要 $t1[X]=t2[X]$、$t1[Y]=t2[Y]$成立，就有 $X \rightarrow Y$。

9.2.2 一些术语和符号

本节给出本章中使用的一些术语和符号。设有关系模式 $R(A1,A2,\cdots,An)$，X 和 Y 均为$\{A1, A2, \cdots, An\}$的子集，则有以下结论：

(1)如果 $X \rightarrow Y$，但 Y 不包含于 X，则称 $X \rightarrow Y$ 是非平凡的函数依赖。如不做特别说明，我们讨论的都是非平凡的函数依赖。

(2)如果 Y 不函数依赖于 X，则记作 $X \nrightarrow Y$。

(3)如果 $X \to Y$，则称 X 为决定因子。

(4)如果 $X \to Y$，并且 $Y \leftarrow X$，则记作 $X \leftrightarrow Y$。

(5)如果 $X \to Y$，并且对于 X 的一个任意真子集 X' 都有 $X' \nrightarrow Y$，则称 Y 完全函数依赖于 X，记作 $X \xrightarrow{f} Y$；如果 $X' \to Y$ 成立，则称 Y 部分函数依赖于 X，记作 $X \xrightarrow{p} Y$。

(6)如果 $X \to Y$(非平凡函数依赖)，并且 $Y \nrightarrow X$、$Y \to Z$，则称 Z 传递函数依赖于 X。

(7)设 K 为关系模式 R 的一个属性或属性组，若满足：

$$K \xrightarrow{f} A_1, K \xrightarrow{f} A_2, \cdots, K \xrightarrow{f} A_n$$

则称 K 为关系模式 R 的候选键(或候选码)。称包含在候选键中的属性为主属性，不包含在任何候选码中的属性称为非主属性。

例 9.1 设有关系模式 SC(Sno，Sname，Cno，Credit，Grade)，其中各属性分别为：学号、姓名、课程号、学分和成绩，主键为(Sno, Cno)，则有如下函数依赖：

Sno→Sname　　姓名函数依赖于学号

(Sno, Cno) $\xrightarrow{p}$ Sname　　姓名部分函数依赖于学号和课程号

(Sno, Cno) $\xrightarrow{f}$ Grade　　成绩完全函数依赖于学号和课程号

例 9.2 设有关系模式 S(Sno, Sname, Sdept, Dept_master)，其中各属性分别为：学号、姓名、所在系和系主任(假设一个系只有一个主任)，主键为 Sno，则有如下函数依赖关系：

Sno $\xrightarrow{f}$ Sname　姓名完全函数依赖于学号

由于有：

Sno $\xrightarrow{f}$ Sdept　所在系完全函数依赖于学号

Sdept $\xrightarrow{f}$ Dept_master　系主任完全函数依赖于所在系

因此：

Sno $\xrightarrow{传递}$ Dept_master　系主任传递函数依赖于学号

9.2.3 函数依赖的推理规则

函数依赖推理规则

尽管我们将注意力集中在非平凡函数依赖上，但一个关系 R 的函数依赖的完整集合仍然是很大的，因此找到一种方法来减少函数依赖集合的规模是非常重要的。理想情况是(理论上)希望确定一组函数依赖(表示为 F)，但这组函数依赖的规模要比完整的函数依赖集合小得多，而且关系 R 中的每个函数依赖都可以通过 F 中的函数依赖表示。这种想法表明必须可以从一些函数依赖推导出另外一些函数依赖。例如，如果关系中存在函数依赖：$A \to B$ 和 $B \to C$，那么函数依赖 $A \to C$ 在这个关系中也是成立的。$A \to C$ 就是一个传递依赖的例子。

如何才能确定关系中有用的函数依赖呢？通常，我们先确定语义上非常明显的函数依赖。但是，经常还会有大量的其他函数依赖。事实上，在实际的数据库项目中要确定所有可能的函数依赖是不现实的。我们要讨论的是用一种方法来帮助确定关系的完整的函数依赖集合，并讨论如何得到一个表示完整函数依赖的最小函数依赖集。

从已知的函数依赖可以推导出另一些新的函数依赖，这需要一系列推理规则。函数依

赖的推理规则最早出现在 1974 年 W. W. Armstrong 论文中，因此称这些规则为 Armstrong 公理。下面给出的推理规则是其他人于 1977 年对 Armstrong 公理体系进行改进后的形式。利用这些推理规则，可以由一组已知函数依赖推导出关系模式的其他函数依赖。

设有关系模式 $R(U, F)$，U 为关系模式 R 上的属性集，F 为 R 上成立的只涉及 U 中属性的函数依赖集，X，Y，Z，W 均是 U 的子集，函数依赖的推理规则如下（为简便起见，下面用 XY 表示 $X \cup Y$）。

1. Armstrong 公理

①自反律（Reflexivity）

若 $Y \subseteq X \subseteq U$，则 $X \to Y$ 在 R 上成立。即一组属性函数决定它的所有子集。

例如，对关系模式 SC(Sno, Sname, Cno, Credit, Grade)，有：

(Sno, Cno)→Cno 和 (Sno, Cno)→Sno

②增广律（Augmentation）

若 $X \to Y$ 在 R 上成立，且 $Z \subseteq U$，则 $XZ \to YZ$ 在 R 上也成立。

③传递律（Transitivity）

若 $X \to Y$ 和 $Y \to Z$ 在 R 上成立，则 $X \to Z$ 在 R 上也成立。

2. Armstrong 公理推论

①合并规则（Union Rule）

若 $X \to Y$ 和 $X \to Z$ 在 R 上成立，则 $X \to YZ$ 在 R 上也成立。

例如，对关系模式 Student(Sno, Sname, Sdept, Sage)，有 Sno→(Sname, Sdept)，Sno→Sage，则有 Sno→(Sname, Sdept, Sage)成立。

②分解规则（Decomposition Rule）

若 $X \to Y$ 和 $Z \subseteq Y$ 在 R 上成立，则 $X \to Z$ 在 R 上也成立。

从合并规则和分解规则可得到如下重要结论：

如果 $A1 \cdots An$ 是关系模式 R 的属性集，那么 $X \to A1 \cdots An$ 成立的充分必要条件是 $X \to Ai(i=1,2,\cdots,n)$ 成立。

③伪传递规则（Pseudo-transitivity Rule）

若 $X \to Y$ 和 $YW \to Z$ 在 R 上成立，则 $XW \to Z$ 在 R 上也成立。

④复合规则（Composition Rule）

若 $X \to Y$ 和 $W \to Z$ 在 R 上成立，则 $XW \to YZ$ 在 R 上也成立。

例如，对关系模式 SC(Sno, Sname, Cno, Credit, Grade)，有：

Sno→Sname 和 Cno→Credit 成立，则有(Sno, Cno)→(Sname, Credit)。

9.2.4 闭包及候选键求解方法

闭包

候选键求解方法

对于一个关系模式 $R(U,F)$，要根据已给出的函数依赖 F，利用推理规则推导出其全部的函数依赖集是很困难的，比如，从 $F=\{X \to A1 \cdots An\}$ 出发，至少可以推导出 $2n$ 个不同的函数依赖。为此引入了函数依赖集闭包的概念。

1. 函数依赖集的闭包

定义 9.2 在关系模式 $R(U,F)$ 中，U 是 R 的属性全集，F 是 R 上的一组函数依赖。设 X、Y 是 U 的子集，对于关系模式 R 的任一关系 r，如果 r 满足 F，则 r 满足 X

$\rightarrow Y$，那么称 F 逻辑蕴涵 $X \rightarrow Y$，或称函数依赖 $X \rightarrow Y$ 可由 F 导出。

所有被 F 逻辑蕴涵的函数依赖的全集称为 F 的闭包，记作 F^+。

例 9.3 设有关系模式 $R(A,B,C,G,H,I)$ 及其函数依赖集 $F=\{A\rightarrow B, A\rightarrow C, CG\rightarrow H, CG\rightarrow I, B\rightarrow H\}$。判断 $A\rightarrow H$、$CG\rightarrow HI$ 和 $AG\rightarrow I$ 是否属于 F^+。

解：根据 Armstrong 公理系统：

(1)$A\rightarrow H$。由于有 $A\rightarrow B$ 和 $B\rightarrow H$，根据传递性，可推出 $A\rightarrow H$。

(2)$CG\rightarrow HI$。由于有 $CG\rightarrow H$ 和 $CG\rightarrow I$，根据合并规则，可推出 $CG\rightarrow HI$。

(3)$AG\rightarrow I$。由于有 $A\rightarrow C$ 和 $CG\rightarrow I$，根据伪传递规则，可推出 $AG\rightarrow I$。

因此，$A\rightarrow H$、$CG\rightarrow HI$ 和 $AG\rightarrow I$ 均属于 F^+。

例 9.4 已知关系模式 $R(A,B,C,D,E,G)$ 及其函数依赖集 F：

$F=\{AB\rightarrow C, C\rightarrow A, BC\rightarrow D, ACD\rightarrow B, D\rightarrow EG, BE\rightarrow C, CG\rightarrow BD, CE\rightarrow AG\}$

判断 $BD\rightarrow AC$ 是否属于 F^+。

解：由 $D\rightarrow EG$，可推出：$D\rightarrow E$，$BD\rightarrow BE$ … ①

又由 $BE\rightarrow C$，$C\rightarrow A$，可推出：$BE\rightarrow A$，$BE\rightarrow AC$ … ②

由①、②，可推出 $BD\rightarrow AC$，因此 $BD\rightarrow AC$ 被 F 所蕴涵，即 $BD\rightarrow AC$ 属于 F^+。

对关系模式 $R(U, F)$，应用 Armstrong 公理系统计算 F^+ 的过程。

步骤 1：初始，$F^+ = F$。

步骤 2：对 F^+ 中的每个函数依赖 f，在 f 上应用自反性和增广性，将结果加入 F^+ 中。

对 F^+ 中的一对函数依赖 $f1$ 和 $f2$，如果 $f1$ 和 $f2$ 可以使用传递律结合起来，则将结果加入 F^+ 中。

步骤 3：重复步骤 2，直到 F^+ 不再增大为止。

2. 属性集闭包

一般情况下，由函数依赖集 F 计算其闭包 F^+ 是相当麻烦的，因为即使 F 很小，F^+ 也可能很大。计算 F^+ 的目的是 F^+ 判断函数依赖是否为 F 所蕴涵，然而要导出 F^+ 的全部函数依赖是很费时的事情，而且由于 F^+ 中包含大量的冗余信息，因此计算 F^+ 的全部函数依赖是不必要的。那么是否有更简单的方法来判断 $X\rightarrow Y$ 是否为 F 所蕴涵呢？

在开始确定一个关系的函数依赖集合 F 时，首先确定语义上非常明显的函数依赖，然后，应用 Armstrong 公理从这些函数依赖推导出附加的正确的函数依赖。确定这些附加的函数依赖的一种系统化方法是首先确定每一组会在函数依赖左边出现的属性组 X，然后确定所有依赖于 X 的属性组 X^+，X^+ 称为 X 在 F 下的闭包。

判定函数依赖 $X\rightarrow Y$ 是否能由 F 导出的问题，可转化为求 X^+ 并判定 Y 是否是 X^+ 子集的问题。即求函数依赖集闭包问题可转化为求属性集问题。

定义 9.3 设有关系模式 $R(U,F)$，U 为 R 的属性集，F 是 R 上的函数依赖集，X 是 U 的一个子集($X \subseteq U$)。用函数依赖推理规则可从 F 推出函数依赖 $X\rightarrow A$ 中所有 A 的集合，称为属性集 X 关于 F 的闭包，记为 X^+(或 X^{+F})。即：

$X^+=\{A \mid X\rightarrow A$ 能够由 F 根据 Armstrong 公理导出$\}$

对关系模式 $R(U, F)$，求属性集 X 相对于函数依赖集 F 的闭包 X^+ 的算法如下：

步骤 1：初始，$X^+ = X$。

步骤 2：如果 F 中有某个函数依赖 $Y \to Z$ 满足 $Y \subseteq X^+$，则 $X^+ = X^+ \cup Z$。

步骤 3：重复步骤 2，直到 X^+ 不再增大为止。

例 9.5 设有关系模式 $R(U,F)$，其中属性集 $U=\{X, Y, Z, W\}$，函数依赖集 $F=\{X \to Y, Y \to Z, W \to Y\}$，计算 X^+、$(XW)^+$。

解：

(1)计算 X^+

步骤 1：初始，$X^+ = X$。

步骤 2：

①对 X^+ 中的 X，∵ 有 $X \to Y$，∴ $X^+ = X^+ \cup Y = XY$。

②对 X^+ 中的 Y，∵ 有 $Y \to Z$，∴ $X^+ = X^+ \cup Z = XYZ$。

在函数依赖集 F 中，Z 不出现在任何函数依赖的左部，因此 X^+ 将不会再扩大，所以最终 $X^+ = XYZ$。

(2)计算 $(XW)^+$

步骤 1：初始，$(XW)^+ = XW$。

步骤 2：

①对 $(XW)^+$ 中的 X，∵ 有 $X \to Y$，∴ $(XW)^+ = XW^+ \cup Y = XWY$。

②对 $(XW)^+$ 中的 Y，∵ 有 $Y \to Z$，∴ $(XW)^+ = XW^+ \cup Z = XWYZ$。

③对 $(XW)^+$ 中的 W，有 $W \to Y$，但 Y 已在 $(XW)^+$ 中，因此 $(XW)^+$ 保持不变。

④对 $(XW)^+$ 中的 Z，由于 Z 不出现在任何函数依赖的左部，因此 $(XW)^+$ 保持不变。

最终 $(XW)^+ = XWYZ$。

例 9.6 设有关系模式 $R(U,F)$，其中 $U=\{A,B,C,D,E\}$，$F=\{(A, B) \to C, B \to D, C \to E, (C, E) \to B, (A, C) \to B\}$，计算 $(AB)^+$。

解：

步骤 1：初始，$(AB)^+ = AB$。

步骤 2：

①对 $(AB)^+$ 中的 A、B，∵ 有 $(A, B) \to C$，∴ $(AB)^+ = (AB)^+ \cup C = ABC$。

②对 $(AB)^+$ 中的 B，∵ 有 $B \to D$，∴ $(AB)^+ = (AB)^+ \cup D = ABCD$。

③对 $(AB)^+$ 中的 C，∵ 有 $C \to E$，∴ $(AB)^+ = (AB)^+ \cup E = ABCDE$。

至此，$(AB)^+$ 已包含了 R 中的全部属性，因此 $(AB)^+$ 计算完毕。

最终 $(AB)^+ = ABCDE$。

例 9.7 已知关系模式 $R=(A,B,C,D,E,G)$，其函数依赖集 F 为：

$F = \{AB \to C, C \to A, BC \to D, ACD \to B, D \to EG, BE \to C, CG \to BD, CE \to AG\}$

求 $(BD)^+$，并判断 $BD \to AC$ 是否属于 F^+。

解：$(BD)^+ = \{B,D,E,G,C,A\}$

由于 $\{A,C\} \subseteq (BD)^+$，因此 $BD \to AC$ 可由 F 导出，即 $BD \to AC$ 属于 F^+。

例 9.8 已知关系模式 $R(A,B,C,E,H,P,G)$，其函数依赖集 F 为：

$F = \{AC \to PE, PG \to A, B \to CE, A \to P, GA \to B, GC \to A, PAB \to G, AE \to GB, ABCP \to H\}$

证明:$BG \to HE$ 属于 F^{+}。

证明:

$\because (BG)^{+} = \{A, B, C, E, H, P, G\}$,而$\{H, E\} \subseteq (BG)^{+}$

$\therefore BG \to HE$ 可由 F 导出,即 $BG \to HE$ 属于 F^{+}。

求属性集闭包的另一个用途是:如果属性集 X 的闭包 X^{+} 包含了 R 中的全部属性,则 X 为 R 的一个候选键。

3. 候选键的求解方法

对于给定的关系模式 $R(A1, A2, \cdots, An)$和函数依赖集 F,现将 R 的属性分为如下四类:

(1) L 类:仅出现在函数依赖左部的属性。

(2) R 类:仅出现在函数依赖右部的属性。

(3) N 类:在函数依赖的左部和右部均不出现的属性。

(4) LR 类:在函数依赖的左部和右部均出现的属性。

对 R 中的属性 X,可有以下结论:

(1) 若 X 是 L 类属性,则 X 一定包含在关系模式 R 的任何一个候选键中;若 X^{+} 包含了 R 的全部属性,则 X 为关系模式 R 的唯一候选键。

(2) 若 X 是 R 类属性,则 X 不包含在关系模式 R 的任何一个候选键中。

(3) 若 X 是 N 类属性,则 X 一定包含在关系模式 R 的任何一个候选键中。

(4) 若 X 是 LR 类属性,则 X 可能包含在关系模式 R 的某个候选键中。

例 9.9 设有关系模式 $R(U, F)$,其中 $U = \{A, B, C, D\}$,$F = \{D \to B, B \to D, AD \to B, AC \to D\}$,求 R 的所有候选键。

解:观察 F 中的函数依赖,发现 A、C 两个属性是 L 类属性,因此 A、C 两个属性必定在 R 的任何一个候选键中;又由于$(AC)^{+} = ABCD$,即$(AC)^{+}$包含了 R 的全部属性,因此,AC 是 R 的唯一候选键。

例 9.10 设有关系模式 $R(U, F)$,其中 $U = \{A, B, C, D, E, G\}$,$F = \{A \to D, E \to D, D \to B, BC \to D, DC \to A\}$,求 R 的所有候选键。

解:通过观察 F 中的函数依赖,发现:

C、E 两个属性是 L 类属性,因此 C、E 两个属性必定在 R 的任何一个候选键中。

由于 G 是 N 类属性,故属性 G 也必定在 R 的任何一个候选键中。

又由于$(CEG)^{+} = ABCDEG$,即$(CEG)^{+}$包含了 R 的全部属性,因此,CEG 是 R 的唯一候选键。

例 9.11 设有关系模式 $R(U, F)$,其中 $U = \{A, B, C, D, E, G\}$,$F = \{AB \to E, AC \to G, AD \to B, B \to C, C \to D\}$,求 R 的所有候选键。

解:通过观察 F 中的函数依赖,发现:

A 是 L 类属性,故 A 必定在 R 的任何一个候选键中。

E、G 是两个 R 类属性,故 E、G 一定不包含在 R 的任何候选键中。

由于 $A^{+} = A \neq ABCDEG$,故 A 不能单独作为候选键。

B、C、D 三个属性均是 LR 类属性,则这三个属性中必有部分或全部在某个候选键中。

下面将 B、C、D 依次与 A 结合，分别求闭包：

$(AB)^+ = ABCDEG$，因此 AB 为 R 的一个候选键；

$(AC)^+ = ABCDEG$，因此 AC 为 R 的一个候选键；

$(AD)^+ = ABCDEG$，因此 AD 为 R 的一个候选键。

综上所述，关系模式 R 共有三个候选键：AB、AC 和 AD。

通过本例，我们发现如果 L 类属性和 N 类属性不能作为候选键，则可将 LR 类属性逐个与 L 类和 N 类属性组合做进一步考察。有时要将 LR 类全部属性与 L 类、N 类属性组合才能作为候选键。

例 9.12 设有关系模式 $R(U,F)$，其中 $U=\{A,B,C,D,E\}$，$F=\{A \to BC, CD \to E, B \to D, E \to A\}$，求 R 的所有候选键。

解：通过观察 F 中的函数依赖，发现关系模式 R 中没有 L 类、R 类和 N 类属性，所有的属性都是 LR 类属性。因此，先从 A、B、C、D、E 属性中依次取出一个属性，分别求它们的闭包：

$A^+ = ABCDE$

$B^+ = BD$

$C^+ = C$

$D^+ = D$

$E^+ = ABCDE$

由于 A^+ 和 E^+ 都包含了 R 的全部属性，因此 A 和 E 分别是 R 的一个候选键。

接下来，从 R 中任意取出两个属性，分别求它们的闭包。由于 A、E 已是 R 的候选键了，因此只需在 C、D、E 中进行选取即可。

$(BC)^+ = ABCDE$

$(BD)^+ = BD$

$(CD)^+ = ABCDE$

因此，BC 和 CD 分别是 R 的一个候选键。

至此，关系模式 R 的全部候选键为：A、E、BC 和 CD。

9.2.5 极小函数依赖集

对关系模式 $R(U,F)$，如果函数依赖集 F 满足下列条件，则称 F 为 R 的一个极小函数依赖集（或称为最小依赖集、最小覆盖），记为 F_{min}。

F 中每个函数依赖的右部仅含有一个属性。

F 中每个函数依赖的左部不存在多余的属性，即不存在这样的函数依赖 $X \to A$，X 有真子集 Z 使得 F 与 $(F-\{X \to A\}) \cup \{Z \to A\}$ 等价。

F 中不存在多余的函数依赖，即不存在这样的函数依赖 $X \to A$，使得 F 与 $F-\{X \to A\}$ 等价。

计算极小函数依赖集的算法：

①使 F 中每个函数依赖的右部都只有一个属性

逐一检查 F 中各函数依赖 $X \to Y$，若 $Y = A_1A_2 \cdots A_k (k \geqslant 2)$，则用$\{X \to A_j \mid j=1,2,\cdots k\}$取代 $X \to Y$。

②去掉各函数依赖左部多余的属性

逐一取出 F 中各函数依赖 $X \to A$，设 $X = B_1B_2\cdots B_m$，逐一检查 $B_i(i=1,2,\cdots,m)$，如果 $A \in (X-B_i)F^+$，则以 $X-B_i$ 取代 X。

③去掉多余的函数依赖

逐一检查 F 中各函数依赖 $X \to A$，令 $G = F - \{X \to A\}$，若 $A \in XG^+$，则从 F 中去掉 $X \to A$ 函数依赖。

例 9.13 设有如下两个函数依赖集 F_1、F_2，分别判断它们是否是极小函数依赖集。

$F_1 = \{AB \to CD, BE \to C, C \to G\}$

$F_2 = \{A \to D, B \to A, A \to C, B \to D, D \to C\}$

解：对 F_1，由于函数依赖 $AB \to CD$ 的右部不是单个属性，因此，该函数依赖集不是极小函数依赖集。

对 F_2，由于 $A \to C$ 可由 $A \to D$ 和 $D \to C$ 导出，因此 $A \to C$ 是 F_2 中的多余函数依赖，所以 F_2 也不是极小函数依赖集。

例 9.14 设有关系模式 $R(U,F)$，其中 $U=\{A,B,C\}$，$F=\{A \to BC, B \to C, AC \to B\}$，求其极小函数依赖集 F_{min}。

解：①令 F 中每个函数依赖的右部为单个属性。结果为：

$G_1 = \{A \to B, A \to C, B \to C, AC \to B\}$

②去掉 G_1 中每个函数依赖左部的多余属性。对于该例，只需分析 $AC \to B$ 即可。

第 1 种情况：去掉 C，计算 $AG_1{}^+ = ABC$，包含了 B，因此 $AC \to B$ 中 C 是多余属性，$AC \to B$ 可化简为 $A \to B$。

第 2 种情况：去掉 A，计算 $CG_1{}^+ = C$，不包含 B，因此 $AC \to B$ 中 A 不是多余属性。

去掉左部多余属性后的函数依赖集为：

$G_2 = \{A \to B, A \to C, B \to C, A \to B\} = \{A \to B, A \to C, B \to C\}$

③去掉 G_2 中多余的函数依赖。

对 $A \to B$，令 $G_3 = \{A \to C, B \to C\}$，$AG_3^+ = AC$，不包含 B，因此 $A \to B$ 不是多余的函数依赖。

对 $A \to C$，令 $G_4 = \{A \to B, B \to C\}$，$AG_4^+ = ABC$，包含了 C，因此 $A \to C$ 是多余的函数依赖，应去掉。

对 $B \to C$，令 $G_5 = \{A \to B, A \to C\}$，$BG_5^+ = B$，不包含 C，因此 $B \to C$ 不是多余的函数依赖。

最终的极小函数依赖集 $F_{min} = \{A \to B, B \to C\}$。

例 9.15 设有关系模式 $R(U,F)$，其中 $U=\{A,B,C\}$，$F=\{AB \to C, A \to B, B \to A\}$，求其极小函数依赖集 F_{min}。

解：观察发现该函数依赖集中所有函数依赖的右部均为单个属性，因此只需去掉左部的多余属性和多余函数依赖即可。

(1)去掉 F 中每个函数依赖左部的多余属性，本例只需考虑 $AB \to C$ 即可。

第 1 种情况：去掉 B，计算 $AF^+ = ABC$，包含 C，因此 B 是多余属性，$AB \to C$ 可化简为

$A \to C$。

故 F 简化为：$G_1 = \{ A \to C, A \to B, B \to A \}$

第2种情况：去掉 A，计算 $BF^+ = ABC$，包含 C，因此 A 是多余属性，$AB \to C$ 可化简为 $B \to C$。

故 F 可简化为：$G_2 = \{ B \to C, A \to B, B \to A \}$

(2)去掉 G_1 和 G_2 中的多余函数依赖。

①去掉 G_1 中的多余函数依赖。

对 $A \to C$，令 $G_{11} = \{ A \to B, B \to A \}$，$AG_{11}^+ = AB$，不包含 C，因此 $A \to C$ 不是多余的函数依赖。

对 $A \to B$，令 $G_{12} = \{ A \to C, B \to A \}$，$AG_{12}^+ = C$，不包含 B，因此 $A \to B$ 不是多余的函数依赖。

对 $B \to A$，令 $G_{13} = \{ A \to C, A \to B \}$，$BG_{13}^+ = B$，不包含 A，因此 $B \to A$ 不是多余的函数依赖。

最终的极小函数依赖集 $F_{\min 1} = G_1 = \{ A \to C, A \to B, B \to A \}$。

②去掉 G_2 中的多余函数依赖。

对 $B \to C$，令 $G_{21} = \{ A \to B, B \to A \}$，$BG_{21}^+ = AB$，不包含 C，因此 $B \to C$ 不是多余的函数依赖。

对 $A \to B$，令 $G_{22} = \{ B \to C, B \to A \}$，$AG_{22}^+ = A$，不包含 B，因此 $A \to B$ 不是多余的函数依赖。

对 $B \to A$，令 $G_{23} = \{ B \to C, A \to B \}$，$BG_{23}^+ = BC$，不包含 A，因此 $B \to A$ 不是多余的函数依赖。

最终的极小函数依赖集 $F_{\min 2} = G_2 = \{ B \to C, A \to B, B \to A \}$。

9.3 范式

范式

关系规范化是一种形式化的技术，它利用主键和候选键以及属性之间的函数依赖来分析关系，这种技术包括一系列作用于单个关系的测试，一旦发现某关系未满足规范化要求，就分解该关系，直到满足规范化要求。

规范化的过程被分解成一系列的步骤，每一步都对应某一个特定的范式。随着规范化的进行，关系的形式将逐步变得更加规范，表现为具有更少的操作异常。对于关系数据模型，应该认识到建立关系时只有第一范式(1NF)。第一范式是必需的，后续的其他范式都是可选的。但为了避免出现操作异常情况，通常需要将规范化进行到第三范式(3NF)。如图9-1所示，说明了函数依赖相关的各范式之间的关系，从图中可以看到，1NF的关系也是2NF的，2NF的关系也是3NF的，等等。

上节介绍了设计“不好”的关系模式会带来的问题，本节将讨论“好”的关系模式应具备的性质，即关系规范化问题。

关系数据库中的关系要满足一定的要求，满足不同程度的要求即为不同的范式。满足

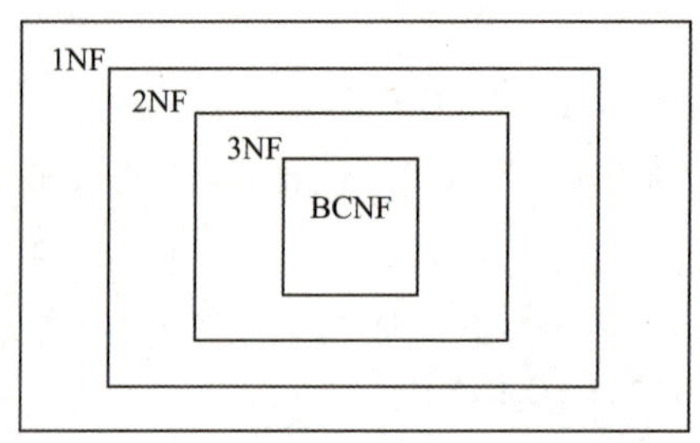

图 9-1　各范式之间的关系

最低要求的关系称为第一范式，即 1NF。在第一范式中进一步满足一些要求的关系称为第二范式，即 2NF，以此类推，还有第三范式(3NF)、Boyce-Codd 范式(简称 BC 范式，BCNF)、第四范式(4NF)和第五范式(5NF)。

所谓"第几范式"是表示关系模式满足的条件，所以经常称某一关系模式为第几范式的关系模式。例如，若 R 为第二范式的关系模式可以写为：R∈2NF。

对关系模式属性间的函数依赖加以不同的限制，就形成了不同的范式。这些范式是递进的，第一范式的关系模式比不是第一范式的关系模式好；第二范式的关系模式比第一范式的关系模式好，……。使用这种方法的目的是从一个关系模式或关系模式的集合开始，逐步产生一个与初始集合等价的关系模式集合(指提供同样的信息)。范式越高，规范化的程度越高，关系模式带来的问题就越少。

规范化理论首先由 E. F. Codd 于 1971 年提出，目的是设计"好的"关系数据库模式。关系规范化实际上就是对有问题(操作异常)的关系模式进行分解，从而消除这些异常。

9.3.1　第一范式

定义 9.4　不包含非原子项属性的关系是第一范式(1NF)的关系。

表 9-2 所示的关系就不是第一范式的关系(也称为非规范化表或非范式表，Unnormalized Table)，因为在表 9-2 中，"高级职称人数"不是原子项属性，它是由两个基本属性("教授"和"副教授")组成的一个复合属性。

表 9-2　非第一范式的高级职称统计表

系名	高级职称人数	
	教授	副教授
计算机系	6	10
信息管理系	3	5
通信工程系	4	8

对于表 9-2 所示形式的非规范化表，可以直接将非原子项属性进行分解，如把"高级职称人数"分解为"教授人数"和"非教授人数"，即可成为第一范式的关系，见表 9-3。

表 9-3　规范化成第一范式的高级职称统计表

系名	教授人数	副教授人数
计算机系	6	10
信息管理系	3	5
通信工程系	4	8

9.3.2 第二范式

第二范式基于完全函数依赖的概念，因此在介绍第二范式之前，先回顾一下完全函数依赖。完全函数依赖的直观描述如下：

假设 A 和 B 是某个关系中的属性组，如果 B 函数依赖于 A，但不函数依赖于 A 的任一真子集，则称 B 完全函数依赖于 A。即：对于函数依赖 $A \rightarrow B$，如果移除 A 中的任一属性都使得这种函数依赖关系不存在，则 $A \rightarrow B$ 就是一个完全函数依赖。如果移除 A 中的某个或某些属性，这个函数依赖仍然成立，那么 $A \rightarrow B$ 就是一个部分函数依赖。

定义 9.5 如果 $R(U,F) \in 1NF$，并且 R 中的每个非主属性都完全函数依赖于主键，则 $R(U,F) \in 2NF$。

从定义可以看出，若某个第一范式关系的主键只由一个列组成，则这个关系就是第二范式关系。但如果某个第一范式关系的主键是由多个属性共同构成的复合主键，并且存在非主属性对主键的部分函数依赖，则这个关系就不是第二范式关系。

例如，前面所示的 S-L-C(Sno，Sname，Ssex，Sdept，Sloc，Cno，Grade)就不是第二范式关系。因为该关系模式的主键是(Sno，Cno)，并且有 Sno→Sname，因此存在：

$$(Sno, Cno) \rightarrow Sname$$

即存在非主属性对主键的部分函数依赖。前面介绍了这个关系存在操作异常，而这些操作异常产生的原因就是它存在部分函数依赖。因此第二范式的关系也不是“好”的关系模式，需要继续进行分解。

可以用模式分解的办法将非第二范式关系分解为多个第二范式关系。去掉部分函数依赖的分解过程为：

(1)用组成主键的属性集合的每一个子集作为主键构成一个关系模式。

(2)将依赖于这些主键的属性放置到相应的关系模式中。

(3)最后去掉只由主键的子集构成的关系模式。

例如，对于上述 S-L-C(Sno，Sname，Ssex，Sdept，Sloc，Cno，Grade)关系模式进行分解。

(1)将该关系模式分解为如下三个关系模式(下划线部分表示主键)：

S-L(<u>Sno</u>，...)

C(<u>Cno</u>，...)

S-C(<u>Sno</u>，<u>Cno</u>，...)

(2)将依赖于这些主键的属性放置到相应的关系模式中，形成如下三个关系模式：

S-L(Sno，Sname，Ssex，Sdept，Sloc)

C(Cno)

S-C(Sno，Cno，Grade)

(3)去掉只由主键的子集构成的关系模式，也就是去掉 C(Cno)关系。S-L-C 关系最终被分解为：

S-L(Sno，Sname，Ssex，Sdept，Sloc)

S-C(Sno，Cno，Grade)

现在对分解后的两个关系模式再进行分析。

(1)S-L(Sno，Sname，Ssex，Sdept，Sloc)，其主键是(Sno)，并且有：

Sno Sname,Sno Ssex,Sno Sdept,Sno Sloc

因此 S-L 满足第二范式要求,是第二范式的关系模式。

(2)S-C(Sno, Cno, Grade),其主键是(Sno,Cno),并且有:

(Sno, Cno) Grade

因此 S-C 也满足第二范式要求,是第二范式的关系模式。

下面分析分解后的 S-L 和 S-C 关系模式。首先讨论 S-L,S-L 关系包含的数据见表 9-4。

表 9-4　S-L 关系的部分数据示例

Sno	Sname	Ssex	Sdept	Sloc
0811101	李勇	男	计算机系	2 公寓
0811102	刘晨	男	计算机系	2 公寓
0821102	吴宾	女	信息管理系	1 公寓
0821103	张海	男	信息管理系	1 公寓
0831103	张珊珊	女	通信工程系	1 公寓

从表 9-4 所示的数据可以看到,一个系有多少个学生,就会重复描述每个系及其所在宿舍楼多少遍,因此还存在数据冗余,也存在操作异常。比如,当新组建一个系时,如果此系还没有招收学生,但已分配了宿舍楼,则还是无法将此系的信息插入表中,因为这时的学号为空。

由此看到,第二范式的关系同样存在操作异常,因此还需要对第二范式的关系模式进行进一步的分解。

9.3.3　第三范式

定义 9.6　如果 $R(U,F)\in 2NF$,并且所有的非主属性都不传递依赖于主键,则 $R(U,F)\in 3NF$。

从定义可以看出,如果存在非主属性对主键的传递依赖,则相应的关系模式就不是第三范式的。以关系模式 S-L(Sno, Sname, Ssex, Sdept, Sloc)为例:

因为有,Sno→Sdept,Sdept→Sloc

所以,Sno $\xrightarrow{传递}$ Sloc

从前面的分析可知,当关系模式中存在传递函数依赖时,这个关系仍然有操作异常,因此,还需要对其进一步分解,使其成为第三范式关系。

去掉传递函数依赖的分解过程为:

(1)对于不是候选键的每个决定因子,从关系模式中删去依赖于它的所有属性。

(2)新建一个关系模式,新关系模式中包含原关系模式中所有依赖于该决定因子的属性。

(3)将决定因子作为新关系模式的主键。

S-L 分解后的关系模式如下:

S-D(Sno, Sname, Ssex, Sdept),主键为 Sno。

S-L(Sdept, Sloc),主键为 Sdept。

对 S-D,有:Sno $\xrightarrow{f}$ Sname,Sno $\xrightarrow{f}$ Ssex,Sno $\xrightarrow{f}$ Sdept,因此 S-D 是第三范式的。

对 S-L，有：Sdept $\xrightarrow{f}$ Sloc，因此 S-L 也是第三范式的。

对 S-C(Sno，Cno，Grade)，这个关系模式的主键是(Sno，Cno)，并且有：

(Sno，Cno) $\xrightarrow{f}$ Grade

因此 S-C 也是第三范式的。

至此，S-L-C(Sno，Sname，Ssex，Sdept，Sloc，Cno，Grade)被分解为三个关系模式，每个关系模式都是第三范式的。模式分解之后，原来在一个关系中表达的信息被分解在三个关系中表达，因此，为了保持模式分解前所表达的语义，在进行模式分解之后，除了标识主键之外，还需要标识相应的外键，如下所示。

S-D(Sno，Sname，Ssex，Sdept)，Sno 为主键，Sdept 为引用 S-L 的外键。

S-L(Sdept，Sloc)，Sdept 为主键，没有外键。

S-C(Sno，Cno，Grade)，(Sno，Cno)为主键，Sno 为引用 S-D 的外键。

由于第三范式关系模式中不存在非主属性对主键的部分函数依赖和传递函数依赖，因而在很大程度上消除了数据冗余和更新异常。在实际应用系统的数据库设计中，一般达到第三范式即可。

9.3.4 Boyce-Codd 范式

关系数据库设计的目的是消除部分函数依赖和传递函数依赖，因为这些函数依赖会导致更新异常。到目前为止，我们讨论的第二范式和第三范式都是不允许存在对主键的部分函数依赖和传递函数依赖，但这些定义并没有考虑对候选键的依赖问题。如果只考虑对主键属性的依赖关系，则在第三范式的关系中有可能存在会引起数据冗余的函数依赖。第三范式的这些不足导致了另一种更强范式的出现，即 Boyce-Codd 范式，简称 BC 范式或 BCNF(Boyce Codd Normal Form)。

BCNF 是由 Boyce 和 Codd 共同提出的，它比 3NF 更进了一步，通常认为 BCNF 是修正的 3NF。它是在考虑了关系中对所有候选键函数依赖的基础上建立的。

定义 9.7 如果 $R(U,F) \in$ 1NF，若 $X \rightarrow Y$ 且 $Y \not\subseteq X$ 时 X 必包含候选键，则 $R(U,F) \in$ BCNF。

通俗地讲，当且仅当关系中的每个函数依赖的决定因子都是候选键时，该范式即为 Boyce-Codd 范式(BCNF)。

为了验证一个关系是否符合 BCNF，首先要确定关系中所有的决定因子，然后再看它们是否都是候选键。所谓决定因子是一个属性或一组属性，其他属性完全函数依赖于它。

3NF 和 BCNF 之间的区别在于对函数依赖 $A \rightarrow B$，3NF 允许 B 是主键属性，而 A 不是候选键。而 BCNF 则要求在这个函数依赖中，A 必须是候选键。因此，BCNF 也是 3NF，只是更加规范。尽管满足 BCNF 的关系也是 3NF 关系，但 3NF 关系却不一定是 BCNF 关系的。

前面分解的 S-D、S-L 和 S-C，这三个关系模式都是 3NF 的，同时也都是 BCNF 的，因为它们都只有一个决定因子。大多数情况下 3NF 的关系模式都是 BCNF 的，只有在非常特殊情况下，才会发生违反 BCNF 的情形。

下面是有可能违反 BCNF 的情形：

- 关系中包含两个(或更多)复合候选键。

• 候选键的属性有重叠，通常至少有一个重叠的属性。

下面给出一个违反 BCNF 的例子，并说明如何将非 BCNF 关系转换为 BCNF 关系。该示例说明了将 1NF 关系转换为 BCNF 的方法。

设有表 9-5 所示的 ClientInterview 关系，该关系描述了员工与客户的洽谈情况。包含的属性有：客户号(clientNo)，接待日期(interviewDate)、洽谈开始时间(interviewTime)、员工号(staffNo)和洽谈房间号(roomNo)

其语义为：每个参与洽谈的员工被分配到一个特定的房间中进行，一个房间在一个工作日内可以被分配多次，但一个员工在特定工作日内只在一个房间进行洽谈，一个客户在某个特定的日期只能参与一次洽谈，但可以在不同的日期多次参与洽谈。

表 9-5　　ClientInterview 关系

clientNo	interviewDate	interviewTime	staffNo	roomNo
C001	2009-10-20	10:30	Z005	R101
G002	2009-10-20	12:00	Z005	R101
G005	2009-10-20	10:30	Z002	R102
G002	2009-10-28	10:30	Z005	R102

ClientInterview 关系有三个候选键：(clientNo, interviewDate)、(staffNo, interviewDate, interviewTime)和(roomNo, interviewDate, interviewTime)，而且这些都是复合候选键，它们包含一个共同的属性 interviewDate。现选择(clientNo, interviewDate)作为该关系的主键。ClientInterview 的关系模式如下：

ClientInterview(clientNo, interviewDate, interviewTime, staffNo, roomNo)

该关系模式具有如下函数依赖关系：

fd1:(clientNo, interviewDate)→interviewTime, staffNo, roomNo

fd2:(staffNo, interviewDate, interviewTime)→clientNo

fd3:(roomNo, interviewDate, interviewTime)→stuffNo, clientNo

fd4:(staffNo, interviewDate)→roomNo

现在对这些函数依赖进行分析以确定 ClientInterview 关系属于第几范式。由于函数依赖 fd1、fd2 和 fd3 的决定因子都是该关系的候选键，因此这些依赖不会带来任何问题。唯一需要讨论的是 fd4 函数依赖：(staffNo, interviewDate)→roomNo，尽管(staffNo, interviewDate)不是 ClientInterview 关系的候选键，但由于 roomNo 是候选键(roomNo, interviewDate, interviewTime)中的一个属性，因此，这个函数依赖是 3NF 所允许的。又由于该关系模式不存在部分函数依赖和传递函数依赖，因此 ClientInterview 是 3NF 的。

但这个关系不属于 BCNF，因为 fd4 中的决定因子(staffNo, interviewDate)不是该关系的候选键，而 BCNF 要求关系中所有的决定因子都必须是候选键，因此 ClientInterview 关系可能会存在操作异常。例如，当要改变员工"Z005"在 2009 年 10 月 20 日的房间号时就需要更改关系中的两个元组。如果只在一个元组中更新了房间号，而另一个元组没有更新，则会导致数据不一致。

为了将 ClientInterview 关系转换为 BCNF，必须消除关系中违反 BCNF 的函数依赖，为此，可以将 ClientInterview 关系分解为两个新的符合 BCNF 的关系：Interview 关系和 StaffRoom 关系，见表 9-6、表 9-7。

表 9-6 Interview 关系

clientNo	interviewDate	interviewTime	staffNo
C001	2009-10-20	10:30	Z005
G002	2009-10-20	12:00	Z005
G005	2009-10-20	10:30	Z002
G002	2009-10-28	10:30	Z005

表 9-7 StaffRoom 关系

staffNo	interviewDate	roomNo
Z005	2009-10-20	R101
Z002	2009-10-20	R102
Z005	2009-10-28	R102

可以把不符合 BCNF 的关系分解成符合 BCNF 的关系，但在任何情况下都将所有关系转化为 BCNF 并不一定是最佳的。例如，在对关系进行分解时，有可能会丢失一些函数依赖，也就是，经过分解后可能会将决定因子和由它决定的属性放置在不同的关系中。这时要满足原关系中的函数依赖非常困难，而且一些重要的约束也可能随之丢失。当发生这种情况时，最好的方法就是将规范化过程只进行到 3NF。在 3NF 中，所有的函数依赖都会被保留下来。例如，在对 ClientInterview 关系分解的例子中，当将该关系分解为两个 BCNF 后，已经丢失了函数依赖：

(roomNo, interviewDate, interviewTime)→staffNo, clientNo (fd3)

因为这个函数依赖的决定因子已经不在一个关系中了。但我们也应该认识到，如果不消除 fd4 函数依赖：(staffNo, interviewDate)→roomNo，那么在 ClientInterview 关系中就存在数据冗余。

在具体的实际应用过程中，到底应该将 ClientInterview 关系规范化到 3NF，还是规范化到 BCNF，主要由 3NF 的 ClientInterview 关系所产生的数据冗余量与丢失 fd3 函数依赖所造成的影响哪个更重要决定。例如，如果在实际情况中，每个员工每天只洽谈一次客户，那么，fd4 函数依赖的存在不会导致数据冗余，因此就不需要将 ClientInterview 关系分解为两个 BCNF 关系，而且也是不必要的。但如果实际情况是，每位员工在一天内可能会多次与客户洽谈，那么 fd4 函数依赖就会造成数据冗余，这时将 ClientInterview 关系规范化为两个 BCNF 可能会更好。但也要考虑丢失 fd3 函数依赖带来的影响，也就是说，fd3 是否传递了关于洽谈客户的重要信息，并且是否必须在关系中表现这个依赖关系。弄清楚这些问题有助于彻底解决到底是保留所有的函数依赖重要还是消除数据冗余重要。

9.3.5 规范化小结

在关系数据库中，对关系模式的基本要求是要满足第一范式。但在第一范式的关系中会存在数据操作异常，因此，人们寻求解决这些问题的方法，这就是规范化引出的目的。

规范化的基本思想是逐步消除数据依赖中不合适的部分，通过模式分解的方法使关系模式逐步消除操作异常。分解的基本思想是让一个关系模式只描述一件事情，即面向主题设计数据库的关系模式。因此，规范化的过程就是让每个关系模式概念单一化的过程。但要确保分解后产生的模式与原模式等价，即模式分解不能破坏原来的语义，同时还要保证不丢失原来的函数依赖关系。

从第一范式到 BC 范式基本上消除了数据的函数依赖中不合适的部分。它们的关系如图 9-2 所示。

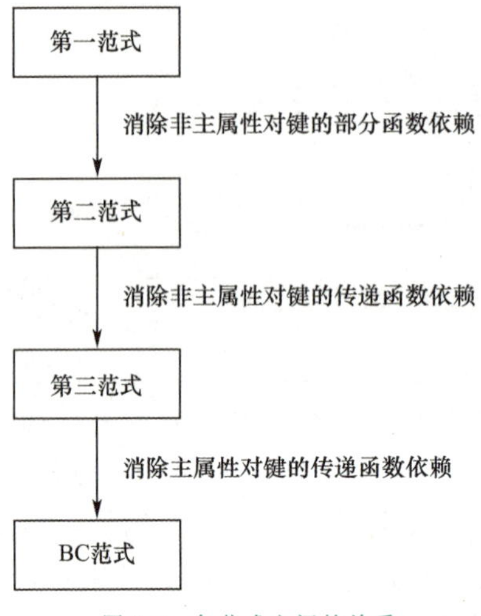

图 9-2　各范式之间的关系

9.4　关系模式的分解准则

规范化的方法就是进行模式分解，但分解后产生的关系模式应与原关系模式等价，即模式分解必须遵守一定的准则，不能表面上消除了操作异常，却留下了其他的问题。为此，模式分解应满足：

(1)分解具有无损连接性；

(2)分解能够保持函数依赖。

无损连接是指分解后的关系通过自然连接可以恢复到原来的关系，即通过自然连接得到的关系与原来的关系相比，既不多出信息也不丢失信息。

保持函数依赖的分解是指在模式分解过程中，函数依赖不能丢失的特性，即模式分解不能破坏原来的语义。

为了得到更高范式的关系进行的模式分解，是否总能既保证无损连接又保持函数依赖呢？答案是否定的。

应如何对关系模式进行分解？对于同一个关系模式可能有多种分解方案。例如，对于关系模式：S-D-L(Sno，Dept，Loc)，各属性含义分别为：学号，系名和宿舍楼号，假设系名可以决定宿舍楼号，则有函数依赖：

Sno→Dept，Dept→Loc

显然这个关系模式不是第三范式的。对于此关系模式我们可以有三种分解方案，分别为：

方案 1：S-L(Sno，Loc)，D-L(Dept，Loc)

方案 2：S-D(Sno，Dept)，S-L(Sno，Loc)

方案3:S-D(Sno,Dept),D-L(Dept,Loc)

这三种分解方案得到的关系模式都是第三范式的,那么这三种方案是否都正确呢?在将一个关系模式分解为多个关系模式时除了提高规范化程度之外,还需要考虑其他的一些因素。

将一个关系模式 $R<U,F>$(U 为 R 的属性集,F 为 R 中的函数依赖集)分解为若干个关系模式 $R_1<U_1,F_1>,R_2<U_2,F_2>,\cdots,R_n<U_n,F_n>$(其中 $U=U_1\cup U_2\cup\cdots\cup U_n$,$F_i$ 为 F 在 U_i 上的投影),这意味着相应地将存储在一张二维表 r 中的数据分散到了若干个二维表 $r_1,r_2,\cdots,r_n$ 中(r_i 是 r 在属性组 U_i 上的投影)。我们希望这样的分解不丢失信息,也就是说,希望能通过对关系 $r_1,r_2,\cdots,r_n$ 的自然连接运算重新得到关系 r 中的所有信息。

事实上,将关系 r 投影为 $r_1,r_2,\cdots,r_n$ 时不会丢失信息,关键是对 $r_1,r_2,\cdots,r_n$ 做自然连接时可能产生一些 r 中原来没有的元组,从而无法区别哪些元组是 r 中原来有的,即数据库中应该存在的数据,哪些是不应该有的。从这个意义上说就丢失了信息。

上述三种分解方案是否都满足分解的要求呢?下面我们对此进行分析。

假设在某一时刻,此关系模式的数据见表9-8,此关系用 r 表示。

表9-8 S-D-L关系模式的某一时刻数据(r)

Sno	Dept	Loc
S01	D1	L1
S02	D2	L2
S03	D2	L2
S04	D3	L1

若按方案1将关系模式S-D-L分解为S-L(Sno,Loc)和D-L(Dept,Loc),则将S-D-L投影到S-L和D-L的属性上,得到关系 r_{11} 和 r_{12},见表9-9、表9-10。

表9-9 分解所得到的结果(r_{11})

Sno	Loc
S01	L1
S02	L2
S03	L2
S04	L1

表9-10 分解所得到的结果(r_{12})

Dept	Loc
D1	L1
D2	L2
D3	L1

做自然连接 $r_{11} * r_{12}$,得到 r',见表9-11。

表9-11 $r_{11} * r_{12}$ 自然连接后得到 r'

Sno	Dept	Loc
S01	D1	L1
S01	D3	L1

（续表）

Sno	Dept	Loc
S02	D2	L2
S03	D2	L2
S04	D1	L1
S04	D3	L1

r'中的元组(S01,D3,L1)和(S04,D1,L1)不是原来 r 中有的元组，因此，无法知道原来的 r 中到底有哪些元组，这当然是我们所不希望的。

将关系模式 $R<U,F>$分解为关系模式 $R_1<U_1,F_1>,R_2<U_2,F_2>,\cdots,R_n<U_n,F_n>$，若对于 R 中的任何一个可能的 r，都有 $r=r_1*r_2*\cdots*r_n$，即 r 在 $R_1,R_2,\cdots,R_n$ 上的投影的自然连接等于 r，则称关系模式 R 的这个分解具有无损连接性。

分解方案 1 不具有无损连接性，因此不是一个正确的分解方法。

再分析方案 2。将 S-D-L 投影到 S-D，S-L 的属性上，得到关系 r_{21} 和 r_{22}，见表 9-12、表 9-13。

表 9-12　分解所得到的结果(r_{21})

Sno	Dept
S01	D1
S02	D2
S03	D2
S04	D3

表 9-13　分解所得到的结果(r_{22})

Sno	Loc
S01	L1
S02	L2
S03	L2
S04	L1

将 $r_{21}*r_{22}$ 做自然连接，得到 r''，见表 9-14。

表 9-14　$r_{21}*r_{22}$ 自然连接后得到 r''

Sno	Dept	Loc
S01	D1	L1
S02	D2	L2
S03	D2	L2
S04	D3	L1

我们看到分解后的关系模式经过自然连接后恢复到了原来的关系，因此，分解方案 2 具有无损连接性。现在我们对这个分解做进一步分析。假设学生 S03 从 D2 系转到了 D3 系，于是我们需要在 r_{21} 中将元组(S03，D2)改为(S03，D3)，同时还需要在 r_{22} 中将元组(S03，L2)改为(S03，L1)。如果这两个修改没有同时进行，则数据库中就会出现不一致信息。这是由分解得到的两个关系模式没有保持原来的函数依赖关系造成的。原有的函数依赖

Dept→Loc 在分解后既没有投影到 S-D 中，也没有投影到 S-L 中，而是跨在了两个关系模式上。因此分解方案 2 没有保持原有的函数依赖关系，也不是好的分解方法。

我们看分解方案 3，经过分析（读者可以自己思考）可以看出分解方案 3 既满足无损连接性，又保持了原有的函数依赖关系，因此它是一个好的分解方法。

可以看出，分解具有无损连接性和分解保持函数依赖是两个独立的标准。具有无损连接性的分解不一定保持函数依赖，如分解方案 2；保持函数依赖的分解不一定具有无损连接性。

下面我们举例说明如何判断某分解是否为无损连接性分解和保持函数依赖分解以及它们之间是否有独立。

例 9.16 假设有关系模式 $R(U,F)$，

属性集 $U=\{S\_NO, C\_NO, GRADE, TNAME, TAGE, OFFICE\}$，

函数依赖集 $F=\{S\_NO\ C\_NO \rightarrow GRADE, C\_NO \rightarrow TNAME, TNAME \rightarrow TAGE, OFFICE\}$，

现将 R 按以下两种分解方案进行分解：$\rho 1=\{SC, CT, TO\}$，$\rho 2=\{SC, GTO\}$。其中 $SC=\{S\_NO, C\_NO, GRADE\}$，$CT=\{C\_NO, TNAME\}$，$TO=\{TNAME, TAGE, OFFICE\}$，$GTO=\{GRADE, TNAME, TAGE, OFFICE\}$，请分析 $\rho 1$、$\rho 2$ 是否为无损分解？

解：在这里我们只给出分析方法，并不做证明。

（1）针对分解方案 1 $\rho 1=\{SC, CT, TO\}$的分析。

①首先构建一个初始化矩阵，矩阵的行数由分解的子模式个数确定，矩阵的列数由 R 的属性个数确定，并在对应的矩阵上填写数据，填写的规则如下：如果该子模式 i 包含了属性 j，则此单元格填上“aj”，如果不包含属性 j，则此单元格填上“bij”（这里的 i 和 j 分别表示子模式的下标和属性的下标）。因此 $\rho 1$ 的初始化矩阵见表 9-15。

表 9-15 $\rho 1$ 的初始化矩阵

	S_NO	C_NO	GRADE	TNAME	TAGE	OFFICE
SC	a1	a2	a3	b14	b15	b16
CT	b21	a2	b23	a4	b25	b26
TO	b31	b32	b33	a4	a5	a6

②然后根据函数依赖集 F 的每个表达式，对初始化矩阵进行修改。

由 S_NO C_NO →GRADE 可知，学号和课程号分别相等时，成绩相等，但表 9-15 中没有两行 S_NO 列和 C_NO 列分别相同，所以，不需要修改初始化矩阵。

由 C_NO →TNAME 可知，课程号相等，则教师姓名相同，表 9-15 中第二行和第三行的 C_NO 都为 a2，所以 TNAME 列应该相同，这时需要把初始化矩阵的 b14 改为 a4，得到表 9-16。

表 9-16 第一次修改后的矩阵

	S_NO	C_NO	GRADE	TNAME	TAGE	OFFICE
SC	a1	a2	a3	a4	b15	b16
CT	b21	a2	b23	a4	b25	b26
TO	b31	b32	b33	a4	a5	a6

由 TNAME →TAGE,OFFICE,可知,教师姓名相同,则教师年龄和办公室分别相等,表 9-16 中的 TNAME 列全部相同,应分别把 TAGE 列和 OFFICE 列修改成相同值,修改后的矩阵见表 9-17。

表 9-17　修改完成的矩阵

	S_NO	C_NO	GRADE	TNAME	TAGE	OFFICE
SC	a1	a2	a3	a4	a5	a6
CT	b21	a2	b23	a4	a5	a6
TO	b31	b32	b33	a4	a5	a6

③最后根据修改后的矩阵,如果有某一行全部是以 a 开头,则此分解为无损连接性分解,如果没有一行全部是以 a 开头,则此分解不是无损连接性分解。

在表 9-17 中,我们发现第一行全部是以 a 开头,所以 ρ1={SC, CT, TO}分解为无损连接性分解。

(2)针对分解方案 2 ρ2={SC, GTO }的分析。

①首先构建一个初始化矩阵,ρ2 的初始化矩阵见表 9-18。

表 9-18　ρ2 的初始化矩阵

	S_NO	C_NO	GRADE	TNAME	TAGE	OFFICE
SC	a1	a2	a3	b14	b15	b16
GTO	b21	b22	a3	a4	a5	a6

②然后根据函数依赖集 F 的每个表达式,对初始化矩阵进行修改。

由 S_NO C_NO →GRADE,但表 9-18 中没有两行 S_NO 列和 C_NO 列分别相同,所以不需要修改初始化矩阵;

由 C_NO →TNAME,表 9-18 中没有两行 GRADE 列相同,所以不需要修改初始化矩阵;

由 TNAME →TAGE,OFFICE,表 9-18 中没有两行 TNAME 列相同,所以不需要修改初始化矩阵。

③修改后的矩阵与初始矩阵相同,且没有一行全部是以 a 开头,因此,ρ2={SC, GTO }分解不是无损连接性分解。

例 9.17 假设有关系模式 $R=\{A,B,C\}$,R 上的 FD 集合 $F=\{AB \to C, C \to A\}$,现将 R 的分解为两个子模式 $R1$,$R2$,其中 $R1=\{A,C\}$, $R2=\{B,C\}$。请判断此分解的性质。

解:先分析其是否为无损连接性分解,再分析其是否为保持依赖性分解。

(1)首先分析分解 $R1=\{A,C\}$, $R2=\{B,C\}$的无损连接性。

①首先构建一个初始化矩阵见表 9-19。

表 9-19　初始化矩阵

	A	B	C
$R1$	$a1$	$b12$	$a3$
$R2$	$b21$	$a2$	$a3$

②然后根据函数依赖集 F 的每个表达式,对初始化矩阵进行修改。

由 $AB \to C$,表 9-19 中没有两行 A 列和 B 列分别相同,所以,不需要修改初始化矩阵;

由 $C \to A$,表 9-15 中第二行和第三行的 C 都为 $a3$,所以 A 列应该相同,这时需要把初

始化矩阵的 $b21$ 改为 $a1$，得到表 9-20。

表 9-20　修改后的矩阵

	A	B	C
$R1$	$a1$	$b12$	$a3$
$R2$	$a1$	$a2$	$a3$

③最后，发现第二行全部是以 a 开头，则此分解为无损连接性分解。

(2)然后分析分解 $R1$＝{A,C}，$R2$＝{B,C}的保持依赖性。

①把函数依赖集 F 分别在 $R1$ 和 $R2$ 上投影，得到 F1 和 F2。

F1＝{}

F2＝{ C →A }

②然后由 F1∪F2 得到 F′。

F′＝{ C →A }

③将 F′和 F 比较，发现 F′ ≠F。可见该分解为不保持依赖性的分解。

虽然此分解由第一步可知，是无损连接性分解，但从第二步可知，是不保持依赖性的分解。由此可见，某个分解的无损连接性和保持依赖性是相互独立的。

一般情况下，在进行模式分解时，我们应将有直接依赖关系的属性放置在一个关系模式中，这样得到的分解结果一般能具有无损连接性，并且能保持函数依赖关系不变。

习题 9

1. 解释下列名词：

函数依赖、部分函数依赖、传递函数依赖、1NF、2NF、3NF

2. 设有关系模式 $R(A, B, C, D)$，函数依赖集 $F=\{A\to B, B\to A, AC\to D, BC\to D, AD\to C, BD\to C, A\to CD, B\to CD\}$，回答下列问题：

(1)R 的键是什么？

(2)R 是否为 3NF？为什么？

3. 针对学生选课系统的 3 个关系模式，完成下列各题：

(1)写出每个关系模式的函数依赖，分析是否存在部分依赖、传递依赖？

(2)给出每个关系模式的键、外键。

(3)每个关系模式满足什么范式？

4. 设有关系模式 $R(A, B, C, D, E)$，函数依赖集 $F=\{A\to B, A\to C, C\to D, D\to E\}$，若分解关系 R 为 $R1(A, B, C)$和 $R2(C, D, E)$。回答下列问题：

(1)确定 $R1$ 和 $R2$ 分别是什么范式？

(2)判断此分解的无损连接性。

5. 设有关系模式 $R(A, B, C, D, E, F)$，函数依赖集 $F=\{E\to D, C\to B, CE\to F, B\to A\}$，回答下列问题：

(1)确定 R 是什么范式？

(2)如何将 R 无损连接并保持函数依赖地分解为 3NF。

第 10 章　数据库设计

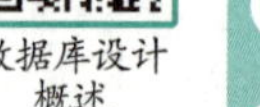

10.1　数据库设计概述

数据库系统的设计包括数据库设计和数据库应用系统设计两个方面。数据库设计是为特定的应用环境构造最优的数据库模式，建立数据库及其应用系统，使之能够有效地存储数据，满足各种用户的应用需求(信息要求和处理要求)。在数据库领域内，常常把使用数据库的各类系统称为数据库应用系统。

数据库设计的主要内容包括：需求分析、概念模型设计、逻辑模型设计、物理模型设计、数据库操作(包括数据库的实施、数据库的运行和维护)。如图 10-1 所示。

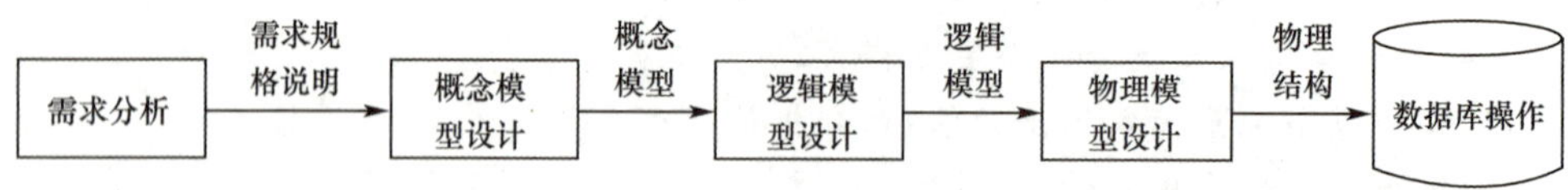

图 10-1　数据库设计步骤

数据库是整个软件应用的根基，是软件设计的起点，它起着决定性的质变作用，因此我们必须对数据库设计高度重视，培养设计良好数据库的习惯，在进行数据库设计时，应遵循以下原则：

(1)数据库设计至少要占用整个项目开发的 40%以上的时间

数据库是需求的直观反应和表现，因此设计时必须要切实符合用户的需求，要多次与用户沟通交流来细化需求，将需求中的要求和每一次的变化都要一一体现在数据库的设计当中。如果需求不明确，就要分析不确定的因素，设计表时就要事先预留出可变通的字段，正所谓“有备无患”。

(2)数据库设计不仅仅停留于页面的表面

页面内容所需要的字段，在数据库设计中只是一部分，还有系统运转、模块交互、中转数据、表之间的联系等所需要的字段，因此数据库设计绝对不是简单的基本数据存储，还有逻辑数据存储。

(3)数据库设计完成后，项目 80%的设计开发在脑海中已经完成了

每个字段的设计都有必要的意义，在设计每一个字段的同时，就应想清楚程序中如何运用这些字段，多张表的联系在程序中是如何体现的。如果达不到这种程度，当进入编码阶段，会发现要运用的技术或实现的方式数据库都无法支持，这时再改动数据库就会很麻烦，会造成一系列不可预测的问题。

(4)数据库设计时要考虑效率和优化问题

一开始就要分析哪些表会存储较多的数据量，对于数据量较大的表的设计往往是粗粒度的，也会冗余一些必要的字段。在设计表时，一般都会对主键建立聚集索引，含有大数据量的表更要建立索引以提供查询性能。对于含有计算、数据交互、统计这类需求时，还要考虑是否有必要采用存储过程。

(5)添加必要的(冗余)字段

像"创建时间""修改时间""备注""操作用户 IP"和一些用于其他需求(如统计)的字段等，在每张表中都必须要有，一些冗余字段是为了便于日后维护、分析、拓展而添加的。例如黑客攻击，篡改了数据，我们就可以根据修改时间和操作用户 IP 来查找定位。

(6)设计合理的表关联

若多张表之间的关系复杂，建议采用第三张映射表来关联维护两张表之间的关系，以降低表之间的直接耦合度。若多张表涉及大数据量的问题，表结构尽量简单，关联也要尽可能避免。

(7)设计表时不加主外键等约束性关联，系统编码阶段完成后再添加约束性关联

这样做的目的有利于团队并行开发程序，减少编码时所遇到的问题，表之间的关系靠程序来控制。编码完成后再加关联并进行测试。

(8)选择合适的主键生成策略

主键生成策略大致可分：int 自增长类型、手动增长类型、手动维护类型、字符串类型。int 自增长类型的优点是使用简单、效率高，但多表之间数据合并时很容易出现问题；手动增长类型和字符串类型能很好解决多表数据合并的问题，但同样也都有缺点：前者的缺点是增加了一次数据库访问来获取主键，并且又多维护一张主键表，增加了复杂度；后者是非常占用存储空间，且表关联查询的效率低下，索引的效率也不高，与 int 类型正好相反。

10.2 需求分析

调查与分析用户的业务活动和数据的使用情况，弄清所用数据的种类、范围、数量以及它们在业务活动中交流的情况，确定用户对数据库系统的使用要求和各种约束条件等，形成用户需求规约。

需求分析是在用户调查的基础上，通过分析逐步明确用户对系统的需求，包括数据需求和围绕这些数据的业务处理需求。在需求分析中，通过自顶向下，逐步分解的方法分析系

统,分析的结果采用数据流图(DFD)和数据字典进行描述。

1. 数据流图

数据流图(Data Flow Diagram,DFD)是从数据传递和加工角度,以图形方式来表达系统的逻辑功能、数据在系统内部的逻辑流向和逻辑变换过程,是结构化系统分析方法的主要表达工具。DFD 一般有 4 种符号,即外部实体、数据流、加工和存储。

- 外部实体一般用矩形框表示,反映数据的来源和去向,可以是人、物或其他软件系统;
- 数据流用带箭头的连线表示,反映数据的流动方向;
- 加工一般用椭圆或圆表示(本教材用椭圆表示),表示对数据的加工处理动作;
- 存储一般用两条平行线表示,表示信息的静态存储,可以代表文件、文件的一部分、数据库的元素等表示数据的存档情况。

数据流图如图 10-2 所示。

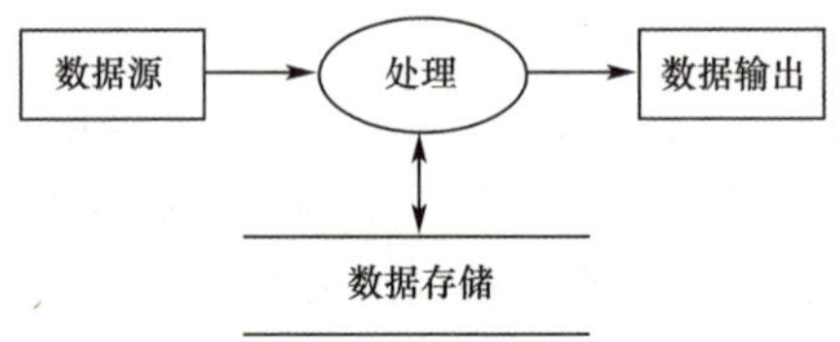

图 10-2　数据流图

在绘制单张数据流图时,注意以下原则:

(1)一个加工的输出数据流不应与输入数据流同名,即使它们的组成成分相同。

(2)保持数据守恒。也就是说,一个加工所有输出数据流中的数据必须能从该加工的输入数据流中直接获得,或者说是通过该加工能产生的数据。

(3)每个加工必须既有输入数据流,又有输出数据流。

(4)所有的数据流必须以一个外部实体开始,并以一个外部实体结束。

(5)外部实体之间不应该存在数据流。

如图 10-3 所示为一个数据流图的示例。

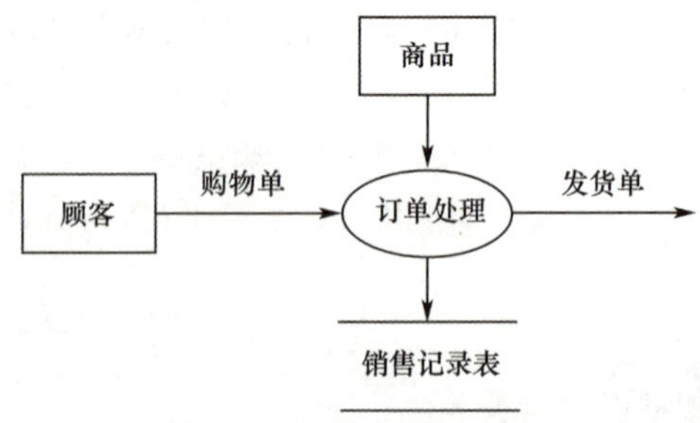

图 10-3　数据流图示例

2. 数据字典

数据字典(Data Dictionary,DD)是对数据项、数据结构、数据流、数据存储、处理逻辑、外部实体等进行定义和描述,其目的是对数据流程图中的各个元素做出详细的说明。在数据库应用系统设计中,需求分析得到的数据字典是最原始的,以后在概念设计和逻辑设计中的数据字典都由它依次变换和修改而得到。

对于图 10-3 所示的数据流图,表 10-1 演示了描述顾客包含的数据项的数据字典,表

10-2 演示描述订单处理的数据字典。

表 10-1 顾客包含的数据项的数据字典

数据项名	数据项含义	别名	数据类型	取值范围
CustID	唯一标识每个顾客	顾客编号	Char(10)	
CustName		顾客姓名	Nvarchar(20)	
Tel		联系电话	Char(11)	每一位均为数字
Sex		性别	Nchar(1)	“男”“女”
BirthDate		出生日期	date	

表 10-2 订单处理的数据字典

处理名	说明	流入的数据流	流出的数据流	处理
订单处理	对顾客提交的订单进行处理	购物单	发货单	根据客户提交的购物单，查看相应的商品信息，看是否满足顾客的购买要求，若满足，则将销售信息保存到销售记录表中，并产生发货单

在需求分析阶段需要注意以下问题：

(1)理解客户需求

询问用户如何看待未来需求变化，让客户解释其需求，而且随着开发的继续，还要经常询问客户，保证其需求仍然在开发的目的之中。

(2)了解企业业务

这可以在开发阶段节约大量时间。

(3)重视输入输出

在定义数据库表和字段需求(输入)时，首先应检查现有的或者已经设计出的报表、查询和视图(输出)以决定为了支持这些输出哪些是必要的表和字段。

(4)创建数据字典和 ER 图表

数据字典和 ER 图表可以让任何了解数据库的人都明确如何从数据库中获得数据。ER 图表对表明表之间的关系很有用，而数据字典则说明了每个字段的用途以及任何可能存在的别名。

(5)定义标准的对象命名规范

数据库各种对象的命名必须规范。

10.3 概念模型设计

概念模型设计

对用户要求描述的现实世界(可能是一个工厂、一个商场或者一个学校等)，通过对其中诸处的分类、聚集和概括，建立抽象的概念数据模型。概念模型应反映现实世界各部门的信息结构、信息流动情况、信息间的互相制约关系以及各部门对信息储存、查询和加工的要求等。所建立的模型应避开数据库在计算机上的具体实现细节，用一种抽象的形式表示出来。以扩充的实体-联系模型(E-R 模型)方法为例，第一步先明确现实世界各部门所含的各种实体及其属性、实体间的联系以及对信息的制约条件等，从而给出各部门内所用信息的局部描述（在数据库中称为用户的局部视图）。第二步再将前面得到的多个用户的局部视图集成一个全局视图，即用户要描述的现实世界的概念数据模型。可以把采用 E-R 方法的概念结构设计分为如下三步：设计局部 E-R 图、设计全局 E-R 图、优化全局 E-R 图。

1. 数据抽象与局部 E-R 图设计

（1）数据抽象

概念模型是对现实世界的一种抽象。所谓抽象是对实际的人、物、事和概念进行人为处理，抽取所关心的共同特性，忽略非本质细节，并把这些特性用各种概念准确地加以描述，这些概念组成了某种模型。概念结构设计首先要根据需求分析得到的结果（数据流和数据字典等）对现实世界进行抽象，然后设计各个局部 E-R 模型。

在系统需求分析阶段，得到了多层数据流图、数据字典和系统分析报告。建立局部 E-R 图，就是根据系统的具体情况，在多层数据流图中选择一个适当层次的数据流图，作为 E-R 图设计的出发点，让这组图中的每个部分对应一个局部应用。在选好的某一层次的数据流图中，每个局部应用都对应了一组数据流图，具体应用所涉及的数据存储在数据字典中。现在就是要将这些数据从数据字典中抽取出来，参照数据流图，确定每个局部应用包含的实体、实体包含的属性以及实体之间的联系以及联系的类型。

设计局部 E-R 图的关键就是正确地划分实体和属性。实体和属性在形式上并没有可以明显区分的界限，通常是按照现实世界中事物的自然划分来定义实体和属性。对现实世界中的事物进行数据抽象，得到实体和属性。这里用到的数据抽象技术有两种：分类和聚集。

①分类（Classification）

分类定义某一类概念作为现实世界中一组对象的类型，将一组具有某些共同特征和行为的对象抽象为一个实体。对象和实体之间是“is a member of”的关系。

例如，“张三”是学生，表示“张三”是“学生”（实体）中的一员（实例），即“张三是学生中的一个成员”，这些学生具有相同的特性和行为。如图 10-4 所示为分类示例。

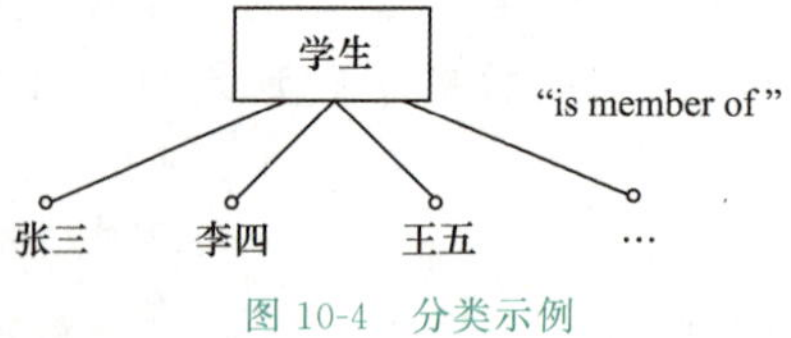

图 10-4　分类示例

②聚集（Aggregation）

聚集定义某类型的组成成分，将对象类型的组成成分抽象为实体的属性。组成成分与对象类型之间是“is a part of”的关系。

在 E-R 模型中，若干个属性的聚集就组成了一个实体的属性。例如，学号、姓名、性别、系别等属性可聚集为学生实体的属性。聚集的示例如图 10-5 所示。

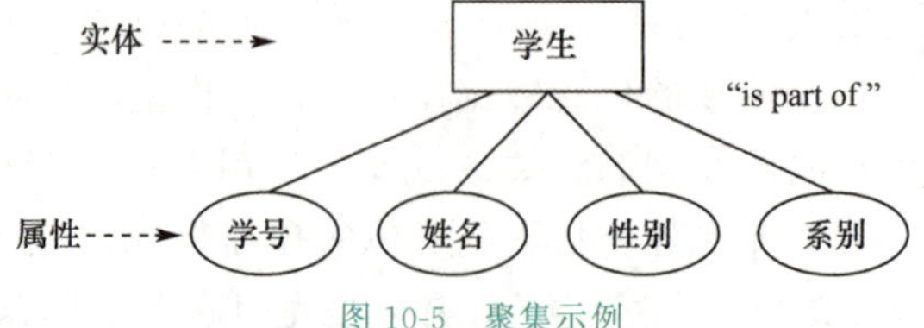

图 10-5　聚集示例

(2)局部 E-R 图设计

经过数据抽象后得到了实体和属性,实体和属性是相对而言的,需要根据实际情况进行调整。对关系数据库而言,其基本原则是:实体具有描述信息的特征,而属性没有,即属性是不可再分的数据项,不能包含其他属性。例如,学生是一个实体,具有属性:学号、姓名、性别、系别等,如果不需要对系再做更详细的分析,则“系别”作为一个属性存在就够了,但如果还需要对系别做更进一步的分析,比如,需要记录或分析系的教师人数、系的办公地点、办公电话等,则“系别”就需要作为一个实体存在。如图 10-6 所示为“系别”作为一个属性或实体的 E-R 图。

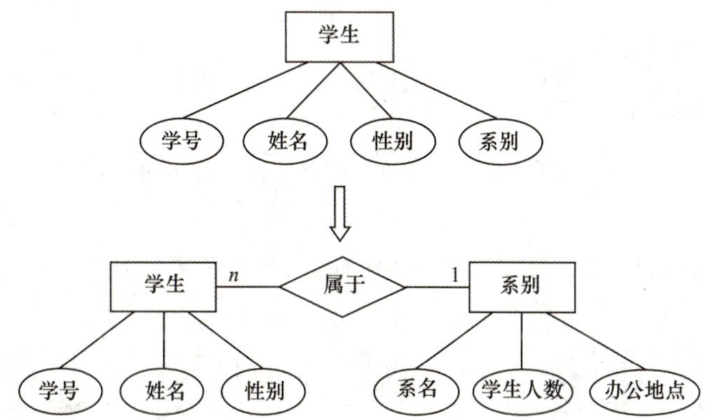

图 10-6 “系别”作为一个属性或实体的 E-R 图

下面举例说明局部 E-R 图的设计。

设在一个简单的教务管理系统中,有如下简化的语义描述。

一名学生可同时选修多门课程,一门课程也可同时被多名学生选修。对学生选课需要记录考试成绩信息,每个学生每门课程只能有一次考试。对每名学生需要记录学号、姓名、性别信息,对课程需要记录课程号、课程名、课程性质信息。

一门课程可由多名教师讲授,一名教师可讲授多门课程。对每个教师讲授的每门课程需要记录授课时数信息。对每名教师需要记录教师号、教师名、性别、职称信息;对每门课程需要记录课程号、课程名、开课学期信息。

一名学生只属于一个系,一个系可有多名学生。对系需要记录系名、学生人数和办公地点信息。

一名教师只属于一个部门,一个部门可有多名教师。对部门需要记录部门名、教师人数和办公电话信息。

根据上述描述可知该系统共有 5 个实体,分别是:学生、课程、教师、系和部门。其中学生和课程之间是多对多联系;课程和教师之间也是多对多联系;系和学生之间是一对多联系;部门和教师之间也是一对多联系。

这 5 个实体的属性如下,其中的码属性(能够唯一标识实体中每个实例的一个属性或最小属性组,也称为实体的标识属性)用下划线标识:

学生:学号、姓名、性别。

课程:课程号、课程名、开课学期、课程性质。

教师:教师号、教师名、性别、职称。

系:系名、学生人数、办公地点。

部门:部门名、教师人数、办公电话。

学生和课程之间的局部 E-R 图如图 10-7 所示,教师和课程之间的局部 E-R 图如图 10-8 所示。

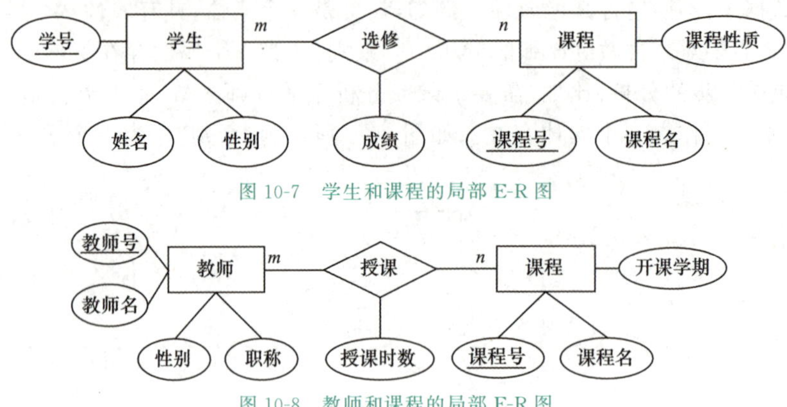

图 10-7　学生和课程的局部 E-R 图

图 10-8　教师和课程的局部 E-R 图

教师和部门之间的局部 E-R 图如图 10-9 所示,学生和系之间的局部 E-R 图如图 10-10 所示。

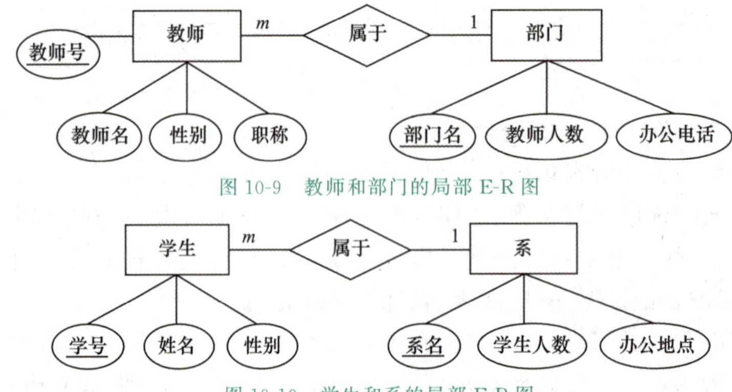

图 10-9　教师和部门的局部 E-R 图

图 10-10　学生和系的局部 E-R 图

2. 全局 E-R 图设计

把局部 E-R 图集成为全局 E-R 图时,可以采用一次将所有的 E-R 图集成在一起的方式,也可以用逐步集成、进行累加的方式,即一次只集成少量几个 E-R 图,这样实现起来比较容易。

当将局部 E-R 图集成为全局 E-R 图时,需要消除各分 E-R 图合并时产生的冲突。解决冲突是合并 E-R 图的主要工作和关键所在。

各局部 E-R 图之间的冲突主要有三类:属性冲突、命名冲突和结构冲突。

(1)属性冲突

属性冲突包括如下几种情况:

属性域冲突。即属性的类型、取值范围和取值集合不同。例如,在有些局部应用中可能将学号定义为字符型,而在其他局部应用中可能将其定义为数值型。又如,对于学生年龄,有些局部应用可能定义为出生日期,有些则定义为整数。

属性取值单位冲突。例如,学生身高,有的用"米"为单位,有的用"厘米"为单位。

(2)命名冲突

命名冲突包括同名异义和异名同义,即不同意义的实体名、联系名或属性名在不同的局部应用中具有相同的名字,或者具有相同意义的实体名、联系名和属性名在不同的局部应用中具有不同的名字。如科研项目,在财务部门称为项目,在科研处称为课题。

属性冲突和命名冲突通常可以通过讨论、协商等方法解决。

(3)结构冲突

结构冲突有如下几种情况:

同一数据项在不同应用中有不同的抽象,有的地方作为属性,有的地方作为实体。例如,"职称"可能在某一局部应用中作为实体,而在另一局部应用中却作为属性。解决这种冲突必须根据实际情况而定,是把属性转换为实体还是把实体转换为属性,基本原则是保持数据项一致。一般情况下,凡能作为属性对待的,应尽可能作为属性,以简化 E-R 图。

同一实体在不同的局部 E-R 图中所包含的属性个数和属性次序不完全相同。这是很常见的一类冲突,原因是不同的局部 E-R 模型关心的实体的侧重不同。解决的方法是让该实体的属性为各局部 E-R 图中属性的并集,然后再适当调整属性次序。

两个实体在不同的应用中呈现不同的联系,比如,E1 和 E2 两个实体在某个应用中可能是一对多联系,而在另一个应用中是多对多联系。这种情况应该根据应用的语义对实体间的联系进行合适调整。

下面以前面叙述的简单教务管理系统为例,说明合并局部 E-R 图的过程。

首先合并图 10-7 和图 10-10 所示的局部 E-R 图,这两个局部 E-R 图中不存在冲突,合并后的结果如图 10-11 所示。

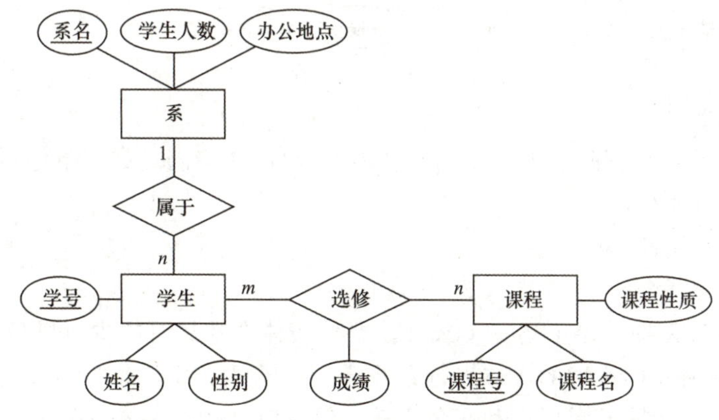

图 10-11 合并学生和课程、学生和系的局部 E-R 图

其次合并图 10-8 和图 10-9 所示的局部 E-R 图,这两个局部 E-R 图也不存在冲突,合并后的结果如图 10-12 所示。

最后再将合并后的两个局部 E-R 图合并为一个全局 E-R 图,在进行这个合并操作时,发现这两个局部 E-R 图中都有"课程"实体,但该实体在两个局部 E-R 图所包含的属性不完全相同,即存在结构冲突。消除该冲突的方法是:合并后"课程"实体的属性是两个局部 E-R 图中"课程"实体属性的并集。合并后的全局 E-R 图如图 10-13 所示。

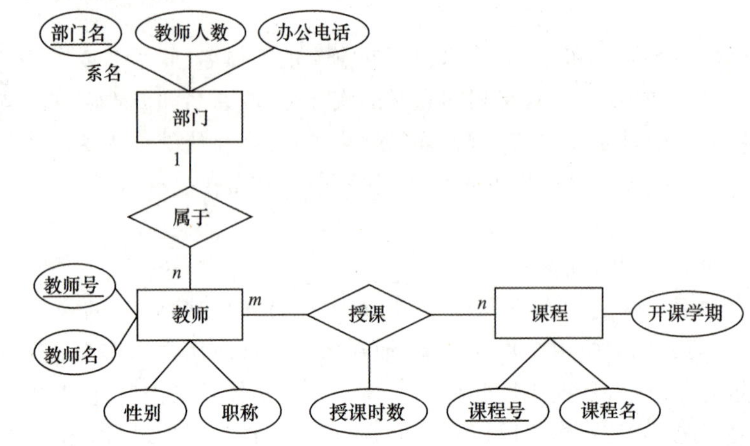

图 10-12　合并教师和课程、教师和部门的局部 E-R 图

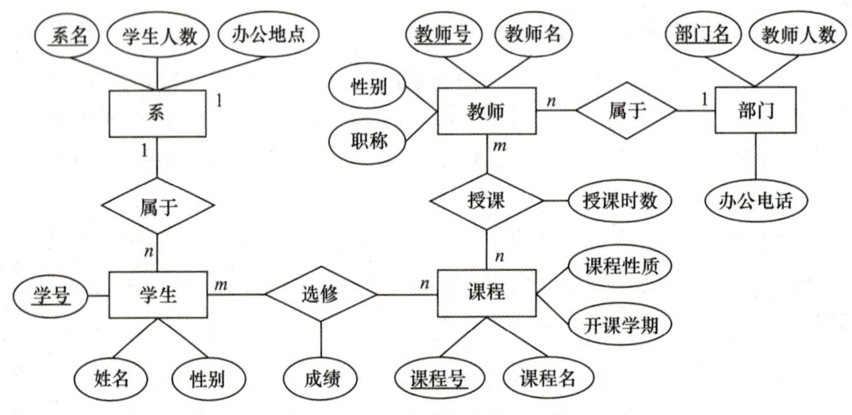

图 10-13　合并后的全局 E-R 图

3. 优化全局 E-R 图

一个好的全局 E-R 图除了能反映用户功能需求外，还应满足如下条件：

实体个数尽可能少；

实体所包含的属性尽可能少；

实体间联系无冗余。

优化就是使 E-R 图满足上述三个条件。要使实体个数尽可能少，可以进行相关实体的合并，一般是把具有相同主键的实体进行合并，另外，还可以考虑将 1∶1 联系的两个实体合并为一个实体，同时消除冗余属性和冗余联系。但也应该根据具体情况，有时适当的冗余可以提高数据查询效率。

分析图 10-13 所示的全局 E-R 图，发现“系”实体和“部门”实体代表的含义基本相同，因此可将这两个实体合并为一个实体。在合并时发现这两个实体存在如下两个问题：

(1)命名冲突

“系”实体中有一个属性是“系名”，而在“部门”实体中将这个含义相同的属性命名为“部门名”，即存在异名同义属性。合并后可统一为“系名”。

(2)结构冲突

“系”实体包含的属性是系名、学生人数和办公地点，而“部门”实体包含的属性是部门名、教师人数和办公电话。因此在合并后的实体“系”中应包含这两个实体的全部属性。

我们将合并后的实体命名为“系”。优化后的 E-R 图如图 10-14 所示。

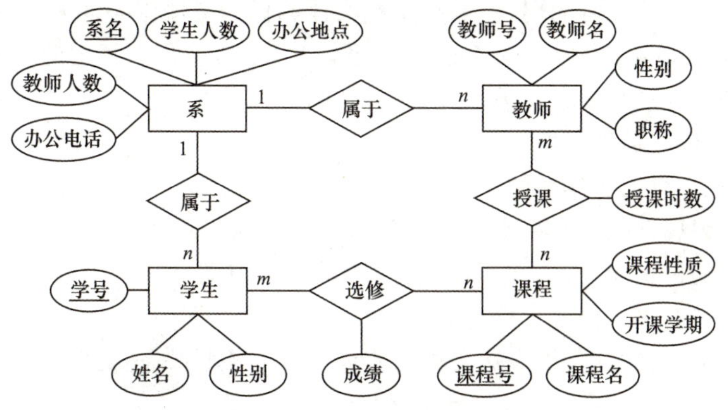

图 10-14　优化后的全局 E-R 图

10.4　逻辑模型设计

逻辑模型设计

逻辑模型设计主要工作是将现实世界的概念数据模型设计成数据库的一种逻辑模式，即适应某种特定数据库管理系统所支持的逻辑数据模式。与此同时，可能还需为各种数据处理应用领域产生相应的逻辑子模式。这一步设计的结果就是所谓“逻辑数据库”。

逻辑模型设计的任务是把在概念结构设计中设计的基本 E-R 模型转换为具体的数据库管理系统支持的组织层数据模型，也就是导出特定的 DBMS 可以处理的数据库逻辑结构（数据库的模式和外模式），这些模式在功能、性能、完整性和一致性约束方面满足应用要求。

特定 DBMS 支持的组织层数据模型包括层次模型、网状模型、关系模型和面向对象模型等。下面仅讨论从概念模型向关系模型的转换。

关系模型的逻辑设计一般包含三个步骤：

(1)将概念结构转换为关系数据模型。

(2)对关系数据模型进行优化。

(3)设计面向用户的外模式。

1. E-R 模型向关系模型的转换

E-R 模型向关系模型的转换要解决的问题，是如何将实体以及实体间的联系转换为关系模式，如何确定这些关系模式的属性和主键。

关系模型的逻辑结构是一组关系模式的集合。E-R 模型由实体、实体的属性以及实体之间的联系三部分组成，因此将 E-R 模型转换为关系模型，实际上就是将实体、实体的属性和实体间的联系转换为关系模式，转换的一般规则如下：

一个实体转换为一个关系模式。实体的属性就是关系的属性，实体的标识属性就是关系的主键。

对于实体间的联系有以下不同的情况：

(1)1∶1联系：一般情况下是与任意一端所对应的关系模式合并，并且在该关系模式中加入另一个实体的标识属性和联系本身的属性，同时该实体的标识属性作为该关系模式的外键。

(2)1∶n 联系：一般是与 n 端所对应的关系模式合并，并且在该关系模式中加入 1 端实体的标识属性以及联系本身的属性，并将 1 端实体的标识属性作为该关系模式的外键。

(3)m∶n 联系：必须转换为一个独立的关系模式，且与该联系相连的各实体的标识属性以及联系本身的属性均转换为此关系模式的属性，且该关系模式的主键包含各实体的标识属性，外键为各实体的标识属性。

(4)三个或三个以上实体间的一个多元联系也是转换为一个关系模式，与该多元联系相连的各实体的标识属性以及联系本身的属性均转换为此关系模式的属性，而此关系模式的主键包含各实体的标识属性，外键为各相关实体的标识属性。

具有相同主键的关系模式可以合并。

在转换后的关系模式中，为表达实体与实体之间的关联关系，通常是通过关系模式中的外键来表达的。

例如：有 1∶1联系的 E-R 模型如图 10-15 所示，设每个部门只有一个经理，一个经理只负责一个部门。请将该 E-R 模型转换为合适的关系模式。

按照上述的转换规则，一个实体转换为一个关系模式，该 E-R 模型共包含两个实体：经理和部门，因此，可转换为两个关系模式，分别为经理和部门。对于“管理”联系，可将它与“经理” 实体合并，或者与“部门”实体合并。

(1)如果将联系与“部门”实体合并，则转换后的两个关系模式为：

部门(部门号，部门名，经理号)，其中“部门号”为主键，“经理号”为外键。

经理(经理号，经理名，电话号码)，其中“经理号”为主键。

(2)如果将联系与“经理”实体合并，则转换后的两个关系模式为：

部门(部门号，部门名)，其中“部门号”为主键。

经理(经理号，部门号，经理名，电话号码)，“经理号”为主键，“部门号”为外键。

例如，有 1∶n 联系的 E-R 模型如图10-16 所示，请将该 E-R 模型转换为合适的关系模式。

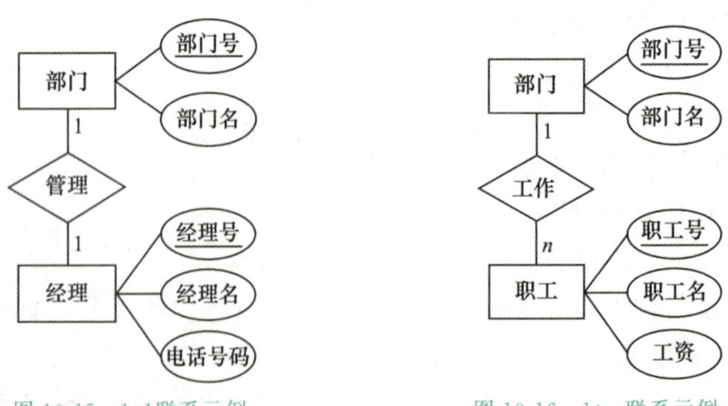

图 10-15　1∶1联系示例　　图 10-16　1∶n 联系示例

对1∶n 联系，应将联系与 n 端实体合并，因此转换后的关系模式为：

部门(部门号，部门名)，其中部门号为主键。

职工(职工号，部门号，职工名，工资)，其中“职工号”为主键，“部门号”为外键。

例如：有 m∶n 联系的 E-R 模型如图10-17 所示，请将该 E-R 模型转换为合适的关系模式。

对 m∶n 联系，应将联系转换为一个独立的关系模式。转换后的关系模式为：

教师(教师号,教师名,职称),“教师号“为主键。

课程(课程号,课程名,学分),“课程号“为主键。

授课(教师号,课程号,授课时数),其中(教师号,课程号)为主键,同时“教师号”和“课程号”均为外键。

例如,设有如图 10-18 所示的含多个实体的 E-R 模型示例,请将该 E-R 模型转换为合适的关系模式。

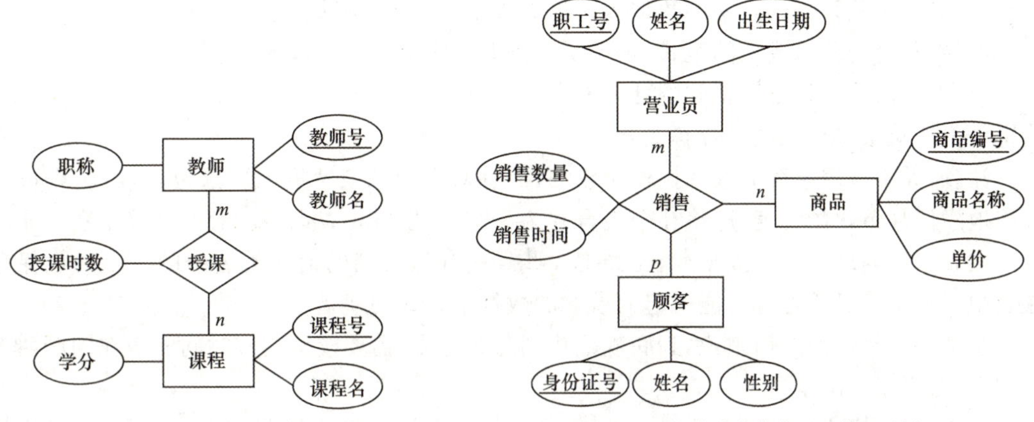

图 10-17 $m:n$ 联系示例　　图10-18 含多个实体的 E-R 模型示例

关联多个实体的联系也是转换为一个独立的关系模式,因此转换后的关系模式为:

营业员(职工号,姓名,出生日期),职工号为主键。

商品(商品编号,商品名称,单价),商品编号为主键。

顾客(身份证号,姓名,性别),身份证号为主键。

销售(职工号,商品编号,身份证号,销售数量,销售时间),其中(职工号,商品编号,身份证号,销售时间)为主键,职工号为引用“营业员”关系模式的外键,商品编号为引用“商品”关系模式的外键,身份证号为引用“顾客”关系模式的外键。

例如,设有如图 10-19 所示的一对一递归联系,该递归联系表明一个职工可以是管理者,也可以不是。一个职工最多只被一个人管理。请将该 E-R 模型转换为合适的关系模式。

递归联系的转换规则同非递归联系是一样的,在这个示例中,只需将“管理”联系与“职工”实体合并即可,因此转换后为一个关系模式:

职工(职工号,职工名,工资,管理者职工号),“职工号”为主键,“管理者职工号”为外键,引用自身关系模式中的“职工号”。

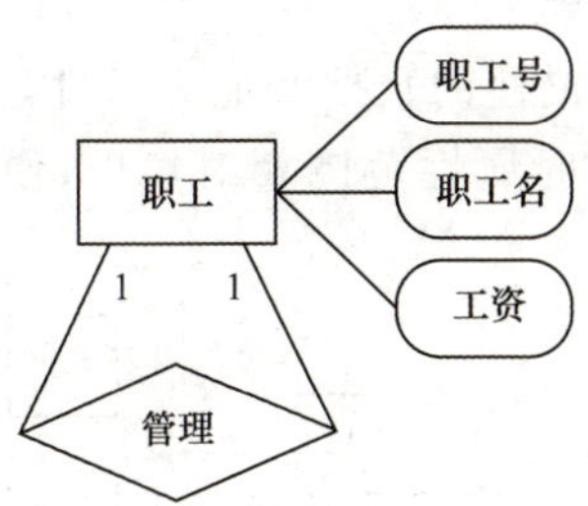

图 10-19 一对一递归联系示例

2. 数据模型的优化

逻辑结构设计的结果并不是唯一的，为了进一步提高数据库应用系统的性能，还应该根据应用的需要对逻辑数据模型进行适当的修改和调整，这就是数据模型的优化。关系数据模型的优化通常以关系规范化理论为指导，同时考虑系统的性能。具体方法为：

（1）确定各属性间的函数依赖关系。根据需求分析阶段得出的语义，分别写出每个关系模式的各属性之间的数据依赖以及不同关系模式中各属性之间的数据依赖关系。

（2）对各个关系模式之间的数据依赖进行极小化处理，消除冗余的联系。

（3）判断每个关系模式的范式，根据实际需要确定最合适的范式。

（4）根据需求分析阶段得到的处理要求，分析这些模式对于这样的应用环境是否合适，确定是否要对某些模式进行分解或合并。

注意，如果应用系统的查询操作比较多，而且对查询响应速度的要求也比较高，则可以适当地降低规范化的程度，即将几个表合并为一个表，以减少查询时的表的连接个数。甚至可以在表中适当增加冗余数据列，比如把一些经过计算得到的值作为表中的一个列也保存在表中。但这样做要考虑可能引起的潜在的数据不一致的问题。

对于一个具体的应用来说，到底规范化到什么程度，需要权衡响应时间和潜在问题两者的利弊，做出最佳决定。

（5）对关系模式进行必要的分解，以提高数据的操作效率和存储空间的利用率。常用的分解方法是水平分解和垂直分解。

①水平分解是以时间、空间、类型等范畴属性取值为条件，满足相同条件的数据行作为一个子表。分解的依据一般以范畴属性取值范围划分数据行。这样在操作同表数据时，时空范围相对集中，便于管理。水平分解过程如图 10-20 所示，其中 K# 代表主键。

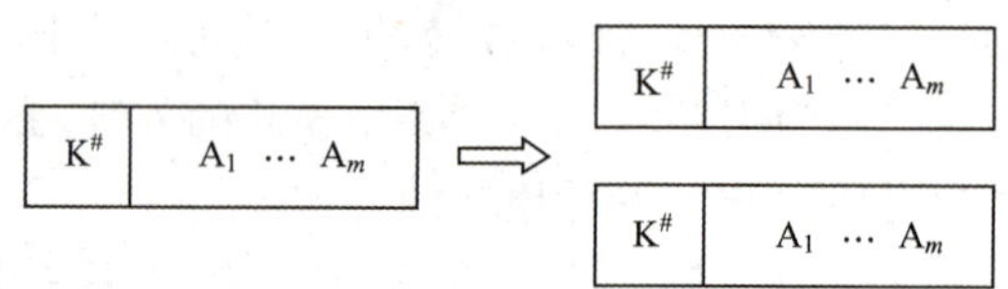

图 10-20　水平分解示意图

原表中的数据内容相当于分解后各表数据内容的并集。例如，对于保存学校学生信息的“学生表”，可以将其分解为“历史学生表”和“在册学生表”。“历史学生表”中存放已毕业学生的数据，“在册学生表”存放目前在校学生的数据。因为经常需要了解当前在校学生的信息，而对已毕业学生的信息关心较少。因此可将历年学生的信息存放在两张表中，以提高对在校学生的处理速度。当学生毕业时，可将这些学生从“在册学生表”中删除，同时插入“历史学生表”中。这就是水平分解。

②垂直分解是以非主属性所描述的数据特征为条件，描述一类相同特征的属性划分在一个子表中。这样操作同表数据时属性范围相对集中，便于管理。垂直分解过程如图 10-21 所示，其中 K# 代表主键。

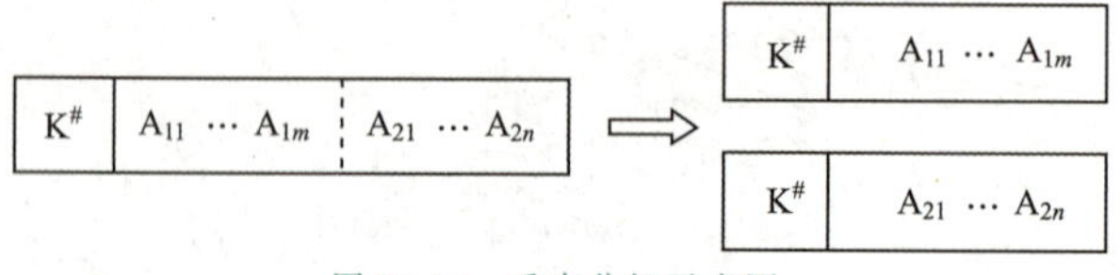

图 10-21　垂直分解示意图

垂直分解后原表中的数据内容相当于分解后各子表数据内容的连接。例如，假设“学生”关系模式的结构为：

学生（学号，姓名，性别，年龄，所在系，专业，联系电话，家庭联系电话，家庭联系地址，邮政编码，父亲姓名，父亲工作单位，母亲姓名，母亲工作单位）

可将这个关系模式垂直分解为如下两个关系模式：

学生基本信息（学号，姓名，性别，年龄，所在系，专业，联系电话）

学生家庭信息（学号，家庭联系电话，家庭联系地址，邮政编码，父亲姓名，父亲工作单位，母亲姓名，母亲工作单位）

3. 设计外模式

将概念模型转换为逻辑数据模型之后，还应该根据局部应用需求，结合具体的数据库管理系统的特点，设计用户的外模式。

外模式概念对应关系数据库的视图，设计外模式是为了更好地满足各个用户的需求。

定义数据库的模式主要是从系统的时间效率、空间效率、易维护等角度出发。由于外模式与模式是相对独立的，因此在定义用户外模式时可以从满足每类用户的需求出发，同时考虑数据的安全和用户的操作方便。在定义外模式时应考虑如下问题。

①使用更符合用户习惯的别名

在概念模型设计阶段，当合并各 E-R 图时，曾进行了消除命名冲突的工作，以使数据库中的同一个关系和属性具有唯一的名字。这在设计数据库的全局模式时是非常必要的。但在修改了某些属性或关系的名字之后，可能会不符合某些用户的习惯，因此在设计用户模式时，可以利用视图的功能，对某些属性重新命名。视图的名字也可以命名成符合用户习惯的名字，使用户的操作更方便。

②对不同级别的用户定义不同的视图，以保证数据的安全

假设有关系模式：

职工（职工号，姓名，工作部门，学历，专业，职称，联系电话，基本工资，浮动工资）在这个关系模式上建立如下两个视图：

职工 1（职工号，姓名，工作部门，专业，联系电话）

职工 2（职工号，姓名，学历，职称，联系电话，基本工资，浮动工资）

职工 1 视图中只包含一般职工可以查看的基本信息，职工 2 视图中包含允许领导查看的信息。这样就可以防止用户非法访问不允许他们访问的数据，从而在一定程度上保证了数据的安全。

③简化用户对系统的使用

如果某些局部应用经常要使用某些很复杂的查询，为了方便用户，可以将这些复杂查询定义为一个视图，这样用户每次只对定义好的视图进行查询，而不必再编写复杂的查询语句，从而简化了用户的使用。

物理结构设计

10.5 物理结构设计

根据特定数据库管理系统所提供的多种存储结构和存取方法等依赖于具体计算机结构的各项物理设计措施，对具体的应用任务选定最合适的物理存储结构（包括文件类型、索引结构和数据的存放次序与位逻辑等）、存取方法和存取路径等。这一步设计的结果就是所谓的“物理数据库”。

数据库的物理结构设计是对已经确定的数据库逻辑模型，利用数据库管理系统提供的方法、技术，以较优的存储结构、数据存取路径、合理的数据存储位置以及存储分配，设计出一个高效的、可实现的物理数据库结构。

由于不同的数据库管理系统提供的硬件环境和存储结构、存取方法不同，提供给数据库设计者的系统参数以及变化范围不同，因此，物理结构设计一般没有通用的准则，它只能提供技术和方法供参考。

数据库的物理结构设计通常分为两步：

(1)确定数据库的物理结构，在关系数据库中主要指存取方法和存储结构；

(2)对物理结构进行评价，评价的重点是时间和空间效率。

如果评价结果满足原设计要求，则可以进入数据库实施阶段；否则，需要重新设计或修改物理结构，有时甚至要返回到逻辑设计阶段修改数据模式。

1.物理结构设计的内容和方法

物理数据库设计得好，可以使各事务的响应时间短、存储空间利用率高、事务吞吐量大。因此，在设计数据库时，首先要对经常用到的查询和对数据进行更新的事务进行详细分析，获得物理结构设计所需的各种参数。其次，要充分了解所使用的 DBMS 的内部特征，特别是系统提供的存取方法和存储结构。

对于数据查询，需要得到如下信息：

- 查询所涉及的关系；
- 查询条件所涉及的属性；
- 连接条件所涉及的属性；
- 查询列表中涉及的属性。

对于更新数据的事务，需要得到如下信息：

- 更新所涉及的关系；
- 每个关系上的更新条件所涉及的属性；
- 更新操作所涉及的属性。

除此之外，还需要了解每个查询或事务在各关系上的运行频率和性能要求。例如，假设某个查询必须在 1s 之内完成，则数据的存储方式和存取方式就非常重要。

需要注意的是，在数据库上运行的操作和事务是不断变化的，因此需要根据这些操作的变化不断调整数据库的物理结构，以获得最佳的数据库性能。

通常关系数据库的物理结构设计主要包括如下内容：

- 确定数据的存取方法；

• 确定数据的存储结构。

①确定存取方法

存取方法是快速存取数据库中数据的技术,数据库管理系统一般都提供多种存取方法。具体采取哪种存取方法由系统根据数据的存储方式决定,一般用户不能干预。

一般用户可以通过建立索引的方法来加快数据的查询效率,如果建立了索引,系统就可以利用索引查找数据。

索引方法实际上是根据应用要求确定在关系的哪个属性或哪些属性上建立索引,在哪些属性上建立复合索引以及哪些索引要设计为唯一索引,哪些索引要设计为聚集索引。聚集索引是将数据按索引列在物理上进行有序排列。

建立索引的一般原则为:

• 如果某个(或某些)属性经常作为查询条件,则考虑在这个(或这些)属性上建立索引;

• 如果某个(或某些)属性经常作为表的连接条件,则考虑在这个(或这些)属性上建立索引;

• 如果某个属性经常作为分组的依据列,则考虑在这个属性上建立索引;

• 对经常进行连接操作的表建立索引;

• 在一个表上可以建立多个索引,但只能建立一个聚集索引。

需要注意的是,索引一般可以提高数据查询性能,但会降低数据修改性能。因为在进行数据修改时,系统要同时对索引进行维护,使索引与数据保持一致。维护索引需要占用相当多的时间,而且存放索引信息也会占用空间资源。因此在决定是否建立索引时,要权衡数据库的操作。如果查询多,并且对查询的性能要求比较高,则可以考虑多建一些索引;如果数据更改多,并且对更改的效率要求比较高,则应该考虑少建一些索引。

②确定存储结构

物理结构设计中一个重要的考虑就是确定数据记录的存储方式。一般的存储方式如下。

• 顺序存储。这种存储方式的平均查找次数为表中记录数的1/2。

• 散列存储。这种存储方式的平均查找次数由散列算法决定。

• 聚集存储。为了提高某个属性(或属性组)的查询速度,可以把这个或这些属性(称为聚集码)上具有相同值的元组集中存放在连续的物理块上,这样的存储方式称为聚集存储。聚集存储可以极大提高针对聚集码的查询效率。

一般用户可以通过建立索引的方法来改变数据的存储方式。但在其他情况下,数据是采用顺序存储还是散列存储,或其他的存储方式是由数据库管理系统根据数据的具体情况决定的,一般它都会为数据选择一种最合适的存储方式,用户不需要也不能对此进行干预。

2. 物理结构设计的评价

物理结构设计过程中要对时间效率、空间效率、维护代价和各种用户要求进行权衡,其结果可以产生多种方案,数据库设计者必须对这些方案进行细致的评价,从中选择一个较优的方案作为数据库的物理结构。

评价物理结构设计的方法完全依赖于具体的DBMS,主要考虑操作开销,即为使用户获得及时、准确的数据所需的开销和计算机资源的开销。具体可分为如下几类。

(1)查询和响应时间

响应时间是从查询开始到查询结果开始显示之间所经历的时间。一个好的应用程序设计可以减少 CUP 时间和 I/O 时间。

(2)更新事务的开销

更新事务的开销主要是修改索引、重写物理块或文件以及写校验等方面的开销。

(3)生成报告的开销

生成报告的开销主要包括索引、重组、排序和结果显示的开销。

(4)主存储空间的开销

主存储空间的开销包括程序和数据所占用的空间。对数据库设计者来说,一般可以对缓冲区做适当的控制,如缓冲区个数和大小。

(5)辅助存储空间的开销

辅助存储空间分为数据块和索引块两种,设计者可以控制索引块的大小、索引块的充满度等。

实际上,数据库设计者只能对 I/O 和辅助空间进行有效控制。其他方面都是有限的控制或者根本就不能控制。

10.6 数据运行与维护

在数据库系统正式投入运行的过程中,必须不断地对其进行调整与修改。也可以说,数据库投入运行标志着开发工作的基本完成和维护工作的开始,数据库只要存在一天,就需要不断地对它进行评价、调整和维护。

在数据库运行阶段,对数据库的经常性维护工作主要由数据库系统管理员完成,其主要工作包括如下几个方面。

- 数据库的备份和恢复。要对数据库进行定期的备份,一旦出现故障,要能及时地将数据库恢复到尽可能的正确状态,以减少数据库损失。
- 数据库的安全性和完整性控制。随着数据库应用环境的变化,对数据库的安全性和完整性要求也会发生变化。比如,要收回某些用户的权限,或增加、修改某些用户的权限,增加、删除用户,或者某些数据的取值范围发生变化等,这都需要系统管理员对数据库进行适当的调整,以反映这些新的变化。
- 监视、分析、调整数据库性能。监视数据库的运行情况,并对检测数据进行分析,找出能够提高性能的可行性,并适当地对数据库进行调整。目前有些 DBMS 产品提供了性能检测工具,数据库系统管理员可以利用这些工具很方便地监视数据库。
- 数据库的重组。数据库经过一段时间的运行后,随着数据的不断添加、删除和修改,会使数据库的存取效率降低,这时数据库管理员可以改变数据库数据的组织方式,通过增加、删除或调整部分索引等方法,改善系统的性能。注意数据库的重组并不改变数据库的逻辑结构。

数据库的结构和应用程序设计的好坏只是相对的,它并不能保证数据库应用系统始终处于良好的性能状态。这是因为数据库中的数据随着数据库的使用而发生变化，随着这些变化的不断增加，系统的性能就有可能会日趋下降，所以即使在不出现故障的情况下，也要对数据库进行维护，以便数据库始终能够获得较好的性能。总之，数据库的维护工作与一台机器的维护工作类似，花的功夫越多，它服务得就越好。因此，数据库的设计工作并非一劳永逸，一个好的数据库应用系统同样需要精心的维护方能使其保持良好的性能。

习题 10

1. 解释下列名词：

数据字典、数据流图、聚集。

2. 数据库的设计过程一般包括几个阶段？每个阶段的主要任务是什么？

3. 简述 ER 图转化为关系模型的规则。

4. 学校有若干个系，每个系有若干班级和教研室，每个教研室有若干教师，每个教师教若干门课程。每个班有若干个学生，每个学生选修若干门课程，每门课程有若干个学生选修。

(1)根据以上描述，绘制出 E-R 图。

(2)将 E-R 图转化为关系模型，只需要给出每个关系模式的名称。

5. 假如银行储蓄系统的功能是：将储户填写的存款单或取款单输入系统。如果是存款，系统记录存款人姓名、住址、存款类型、存款日期和利率等信息，并打印出存款单给储户；如果是取款单，系统计算清单给用户。

(1)画出该系统的数据流图。

(2)画出该系统的模块结构图。

6. 根据下列描述，画出相应的 E-R 图，并将 E-R 图转换为满足 3NF 的关系模式，指明每个关系模式的主键和外键。

现要实现一个顾客购物系统，需求描述如下：一个顾客可去多个商店购物，一个商店可有多名顾客购物；每个顾客一次可购买多种商品，但对同一种商品不能同时购买多次，但在不同时间可购买多次；每种商品可销售给不同的顾客。对顾客的每次购物都需要记录其购物的商店、购买商品的数量和购买日期。需要记录的"商店"信息包括：商店编号、商店名、地址、联系电话；需要记录的顾客信息包括：顾客号、姓名、住址、身份证号、性别。需要记录的商品信息包括：商品号、商品名、进货价格、进货日期、销售价格。

第 11 章　T-SQL 高级编程

11.1　游标

11.1.1　游标概述

一个对表进行操作的 T-SQL 语句通常都可产生和处理一组记录，但如果不能将整个结果集作为一个单元来处理，就需要一种机制来处理结果集中一些行(或者某一行)，这种机制就是游标(cursor)。

游标包含两部分的内容：首先是结果集，其次是该结果集的指针。通过这种机制，它可以定位到结果集中的某一行，对数据进行读写，也可以移动游标定位到所需要的行中进行操作数据。

游标的用处主要有：

- 定位到结果集中的某一行。
- 对当前位置的数据进行读写。
- 可以对结果集中的数据单独操作，而不是整行执行相同的操作。
- 是面向集合的数据库管理系统和面向行的程序设计之间的桥梁。

在 SQL Server 中，游标的生命周期包含五个阶段：声明游标、打开游标、提取游标数据、关闭游标、释放(删除)游标。

11.1.2　声明游标

要使用游标，第一步，应声明游标。

①语法：

```
DECLARE cursor_name CURSOR [ Local | Global ]
    [ Forward_Only | Scroll ]
    [ Static | Keyset | Dynamic | Fast_Forward ]
    [ Read_Only | Scroll_Locks | Optimistic ]
    [ Type_Warning ]
    FOR select_statement
    [ For Update [ of column_name [, …n ] ] ]
```

②参数摘要：

- cursor_name：游标名称。
- Local：作用域为局部，只在定义它的批处理。存储过程或触发器中有效。
- Global：作用域为全局，由连接执行的任何存储过程或批处理中，都可以引用该游标。
- [Local | Global]：默认为 local。
- Forward_Only：指定游标从第一行智能滚到最后一行。Fetch Next 是唯一支持的提取选项。如果指定 Forward_Only 不指定 Static、KeySet、Dynamic 关键字，默认为 Dynamic 游标。如果 Forward_Only 和 Scroll 没有指定，Static、KeySet、Dynamic 游标默认为 Scroll，Fast_Forward 默认为 Forward_Only。
- Static：静态游标。
- KeySet：键集游标。
- Dynamic：动态游标，不支持 Absolute 提取选项。
- Fast_Forward：指定启用了性能优化的 Forward_Only、Read_Only 游标。
- Read_Only：不能通过游标对数据进行删改。
- Scroll_Locks：将行读入游标时，锁定这些行，确保删除或更新一定会成功。
- Optimistic：指定如果行自读入游标以来已得到更新，则通过游标进行的定位更新或定位删除不成功。
- Type_Warning：指定将游标从所请求的类型隐式转换为另一种类型时向客户端发送警告信息。
- For Update[of column_name, …n]：定义游标中可更新的列。

11.1.3 打开游标

要从游标中提取数据进行处理，应先打开游标。

①语法：

```
OPEN [ Global ] cursor_name | cursor_variable_name
```

②参数摘要：

- cursor_name：游标名。
- cursor_variable_name：游标变量名称，该变量引用了一个游标。

11.1.4 提取游标数据

游标打开后，可使用 FETCH 语句从中提取数据。

①语法：

```
FETCH
[ [Next|Prior|Frist|Last|Absoute n|Relative n ]
from ]
[Global] cursor_name
[into @variable_name[,…]]
```

②参数摘要：

- Frist：结果集的第一行
- Prior：当前位置的上一行
- Next：当前位置的下一行
- Last：最后一行
- Absoute n：从游标的第一行开始数，第 n 行。
- Relative n：从当前位置数，第 n 行。
- Into @variable_name[，…]：将提取到的数据存放到变量 variable_name 中。

11.1.5 关闭游标

游标打开后，服务器会专门为游标分配一定的内存空间存放游标操作的数据结果集，同时使用游标也会对某些数据进行封锁。所以游标一旦用过，应及时关闭，避免服务器资源浪费。

①语法：

```
CLOSE [ Global ] cursor_name | cursor_variable_name
```

②参数摘要：

- cursor_name：游标名称。
- cursor_variable_name：游标变量名称，该变量引用了一个游标。

11.1.6 释放(删除)游标

对于不使用的游标，应将其删除，以释放资源。

①语法：

```
DEALLOCATE [ Global ] cursor_name | cursor_variable_name
```

②参数摘要：

- cursor_name：游标名称。
- cursor_variable_name：游标变量名称，该变量引用了一个游标。

11.1.7 游标使用实例

下面，我们使用一个例子，演示对游标的使用。

例 11.1 通过游标将教师表中教师的姓名输出。

代码及其结果如图 11-1 所示。

```
BEGIN
  DECLARE @custname VARCHAR(20)
  DECLARE namecursor CURSOR FOR SELECT teachername FROM teacher
  OPEN namecursor
  FETCH NEXT FROM namecursor INTO @custname

  WHILE (@@FETCH_STATUS <> -1)
  BEGIN
    PRINT @custname
    FETCH NEXT FROM namecursor INTO @custname
  END
  CLOSE namecursor
  DEALLOCATE namecursor
END
```

100 %

消息

王永
高建国
吴江
黄欣
刘淇
郑秋

图 11-1 游标的使用示例

11.2 存储过程

存储过程可以理解为数据库的子程序,在客户端和服务器端可以直接调用它。

在 SQL Server 中,使用 T-SQL 可编写存储过程。存储过程可以接收输入参数、调用"数据定义语言(DDL)"和"数据操作语言(DML)"语句,返回输出参数(表格或标题结果和消息等)。使用存储过程有以下优点:

(1)存储过程允许标准组件式编程

存储过程创建后可以在程序中被多次调用执行,而不必重新编写该存储过程的 SQL 语句。而且数据库专业人员可以随时对存储过程进行修改,但对应用程序源代码却毫无影响,从而极大提高了程序的可移植性。

(2)存储过程能够实现较快的执行速度

如果某一操作包含大量的 T-SQL 语句代码,分别被多次执行,那么存储过程要比批处理的执行速度快得多。因为存储过程是预编译的,在首次运行一个存储过程时,查询优化器对其进行分析、优化,并给出最终被存在系统表中的存储计划。而批处理的 T-SQL 语句每次运行都需要预编译和优化,所以速度就要慢一些。

(3)存储过程减轻网络流量

对于同一个针对数据库对象的操作,如果这一操作所涉及的 T-SQL 语句被组织成一存储过程,那么当在客户机上调用该存储过程时,网络中传递的只是该调用语句,否则将会是多条 SQL 语句。从而减轻了网络流量,降低了网络负载。

(4)存储过程可被作为一种安全机制来使用

系统管理员可以对执行的某一个存储过程进行权限限制,从而能够实现对某些数据访问的限制,避免非授权用户对数据的访问,保证数据的安全。

(5)自动完成需要预先执行的任务

存储过程可以在 SQL Server 启动时自动执行,而不必在系统启动后再用手动的方式执行,大大方便了用户的使用,可能自动完成一些需要预先执行的任务。

11.2.1 存储过程的类型

在 SQL Server 2019 中有以下几种类型的存储过程。

1. 系统存储过程

系统存储过程是由 SQL Server 提供的,可以作为命令执行。它们物理上存储在内部隐藏的 Resource 数据库中,但逻辑上出现在每个系统定义数据库和用户定义数据库的 sys 架构中。此外,msdb 数据库还在 dbo 架构中包含用于计划警报和作业的系统存储过程。系统存储过程的前缀是“sp_”。常用的系统存储过程见表 11-1。

表 11-1　常用的系统存储过程

存储过程名称	存储过程用途
sp_datebases	查看数据库
sp_tables	查看表
sp_columns student	查看学生表的列
sp_helpIndex student	查看学生表的索引
sp_helpdb	查询数据库信息
sp_helptext	查看存储过程创建、定义语句

要了解所有的系统存储过程,请参考 SQL Server 联机丛书。

2. 用户存储过程

用户定义的存储过程可在用户定义的数据库中创建,或者在除了 Resource 数据库之外的所有系统数据库中创建。该过程可在 Transact-SQL 中开发,也可对 Microsoft .NET Framework 公共语言运行时 (CLR) 方法的引用开发。若未做说明,本书中的存储过程是指用户通过 Transact-SQL 开发的存储过程。

3. 临时存储过程

临时存储过程是用户定义过程的一种形式。临时过程与永久过程相似,只是临时过程存储于 tempdb 中。临时过程有两种类型:本地过程和全局过程。它们在名称、可见性以及可用性上有区别。本地临时过程的名称以单个数字符号 (#) 开头;它们仅对当前的用户连接是可见的;当用户关闭连接时被删除。全局临时过程的名称以两个数字符号 (# #) 开头,创建后对任何用户都是可见的,并且在使用该过程的最后一个会话结束时被删除。

4. 扩展的用户存储过程

通过扩展的过程,可以使用 C 等编程语言创建外部例程。这些过程是 SQL Server 实例可以动态加载和运行的 DLL。

注意: SQL Server 的未来版本中将删除扩展存储过程。请不要在新的开发工作中使用该功能,并尽快修改当前还在使用该功能的应用程序。请改为创建 CLR 过程。此方法提供了更为可靠和安全的替代方法来编写扩展过程。

11.2.2 存储过程的操作

存储过程只能定义在当前数据库中，可使用 T-SQL 命令或“对象资源管理器”创建。在 SQL Server 中创建存储过程，必须具有 CREATE PROCEDURE 权限。

存储过程可以接受输入参数并以输出参数的格式向调用过程或批处理返回多个值；包含用于在数据库中执行操作（包括调用其他过程）的编程语句；向调用过程或批处理返回状态值，以指明成功或失败（以及失败的原因）；使用此语句可以在当前数据库中创建永久过程，或者在 tempdb 数据库中创建临时过程。

1. 使用命令方式创建存储过程

①语法：

```
CREATE { PROC | PROCEDURE } [schema_name.] procedure_name [ ; number ]
    [ { @parameter [ type_schema_name. ] data_type }
        [ VARYING ] [ = default ] [ OUT | OUTPUT | [READONLY]
    ] [,…n ]
[ WITH <procedure_option> [,…n ] ]
[ FOR REPLICATION ]
AS { [ BEGIN ] sql_statement [;] [ …n ] [ END ] }
[;]
```

②参数摘要：

schema_name

过程所属架构的名称。过程是绑定到架构的。如果在创建过程未指定架构名称，则自动分配正在创建过程的用户的默认架构。

procedure_name

过程的名称。过程名称必须遵循有关标识符的规则，并且在架构中必须唯一。

在命名过程时避免使用 sp_ 前缀。此前缀由 SQL Server 用来指定系统过程。如果存在同名的系统过程，则使用前缀可能导致应用程序代码中断。

可在 procedure_name 前面使用一个数字符号（#）（#procedure_name）来创建局部临时过程，使用两个数字符号（##procedure_name）来创建全局临时过程。局部临时过程仅对创建了它的连接可见，并且在关闭该连接后将被删除。全局临时过程可用于所有连接，并且在使用该过程的最后一个会话结束时将被删除。对于 CLR 过程，不能指定临时名称。

过程或全局临时过程的完整名称（包括 ##）不能超过 128 个字符。局部临时过程的完整名称（包括 #）不能超过 116 个字符。

; number

用于对同名的过程分组的可选整数。使用一个 DROP PROCEDURE 语句可将这些分组过程一起删除。

@ parameter

在过程中声明的参数。通过将@符号用作第一个字符来指定参数名称。参数名称必须符合有关标识符的规则。每个过程的参数仅用于该过程本身；其他过程中可以使用相同的参数名称。

可声明一个或多个参数；最大值是 2,100。除非定义了参数的默认值或者将参数设置为另一个参数，否则用户必须在调用过程时为每个声明的参数提供值。如果过程包含表值参数，并且该参数在调用中缺失，则传入空表。参数只能代替常量表达式，而不能用于代替表名、列名或其他数据库对象的名称。有关详细信息，请参阅 EXECUTE (Transact-SQL)。

如果指定了 FOR REPLICATION，则无法声明参数。

[type_schema_name.] data_type

参数的数据类型以及该数据类型所属的架构。

注意，Transact-SQL 过程的准则为所有 Transact-SQL 数据类型都可以用作参数。

您可以使用用户定义的表类型创建表值参数。表值参数只能是 INPUT 参数，并且这些参数必须带有 READONLY 关键字。

cursor 数据类型只能是 OUTPUT 参数，并且必须带有 VARYING 关键字。

2. 存储过程的执行

①语法：

```
[ { EXEC | EXECUTE } ]
    {
        [ @return_status = ]
        { module_name [ ;number ] | @module_name_var }
            [ [ @parameter = ] { value
                                | @variable [ OUTPUT ]
                                | [ DEFAULT ]
                                }
            ]
        [,…n ]
        [ WITH <execute_option> [,…n ] ]
    }
[;]
```

②参数摘要：

@return_status

可选的整型变量，存储模块的返回状态。这个变量在用于 EXECUTE 语句前，必须在批处理、存储过程或函数中声明过。

在用于调用标量值用户定义函数时，@return_status 变量可以为任意标量数据类型。

module_name

是要调用的存储过程或标量值用户定义函数的完全限定或者不完全限定名称。模块名称必须符合标识符规则。无论服务器的排序规则如何，扩展存储过程的名称总是区分大小写。

用户可以执行在另一数据库中创建的模块，只要运行模块的用户拥有此模块或具有在该数据库中执行该模块的适当权限。用户可以在另一台运行 SQL Server 的服务器中执行模块，只要该用户有相应的权限使用该服务器(远程访问)，并能在数据库中执行该模块。如果指定了服务器名称但没有指定数据库名称，则 SQL Server 数据库引擎会在用户的默认数据库中查找该模块。

```
@module_name_var
```

是局部定义的变量名，代表模块名称。

```
@parameter
```

module_name 的参数，与在模块中定义的相同。参数名称前必须加上符号@。在与@parameter_name=value 格式一起使用时，参数名和常量不必按它们在模块中定义的顺序提供。但是，如果对任何参数使用了 @parameter_name=value 格式，则必须对所有后续参数都使用此格式。

默认情况下，参数可为空值。

3. 查看存储过程信息

查看存储过程的信息可利用系统存储过程 sp_helptext、sp_depends、sp_help 来对存储过程的不同信息进行查看。

(1) sp_helptext

查看存储过程的文本信息。

①语法：

```
sp_helptext [@objname = ] 'name'
```

②参数摘要：

[@objname =] 'name：对象的名称，将显示该对象的定义信息。对象必须在当前数据库中。name 的数据类型为 nvarchar(776)，无默认值。

(2) sp_depends

查看存储过程的相关信息。

①语法：

```
sp_depends [@objname = ] 'name'
```

②参数摘要：

参数说明同 sp_helptext。

(3) sp_help

查看存储过程的一般信息。

①语法：

```
sp_help [@objname = ] 'name'
```

②参数摘要：

参数说明同 sp_helptext。

4. 存储过程举例

下面，我们通过一个例子，演示如何创建和执行一个存储过程。

例 11.2 实现按教师编号查询教师姓名和电话号码。

代码及其结果如图 11-2 所示。

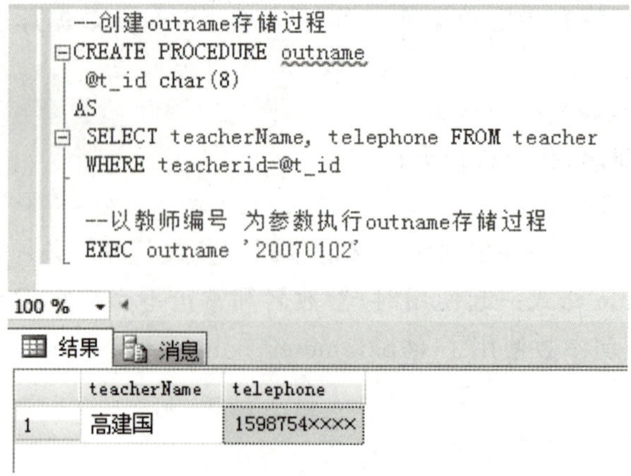

图 11-2　存储过程的使用示例

11.2.3　存储过程的修改

可以使用 ALTER 命令来修改已经存在的存储过程并保留以前赋予的许可。

①语法：

```
ALTER { PROC | PROCEDURE } [schema_name.] procedure_name [ ; number ]
    [ { @parameter [ type_schema_name. ] data_type }
        [ VARYING ] [ = default ] [ OUT | OUTPUT ] [READONLY]
    ] [,…n ]
[ WITH <procedure_option> [,…n ] ]
[ FOR REPLICATION ]
AS { [ BEGIN ] sql_statement [;] [ …n ] [ END ] }
[;]
```

②参数摘要：

参数与 CREATER PROCEDURE 相同。

11.2.4　存储过程的删除

可以使用 DROP 命令来删除已经存在的存储过程。

①语法：

```
DROP { PROC | PROCEDURE } { [ schema_name. ] procedure } [,…n ]
```

②参数摘要：

schema_name

过程所属架构的名称。不能指定服务器名称或数据库名称。

procedure

要删除的存储过程或存储过程组的名称。

③举例

例 11.3　删除 outname 存储过程。

语句及其运行结果如图 11-3 所示。

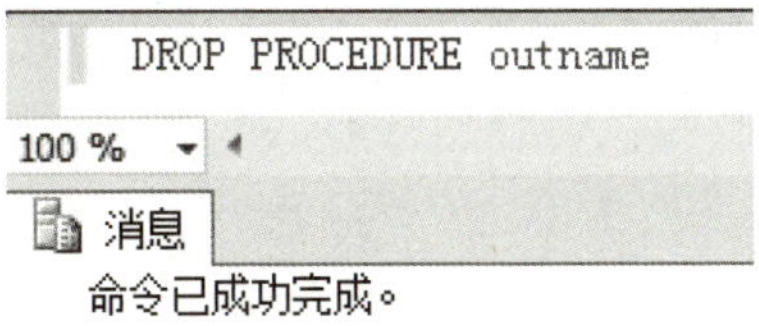

```
DROP PROCEDURE outname
```

100 %

消息

命令已成功完成。

图 11-3 删除存储过程及其结果

11.3 触发器

数据完整性约束是指保证数据库中的数据符合现实中的实际情况，或者说，数据库中存储的数据要有实际意义。关系数据模型中实现数据的完整性约束的方法，包括实体完整性、参照完整性和用户定义的完整性约束三个方面，触发器是实现复杂的数据完整性约束的一种方法。

触发器是一个被指定关联到一个表的数据对象，它不需要显式调用，当一个表的特别事件出现时，它就会被激活。触发器的代码也是由 SQL 语句组成，因此用在存储过程中的语句也可用在触发器的定义中。触发器是一类特殊的存储过程，与表的关系密切，用于保护表中的数据。当有操作影响到触发器保护的数据时，触发器将自动执行。

11.3.1 触发器类型

在 SQL Server 2019 中，按照触发器事件的不同可以将触发器分为两大类：DML 触发器和 DDL 触发器。

1. DML 触发器

当数据库中发生数据库操作语言（DML）事件时，将调用 DML 触发器。一般情况下，DML 事件包括对表或视图的 INSERT、UPDATE、DELETE 语句，因此，DML 触发器也可分为 INSERT、UPDATE、DELETE 三种类型。

利用 DML 触发器可以方便地保持数据库中数据的完整性。

2. DDL 触发器

DDL 触发器了是由数据定义语言（DDL）事件触发的，这些语句主要是以 CREATE、ALTER、DROP 等关键字开关的语句。

DDL 触发器的主要作用是执行管理操作，如审核系统、控制数据库的操作等。通常情况下，DDL 触发器主要用于以下操作需求：防止对数据库架构进行某些修改；希望数据库中发生某些变化以利于相应数据库架构中的更改；记录数据库架构中的更改或事件。

以下内容主要针对 DML 触发器进行讲解。

11.3.2 触发器的创建

1. 使用 T-SQL 语句创建触发器

建立触发器时，要指定触发器的名称、触发器所作用的表、引发触发器的操作以及在触发器中要完成的功能。

①语法：

```
CREATE TRIGGER 触发器名称
ON {表名 | 视图名}
```

```
{ FOR | AFTER | INSTEAD OF }
{ [ INSERT ] [, ] [ DELETE ] [, ] [UPDATE ] }
AS
    SQL 语句
```

②参数摘要：

触发器名称在数据库中必须是唯一的。

ON 子句用于指定在其上执行触发器的表。

AFTER：指定触发器只有在引发的 SQL 语句的操作都已成功执行，并且所有的约束检查也成功完成后，才执行此触发器。

FOR：作用同 AFTER。

INSTEAD OF：指定执行触发器而不是执行引发触发器执行的 SQL 语句，从而替代触发语句的操作。

INSERT、DELETE 和 UPDATE 是引发触发器执行的操作，若同时指定多个操作，则各操作之间用逗号分隔。

③注意如下几点：

(a)在一个表上可以建立多个名称不同、类型各异的触发器，每个触发器可由所有三个操作来引发。对于 AFTER 型的触发器，可以在同一种操作上建立多个触发器；对于 INSTEAD OF 型的触发器，在同一种操作上只能建立一个触发器。

(b)大部分 SQL 语句都可用在触发器中，但也有一些限制。例如，所有的创建和更改数据库以及数据库对象的语句、所有的 DROP 语句都不允许在触发器中使用。

(c)在触发器中可以使用两个特殊的临时表：INSERTED 表和 DELETED 表，这两个表的结构同建立触发器的表的结构完全相同，而且这两个临时表只能用在触发器代码中。

INSERTED 表保存了 INSERT 操作中新插入的数据和 UPDATE 操作中更新后的数据。

DELETED 保存了 DELETE 操作删除的数据和 UPDATE 操作中更新前的数据。

在触发器中对这两个临时表的使用方法同一般基本表一样，可以通过这两个临时表所记录的数据来判断所进行的操作是否符合约束。

2. 触发器演示示例

例 11.4 创建一个触发器，使得在录入或更新成绩时，如果成绩不在 0 至 100 分的范围之内，则不进行插入或更新。如图 11-4 所示。

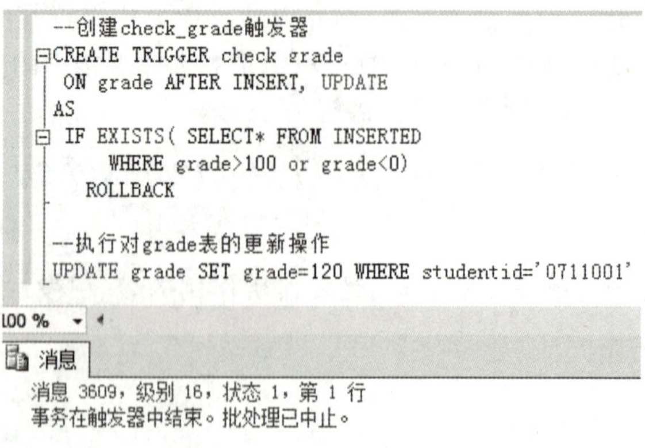

图 11-4 触发器的创建及使用

11.3.3 触发器的修改

修改触发器的语句是 ALTER TRIGGER，其语法格式为：

①语法：

```
ALTER TRIGGER 触发器名称
ON {表名 | 视图名}
{ FOR | AFTER | INSTEAD OF }
{ [ INSERT ] [, ] [ DELETE ] [, ] [UPDATE ] }
AS
    SQL 语句
```

②参数摘要：

触发器名称在数据库中必须是唯一的。

ON 子句用于指定在其上执行触发器的表。

AFTER：指定触发器只有在引发的 SQL 语句中的操作都已成功执行，并且所有的约束检查也成功完成后，才执行此触发器。

FOR：作用同 AFTER。

INSTEAD OF：指定执行触发器而不是执行引发触发器执行的 SQL 语句，从而替代触发语句的操作。

INSERT、DELETE 和 UPDATE 是引发触发器执行的操作，若同时指定多个操作，则各操作之间用逗号分隔。

11.3.4 触发器的删除

删除触发器的语句是 DROP TRIGGER，其语法格式为：

```
DROP TRIGGER 触发器名
```

例 11.5 删除 check_grade 触发器。如图 11-5 所示。

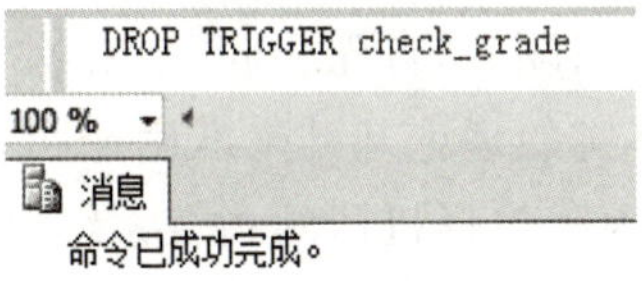

```
DROP TRIGGER check_grade
```

100 %

消息

命令已成功完成。

图 11-5 删除触发器

习题 11

1. 使用存储过程有哪些优点？存储过程分为哪几类？

2. 游标的执行步骤有哪些？

3. 存储过程和触发器有什么区别？

4. 触发器有哪两种类型？

5. 试编写一触发器，实现在删除学生信息时，对选课信息的级联删除。

6. 试编写一存储过程，根据输入的学生姓名，输出学生的成绩单(包括学号、姓名、课程名、成绩)。

第 12 章　数据库系统开发实训

 12.1　基于计算思维的系统开发概述

2006 年 3 月，美国卡内基・梅隆大学计算机科学系主任周以真(Jeannette M. Wing)教授在美国计算机权威期刊《Communications of the ACM》上给出计算思维(Computational Thinking)的定义。周教授认为：计算思维是运用计算机科学的基础概念进行问题求解、系统设计以及人类行为理解等涵盖计算机科学之广度的一系列思维活动。

当我们必须求解一个特定的问题时，首先会问：解决这个问题有多困难？怎样才是最佳的解决方法？计算机科学根据坚实的理论基础来准确地回答这些问题。表述问题的难度就是工具的基本能力，必须考虑的因素包括机器的指令系统、资源约束和操作环境。

为了有效地求解一个问题，我们可能要进一步问：一个近似解是否就够了，是否可以利用随机化，以及是否允许误报(false positive)和漏报(false negative)。计算思维就是通过约简、嵌入、转化和仿真等方法，把一个看来困难的问题重新阐释成一个我们知道怎样解决的问题。

计算思维是一种递归思维。它把代码译成数据又把数据译成代码。它是由广义量纲分析进行的类型检查。对于别名或赋予人与物多个名字的做法，它既知道其益处又了解其害处。对于间接寻址和程序调用的方法，它既知道其威力又了解其代价。它评价一个程序时，不仅仅根据其准确性和效率，还有美学的考量，而对于系统的设计，还考虑简洁和优雅。

计算思维利用启发式推理寻求解答，就是在不确定情况下的规划、学习和调度。计算思维利用海量数据来加快计算，在时间和空间之间，在处理能力和存储容量之间进行权衡。

在实践或实训中，应该超脱单个知识点的范畴，从系统的观点进行抽象和分解，即在掌握了数据库原理的基础上。

下面对问题求解和系统设计两个方面的计算思维进行分析。

(1)求解问题中的计算思维

利用计算手段求解问题的过程是:首先把实际的应用问题转换成数学问题,然后建立模型、设计算法并编程实现,最后在实际的计算机上运行求解。

归根结底,就是在求解问题时,首先想到的是将该问题的求解过程转换为利用计算机实现的过程。大数据可以体现求解问题中的计算思维。

(2)设计系统中的计算思维

任何自然系统和社会系统都可视为一个动态演化系统,而演化伴随着物质、能量和信息的交换,这种交换可以映射为符号变换。当动态演化系统抽象为离散符号系统后,就可以采用形式化的规范来描述,通过建立模型、设计算法和开发软件来表达、模拟、控制系统的演化,提示演化的规律。

12.2 基于 JDBC 的学生信息管理系统实践

本节主要以学生信息管理系统为例,说明在 Eclipse 环境下以 Java Web 的形式,如何使用 JDBC API 实现对 SQL Server 中学生信息表的增、删、查、改。以此来强化学生能将前面各章节所学的知识,在实际的软件项目开发中的运用能力。

考虑到本项目的主要目标是使学生能尽可能快地实现对数据库中数据的增、删、查、改,故对学生信息管理系统做了最大的简化。

12.2.1 系统总体框架设计

1. 系统目标

简化后的学生信息管理系统有以下需求:

(1)可以展示全部的学生信息;

(2)可以增加新的学生信息;

(3)可以实现对指定学生的除学号以外的信息的修改;

(4)可以实现对指定学生信息的删除。

从上述功能看,整个系统的模块如图 12-1 所示。

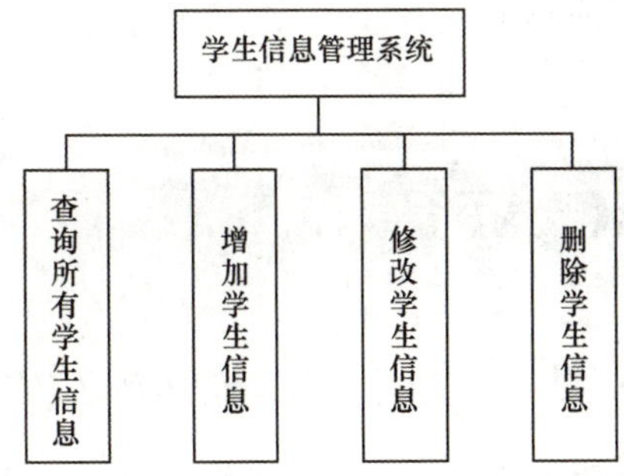

图 12-1 学生信息管理系统模块图

12.2.2 数据库设计

1. 数据库分析

为了实现数据库的安全与稳定，学生信息管理系统使用了当前比较流行的 SQL Server 数据库。在该数据库平台下“数据”和“程序”更加安全、稳定和可靠。

2. 逻辑结构设计

(1)数据库表概要说明

为了使读者对本系统后台数据库中的数据表有一个更清晰的认识，这里给出了一个数据表的结构图，该结构图包括系统中所有的表，如图 12-2 所示。

图 12-2　数据表结构图

首先，应创建一个名为 StudentCourse 的数据库，然后，在此数据库中创建一个名为 Student 的表。

(2)学生表的结构

学生表(Student)的设计，如图 12-3 所示。

LZHH.StudentCourse - dbo.Student ×

列名	数据类型	允许 Null 值
Sno	char(6)	☐
Sname	nvarchar(20)	☐
Ssex	nchar(1)	☐
Sbirthday	smalldatetime	☑
Sdept	nvarchar(20)	☑
memo	text	☑

图 12-3　学生表结构图

其中：Sno 为学号、Sname 为学生姓名、Ssex 为性别、Sbirthday 为学生的出生日期、Sdept 为学生所在系、memo 为备注。

12.3　JDBC API

12.3.1　JDBC 的作用

JDBC 是以统一方式访问数据库的 API，它提供了独立于平台的数据库访问，也就是说，有了 JDBC API，我们就不必为访问 Oracle 数据库专门写一个程序，为访问 MySQL 数据库又专门写一个程序等，只需要用 JDBC API 写一个程序就够了，它可以向相应数据库发送 SQL 调用。

JDBC 是 Java 应用程序与各种不同数据库之间进行对话的方法机制。简单地说，它做了三件事：(1)与数据库建立连接；(2)发送操作数据库的语句；(3)处理结果。

为了实现应用程序与不同的 DBMS 无关，JDBC API 的设计采用了桥接模式，其结构如图 12-4 所示。

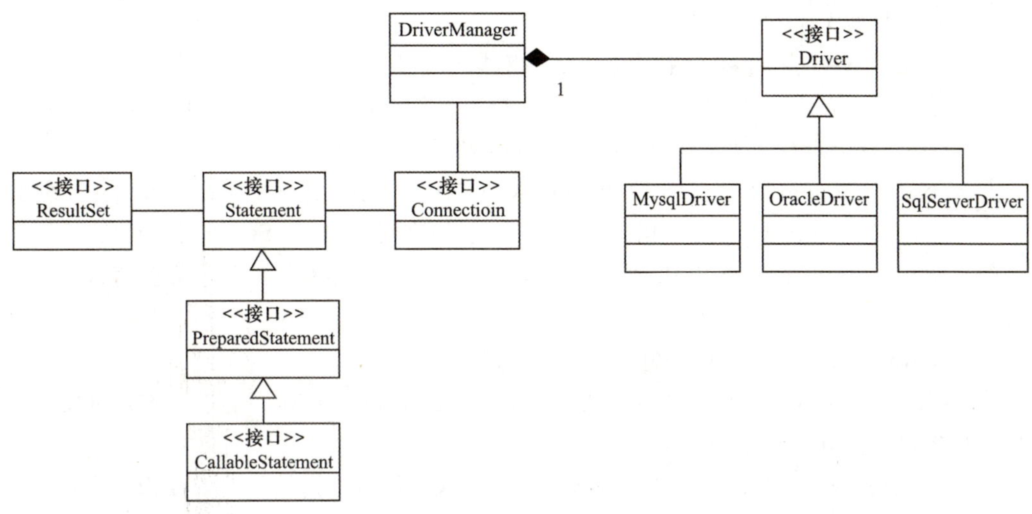

图 12-4 JDBC API 结构图

桥接模式分离了抽象部分和实现部分，从而极大地提高了系统的灵活性。让抽象部分和实现部分独立出来，分别定义接口，这有助于系统进行分层，从而产生更好的结构化系统。

桥接模式使得抽象部分和实现部分可以分别独立地扩展，而相互不影响，从而大大提高了系统的可扩展性。

JDBC 为所有的关系型数据库提供一个通用的界面。一个应用系统动态地选择一个合适的驱动器，然后通过驱动器向数据库引擎发出指令。这个过程就是将抽象角色的行为委派给实现角色的过程。

抽象角色可以针对任何数据库引擎发出查询指令，因为抽象角色并不直接与数据库引擎打交道，JDBC 驱动器负责底层工作。由于 JDBC 驱动器的存在，应用系统不依赖于数据库引擎的细节而独立地演化；同时数据库引擎也可以独立于应用系统的细节而独立演化。

图 12-4 的右侧是与 DBMS 有关的 JDBC 驱动器的结构。各 DBMS 厂商为 DBMS 开发数据库驱动程序，通过 Driver 接口桥接接入 DriverManager 类中，从而使图 12-4 的左侧能够与 DBMS 无关。

图 12-4 的左侧是与 DBMS 无关的 JDBC API 的结构。Java 应用程序建立在 JDBC API 的基础之上。JDBC API 为 Java 应用程序提供了通用的数据库访问方式和各类接口。由于 JDBC 的存在，即使在数据层需要切换数据库，这几乎对上层应用也没有影响。

12.4 系统实现

12.4.1 JDBC 的编程步骤

JDBC 的编程步骤大致可以分为以下六步：

（1）加载数据库驱动

（2）通过 DriverManager 获取数据库连接对象

（3）通过 Connection 对象创建 Statement 对象。创建的方法如下：

①createStatement()：创建基本的 Statement 对象。

②prepareStatement(String sql)：根据传入的 SQL 语句创建预编译的 Statement 对象。

③prepareCall(String sql)：根据传入的 SQL 语句创建 CallableStatement 对象。

（4）使用 Statement 执行 SQL 语句。所有的 Statement 都有如下三个方法来执行 SQL 语句：

①execute()：可以执行任何 SQL 语句，但比较麻烦。

②executeUpdate()：主要用于执行 DML、DDL 语句，执行 DML 语句返回受 SQL 语句影响的行数，执行 DDL 语句返回 0。

③executeQuery()：只能执行查询语句，执行后返回代表查询结果的 ResultSet 对象。

（5）操作结果集。如果执行的 SQL 语句是查询语句，执行结果将返回一个 ResultSet 对象，该对象里保存了 SQL 语句查询的结果。程序可以通过操作 ResultSet 对象取出查询结果。ResultSet 对象主要提供了如下两类方法：

①next()、previous()、first()、last()、beforeFirst()、afterLast()、absolute()等移动记录指针的方法。

②getXxx()：获取记录指针指向行、特定列的值。该方法既可以将索引作为参数，也可使用列名作为参数。

（6）回收数据库资源，包括关闭 ResultSet、Statement 和 Connection 等资源。

12.4.2 系统代码结构

1. 需要的第三方包

本项目所需要的第三方包主要有以下三个，如图 12-5 所示。

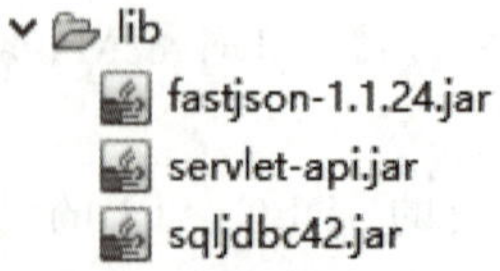

lib
fastjson-1.1.24.jar
servlet-api.jar
sqljdbc42.jar

图 12-5 第三方包

其中：sqljdbc42.jar 为微软的 SQL Server 数据库驱动程序包；servlet-api.jar 为 TOMCAT 的 servlet 包；fastjson-1.1.24.jar 为阿里巴巴提供的 json 工具包。

2. 系统代码的主体结构

本项目的代码主体结构如图 12-6 所示。

```
StuManage
  Deployment Descriptor: StuManage
  JAX-WS Web Services
  Java Resources
    src
      edu.usc.lzh.dao
      edu.usc.lzh.filter
      edu.usc.lzh.model
      edu.usc.lzh.servlets
      edu.usc.lzh.util
    Libraries
  JavaScript Resources
  build
  WebContent
    jslib
    META-INF
    Stu
      add.jsp
      del.jsp
      edit.jsp
    WEB-INF
    index.jsp
```

图 12-6 代码主体结构

后端代码主要有：edu. usc. lzh. filter 过滤器包、edu. usc. lzh. util 工具包、edu. usc. lzh. model 模型包、edu. usc. lzh. dao 数据访问包、edu. usc. lzh. servlets 业务逻辑及控制包。前端代码主要有：jslib 文件包、Stu 学生页面包和 index. jsp 主页。

12.4.3 前端实现

1. web. xml 文件

web. xml 文件主要完成系统初始页面定义、过滤器类的配置及初始化、Servlet 类的配置三方面的工作，其代码如下所示。

```
<?xml version="1.0" encoding="UTF-8"?>
<web-app xmlns:xsi="http://www.w3.org/2001/XMLSchema-instance"
    xmlns="http://java.sun.com/xml/ns/javaee"
    xsi:schemaLocation="http://java.sun.com/xml/ns/javaee
http://java.sun.com/xml/ns/javaee/web-app_3_0.xsd"
    id="WebApp_ID" version="3.0">
    <display-name>StuManage</display-name>
    <welcome-file-list>
        <welcome-file>index.jsp</welcome-file>
    </welcome-file-list>
    <!-- 配置解决中文乱码的过滤器 -->
    <filter>
        <filter-name>characterEncodingFilter</filter-name>
        <filter-class>edu.usc.lzh.filter.CharacterFilter</filter-class>
```

```
        <init-param>
            <param-name>encoding</param-name>
            <param-value>UTF-8</param-value>
        </init-param>
    </filter>
    <filter-mapping>
        <filter-name>characterEncodingFilter</filter-name>
        <url-pattern>/ * </url-pattern>
    </filter-mapping>
    <! -- 配置 Servlet 类 -->
    <servlet>
        <servlet-name>StudentController</servlet-name>
        <servlet-class>edu. usc. lzh. servlets. StudentController</servlet-class>
    </servlet>
    <servlet-mapping>
        <servlet-name>StudentController</servlet-name>
        <url-pattern> * . do</url-pattern>
    </servlet-mapping>
</web-app>
```

2. index. jsp 文件

index. jsp 文件主要负责显示全体学生信息列表，并提供增、删、改的操作按钮。其代码如下所示：

```
<%@ page language="java" pageEncoding="UTF-8"%>
<html>
<head>
<meta charset="UTF-8">
<script type="text/javascript" src="/StuManage/jslib/jquery. min. js"></script>
<script type="text/javascript" src="/StuManage/jslib/jquery. easyui. min. js"></script>
<script type="text/javascript" src="/StuManage/jslib/locale/easyui-lang-zh_CN. js"></script>
<link rel="stylesheet" type="text/css" href="/StuManage/jslib/themes/default/easyui. css">
<link rel="stylesheet" type="text/css" href="/StuManage/jslib/themes/icon. css">

<title>学生管理系统</title>
<script type="text/javascript">
    $(function() {
        $('#student_from_table'). datagrid({
            title : '学生信息表',
            url : '/StuManage/listJson. do',
            singleSelect : true,
            fitColumns : true,
            columns : [[{
                field : 'sno', title : '学号', width : 100, align : 'center'
```

```
        },{
            field : 'sname', title : '姓名', width : 100, align : 'center'
        },{
            field : 'ssex', title : '性别', width : 80, align : 'center'
        },{
            field : 'sbirthday', title : '生日', width : 120, align : 'center'
        },{
            field : 'sdept', title : '所在系', width : 100, align : 'center'
        },{
            field : 'memo', title : '备注', width : 140, align : 'center'
        },{
            field : 'modify', title : '修改', width : 79, align : 'center',
            formatter : function(value, row, index) {
                return '<button class="easyui-linkbutton" onclick="editStu('
                    + index + ')">修改</button> ';
            }
        },{
            field : 'delete', title : '删除', width : 79, align : 'center',
            formatter : function(value, row, index) {
                return '<button class="easyui-linkbutton" onclick="delStu('
                    + index + ')">删除</button>';
            }
        } ]],
        toolbar : '#stu_toolbar',
    });
});
function addStuFun() {
    var d = $('<div/>').dialog({
        width : 400,
        height : 330,
        href : '/StuManage/Stu/add.jsp',
        modal : true,
        title : '添加学生信息',
        buttons : [ {
            text : ' 添  加 ',
            handler : function() {
                $('#stu_add_from').form('submit', {
                    url : '/StuManage/addjson.do',
                    success : function(r) {
                        var obj = jQuery.parseJSON(r);
                        if (obj.success) {
                            d.dialog('close');
                            $('#student_from_table').datagrid('reload');
```

```
                    }
                    $.messager.show({
                        title : '提示',
                        msg : obj.msg
                    });
                }
            });
        }
    }],
    onClose : function() { $(this).dialog('destroy');},
});
}
function delStu(sno) {
    $('#student_from_table').datagrid('clearSelections');//清除所有选定行
    $('#student_from_table').datagrid('selectRow', sno);
    var node = $('#student_from_table').datagrid('getSelected');
    var d = $('<div/>').dialog({
        width : 400,
        height : 330,
        href : '/StuManage/Stu/del.jsp',
        modal : true,
        title : '删除学生信息',
        buttons : [{
            text : ' 删  除 ',
            handler : function() {
                $('#stu_del_from').form('submit', {
                    url : '/StuManage/deljson.do',
                    success : function(r) {
                        var obj = jQuery.parseJSON(r);
                        if (obj.success) {
                            d.dialog('close');
                            $('#student_from_table').datagrid('reload');
                        }
                        $.messager.show({
                            title : '提示',
                            msg : obj.msg
                        });
                    }
                });
            }
        }],
        onClose : function() {
            $(this).dialog('destroy');
```

```
            },
            onLoad : function() {
                $('#stu_del_from').form('load', node);
            }
        });
    }
    function editStu(sno) {
        $('#student_from_table').datagrid('clearSelections');//清除所有选定行
        $('#student_from_table').datagrid('selectRow', sno);
        var node = $('#student_from_table').datagrid('getSelected');
        var d = $('<div/>').dialog({
            width : 400,
            height : 330,
            href : '/StuManage/Stu/edit.jsp',
            modal : true,
            title : '编辑学生信息',
            buttons : [ {
                text : ' 确   定  ',
                handler : function() {
                    $('#stu_edit_from').form('submit', {
                        url : '/StuManage/updatejson.do',
                        success : function(r) {
                            var obj = jQuery.parseJSON(r);
                            if (obj.success) {
                            d.dialog('close');
                            $('#student_from_table').datagrid('reload');
                        }
                        $.messager.show({
                            title : '提示',
                            msg : obj.msg
                        });
                    }
                });
            }
        } ],
        onClose : function() {
            $(this).dialog('destroy');
        },
        onLoad : function() {
            $('#stu_edit_from').form('load', node);
        }
    });
}
```

```
</script>
</head>
<body>
    <div id="stu_toolbar">
        <a onclick="addStuFun();" href="javascript:void(0);"
            class="easyui-linkbutton"
            data-options="plain:true,iconCls:'icon-add'">添加</a>
    </div>
    <div style="margin: 20px 0;"></div>
    <table id="student_from_table" class="easyui-datagrid"
        style="width: 700px; height: 430px">
    </table>
</body>
</html>
```

3. add.jsp 文件

add.jsp 文件主要负责接收用户输入的学生信息，它是 index.jsp 的一个弹出对话框片段，其代码如下所示。

```
<%@ page language="java" pageEncoding="UTF-8"%>
<div style="width: 80%; margin: 20px auto;">
    <form id="stu_add_from" method="post">
        <table style="margin: 0 auto">
            <tr>
                <td align="right">学号:</td>
                <td><input name="sno" class="easyui-textbox"
                    style="width: 185px; height: 25px;"></td>
            </tr>
            <tr>
                <td align="right">姓名:</td>
                <td><input name="sname" class="easyui-textbox"
                    style="width: 185px; height: 25px;"></td>
            </tr>
            <tr>
                <td align="right">性别:</td>
                <td><input name="ssex" class="easyui-textbox"
                    style="width: 185px; height: 25px;"></td>
            </tr>
            <tr>
                <td align="right">出生日期:</td>
                <td><input name="sbirthday" class="easyui-textbox"
                    style="width: 185px; height: 25px;"></td>
            </tr>
            <tr>
```

```
            <td align="right">所在系：</td>
            <td><input name="sdept" class="easyui-textbox"
                style="width: 185px; height: 25px;"></td>
        </tr>
        <tr>
            <td align="right">备注：</td>
            <td><input name="memo" class="easyui-textbox"
                style="width: 185px; height: 25px;"></td>
        </tr>
    </table>
  </form>
</div>
```

4. del. jsp 文件

del. jsp 文件主要负责显示需要删除的学生信息，让用户确认删除，它是 index. jsp 的一个弹出对话框片段，其代码如下所示。

```
<%@ page language="java" pageEncoding="UTF-8"%>
<div style="width:80%; margin:20px auto;" >
<form id="stu_del_from" method="post">
<table style="margin:0 auto">
    <tr>
        <th width="30%">学号:</th>
        <td width="70%"><input name="sno" class="easyui-textbox" readonly="readonly">
</td>
    </tr>
<tr>
        <th> 姓名:</th>
        <td ><input name="sname" class="easyui-textbox" readonly="readonly"></td>
    </tr> <tr>
        <th >性别:</th>
        <td><input name="ssex" class="easyui-textbox" readonly="readonly"></td>
    </tr>
    <tr>
        <th>生日:</th>
        <td><input name="sbirthday" class="easyui-textbox" readonly="readonly"></td>
    </tr>
    <tr>
        <th>所在系:</th>
        <td><input name="sdept" class="easyui-textbox" readonly="readonly"></td>
    </tr>
    <tr>
        <th>备注:</th>
        <td><input name="memo" type="text" class="easyui-textbox"
```

```
readonly="readonly"></td>
        </tr>
    </table>
    </form>
    </div>
```

5. edit. jsp 文件

edit. jsp 文件主要负责显示需要修改的学生信息，让用户进行相应的修改操作，它是 index. jsp 的一个弹出对话框片段，其代码如下所示。

```
<%@ page language="java" pageEncoding="UTF-8"%>
<div style="width:80%; margin:20px auto;" >
<form id="stu_edit_from" method="post">
<table style="margin:0 auto">
    <tr>
        <th width="30%">学号:</th>
        <td width="70%"><input name="sno" class="easyui-textbox" readonly="readonly">
</td>
    </tr>
<tr>
        <th> 姓名:</th>
        <td ><input name="sname" class="easyui-textbox"></td>
    </tr> <tr>
        <th >性别:</th>
        <td><input name="ssex" class="easyui-textbox"></td>
    </tr>
    <tr>
        <th>生日:</th>
        <td><input name="sbirthday" class="easyui-textbox"></td>
    </tr>
    <tr>
        <th>所在系:</th>
        <td><input name="sdept" class="easyui-textbox"></td>
    </tr>
    <tr>
        <th>备注:</th>
        <td><input name="memo" type="text" class="easyui-textbox"></td>
    </tr>
</table>
</form>
</div>
```

12.4.3 后端实现

后端代码结构如图 12-7 所示。

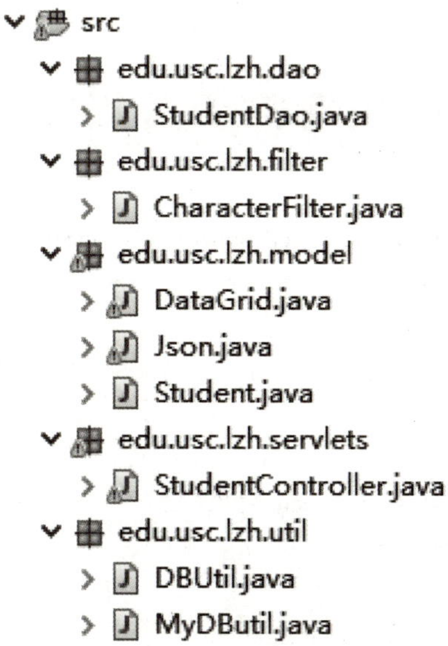

```
src
  edu.usc.lzh.dao
    StudentDao.java
  edu.usc.lzh.filter
    CharacterFilter.java
  edu.usc.lzh.model
    DataGrid.java
    Json.java
    Student.java
  edu.usc.lzh.servlets
    StudentController.java
  edu.usc.lzh.util
    DBUtil.java
    MyDButil.java
```

图 12-7 后端代码结构

1. DBUtil. java 文件

DBUtil. java 文件主要完成编程的六个操作步骤，其代码如下所示。

```
package edu. usc. lzh. util;
import java. sql. Connection;
import java. sql. DriverManager;
import java. sql. PreparedStatement;
import java. sql. ResultSet;
import java. sql. SQLException;
import java. sql. Statement;
public class DBUtil {
    //设置数据库连接参数和定义数据库对象
    private String driverStr = "com. microsoft. sqlserver. jdbc. SQLServerDriver";
    private String connStr = "jdbc:sqlserver://localhost:1433;DatabaseName= StudentCourse";
    private String user="teacher";
    private String pwd="1234";
    private Connection connection = null;
    private Statement stmt=null;
    private ResultSet rs = null;
    private PreparedStatement psta=null;
    //1. 加载数据库驱动程序
    public DBUtil() {
        try {
            Class. forName(driverStr);
            System. out. println("驱动加载成功!");
        } catch (ClassNotFoundException e) {
            e. printStackTrace();
            System. out. println("驱动加载失败!");
```

```
        }
    }
    //2.通过 DriverManager 获取数据库连接对象
    private Connection getConnection(){
        try {
            connection=DriverManager.getConnection(connStr,user,pwd);
        } catch (SQLException e) {
            e.printStackTrace();
        }
        return connection;
    }
    //3.通过 Connection 对象创建 Statement 对象
    private Statement createStatement(){
        try {
            stmt=getConnection().createStatement();
        } catch (Exception e) {
            e.printStackTrace();
        }
        return stmt;
    }
    //创造数据预处理对象
    public PreparedStatement createPreparedStatement(String sql) {
        try {
            psta = getConnection().prepareStatement(sql);
            return psta;
        } catch (SQLException e) {
            e.printStackTrace();
        }
        return psta;
    }
    //4.使用 Statement 执行 SQL 语句
    //5.应用程序可通过 ResultSet 对象操作结果集
    public ResultSet executeQuery(String sql) {
        try {
            rs = createStatement().executeQuery(sql);
        } catch (Exception e) {
            e.printStackTrace();
        }
        return rs;
    }
    //执行更新语句,返回影响行数
    public int executeUpdate(String sql) {
        int result = 0;
```

```
        try {
            result = createStatement(). executeUpdate(sql);
        } catch (Exception e) {
            e. printStackTrace();
        }
        return result;
    }
    //6. 回收数据库资源
    public void close(){
        try {
            if (rs ! = null)
                rs. close();
            if (stmt ! = null)
                stmt. close();
            if (connection ! = null)
                connection. close();
        } catch (SQLException e) {
            e. printStackTrace();
        }
    }
}
```

2. MyDButil. java 文件

MyDButil. java 文件主要负责完成对 DBUtil 类的封装，提供对数据库的多参数操作方法。其代码如下所示。

```
package edu. usc. lzh. util;
import java. sql. PreparedStatement;
import java. sql. ResultSet;
import java. sql. SQLException;
public class MyDButil {
    DBUtil dbu=new DBUtil();
    public int executeUpdate(String sql, Object…objects) {
        int len = 0;
        PreparedStatement psta = dbu. createPreparedStatement(sql);
        try {
            for (int i = 0; i < objects. length; i++) {
                psta. setObject(i + 1, objects[i]);
            }
            en = psta. executeUpdate();
            return len;
        } catch (SQLException e) {
            e. printStackTrace();
        } finally {
```

```
            }
            return len;
        }
        public ResultSet executeQuery(String sql, Object…objects) {
            ResultSet rs = null;
            PreparedStatement psta = dbu.createPreparedStatement(sql);
            try {
                for (int i = 0; i < objects.length; i++) {
                    psta.setObject(i + 1, objects[i]);
                }
                rs = psta.executeQuery();
                return rs;
            } catch (SQLException e) {
                e.printStackTrace();
            } finally {
            }
            return rs;
        }
}
```

3. StudentDao.java 文件

StudentDao.java 文件主要负责将参数嵌入 SQL 语句中，调用数据库工具类实现对数据库的操作。其代码如下所示。

```
package edu.usc.lzh.dao;
import java.sql.ResultSet;
import java.sql.SQLException;
import java.util.ArrayList;
import java.util.List;
import edu.usc.lzh.model.Student;
import edu.usc.lzh.util.MyDButil;
public class StudentDao {
    MyDButil mdbu=new MyDButil();
    // 增加一个学生
    public int addSdu(Student u) {
        String sql = "insert into student (sno,sname,ssex,sbirthday,sdept,memo) "
            + "values (?,?,?,?,?,?)";
        int intres=mdbu.executeUpdate(sql, u.getSno(), u.getSname(), u.getSsex(),
            u.getSbirthday(), u.getSdept(), u.getMemo());
        return intres;
    }
    // 查询所有学生信息
    public List<Student> getAllStu() {
        List<Student> list = new ArrayList<Student>();
```

```
        String sql = "select * from student";
        ResultSet rs = mdbu.executeQuery(sql);
        try {
            while (rs.next()) {
                Student stu = new Student();
                stu.setSno(rs.getString("sno"));
                stu.setSname(rs.getString("sname"));
                stu.setSsex(rs.getString("ssex"));
                stu.setSbirthday(rs.getString("sbirthday").substring(0, 10));
                stu.setSdept(rs.getString("sdept"));
                stu.setMemo(rs.getString("memo"));
                list.add(stu);
            }
        } catch (SQLException e) {
            e.printStackTrace();
        }
        return list;
    }
    // 根据学号查询学生
    public Student getStuBySno(String sno) {
        Student stu = new Student();
        String sql="select * from student where sno=?";
        ResultSet rs =mdbu.executeQuery(sql, sno);
        try {
            while (rs.next()) {
                stu.setSno(rs.getString("sno"));
                stu.setSname(rs.getString("sname"));
                stu.setSsex(rs.getString("ssex"));
                stu.setSbirthday(rs.getString("sbirthday").substring(0, 10));
                stu.setSdept(rs.getString("sdept"));
                stu.setMemo(rs.getString("memo"));
            }
        } catch (SQLException e) {
            e.printStackTrace();
        }
        return stu;
    }
    // 更新学生信息
    public int updateStu(Student u) {
        String sql = "update student set sname=?,ssex=?,sbirthday=?,sdept=?,memo=? "
            + "where sno=?";
        int intres=mdbu.executeUpdate(sql, u.getSname(), u.getSsex(),
            u.getSbirthday(), u.getSdept(), u.getMemo(),u.getSno());
```

```
        return intres;
    }
    // 根据学号删除指定学生信息
    public int deleteStuBySno(String sno) {
        String sql="delete from student where sno=?";
        int intres=mdbu.executeUpdate(sql, sno);
        return intres;
    }
}
```

4. StudentController.java 文件

StudentController.java 文件主要负责前、后端数据交互以及根据前端的 URL 转调不同的数据操作函数，实现按用户的要求对数据库的操作，其代码如下所示。

```
package edu.usc.lzh.servlets;
import java.io.IOException;
import java.util.ArrayList;
import java.util.List;
import javax.servlet.ServletException;
import javax.servlet.http.HttpServlet;
import javax.servlet.http.HttpServletRequest;
import javax.servlet.http.HttpServletResponse;
import edu.usc.lzh.model.DataGrid;
import edu.usc.lzh.model.Json;
import edu.usc.lzh.model.Student;
import edu.usc.lzh.dao.StudentDao;
import com.alibaba.fastjson.JSON;
public class StudentController extends HttpServlet {
    StudentDao stuDao=new StudentDao();
    List<Student> list = new ArrayList<Student>();
    public void doGet(HttpServletRequest request, HttpServletResponse response)
            throws ServletException, IOException {
        doPost(request,response);
    }
    public void doPost(HttpServletRequest request, HttpServletResponse response)
            throws ServletException, IOException {
        request.setCharacterEncoding("UTF-8");
        String actionUrl=request.getServletPath();
        if(actionUrl.equals("/listJson.do")){
            List<Student> list=stuDao.getAllStu();
            this.writeJson(this.fromListToGrid(list), response);
        }else if(actionUrl.equals("/addjson.do")){
            String sno=request.getParameter("sno");
            String sname=request.getParameter("sname");
```

```
        String ssex=request.getParameter("ssex");
        String sbirthday=request.getParameter("sbirthday");
        String sdept=request.getParameter("sdept");
        String memo=request.getParameter("memo");
        Student u=new Student();
        u.setSno(sno);
        u.setSname(sname);
        u.setSsex(ssex);
        u.setSbirthday(sbirthday);
        u.setSdept(sdept);
        u.setMemo(memo);
        int r=stuDao.addSdu(u);
        Json j = new Json();
        if(r==1) {
            j.setSuccess(true);
            j.setMsg("添加成功!");
        }else {
            j.setSuccess(false);
            j.setMsg("添加失败!");
        }
        this.writeJson(j, response);
    }else if(actionUrl.equals("/updatejson.do")){
        String sno=request.getParameter("sno");
        String sname=request.getParameter("sname");
        String ssex=request.getParameter("ssex");
        String sbirthday=request.getParameter("sbirthday");
        String sdept=request.getParameter("sdept");
        String memo=request.getParameter("memo");
        Student u=new Student();
        u.setSno(sno);
        u.setSname(sname);
        u.setSsex(ssex);
        u.setSbirthday(sbirthday);
        u.setSdept(sdept);
        u.setMemo(memo);
        int r=stuDao.updateStu(u);
        Json j = new Json();
        if(r==1) {
            j.setSuccess(true);
            j.setMsg("修改成功!");
        }else {
            j.setSuccess(false);
            j.setMsg("修改失败!");
```

```
            }
            this.writeJson(j, response);
        }else if(actionUrl.equals("/deljson.do")){
            String sno=request.getParameter("sno");
            int r=stuDao.deleteStuBySno(sno);
            Json j = new Json();
            if(r==1) {
                j.setSuccess(true);
                j.setMsg("删除成功!");
            }else {
                j.setSuccess(false);
                j.setMsg("删除失败!");
            }
            this.writeJson(j, response);
        }
    }
    private void writeJson(Object object,HttpServletResponse response)
            throws ServletException, IOException {
        String json = JSON.toJSONStringWithDateFormat(object, "yyyy-MM-dd HH:mm:ss");
        response.getWriter().write(json);
        response.getWriter().flush();
        response.getWriter().close();
    }
    private DataGrid fromListToGrid(List ls) {
        DataGrid dg =new DataGrid();
        dg.setRows(ls);
        dg.setTotal((long)ls.size());
        return dg;
    }
}
```

5. edu.usc.lzh.model 模型包

edu.usc.lzh.model 模型包的文件是 POJO 类，是根据自己的数据库表结构与前端页面结构相对应。

DataGrid.java 文件主要封装了前台界面数据模型 DataGrid，其主要代码如下所示。

```
package edu.usc.lzh.model;
import java.util.ArrayList;
import java.util.List;
/** * DG的封闭类 * */
public class DataGrid {
    private Long total = 0L;
    private List rows = new ArrayList();
    //此处省略了对应的GET和SET方法
    }
```

Json.java 文件主要负责封装前后台数据交换模型，其主要代码如下所示。

```
package edu.usc.lzh.model;
public class Json implements java.io.Serializable {
    private boolean success = false;
    private String msg = "";
    private Object obj = null;
    //此处省略了对应的 GET 和 SET 方法
}
```

Student.java 文件主要负责封装学生信息，其主要代码如下所示。

```
package edu.usc.lzh.model;
public class Student {
    private String sno;
    private String sname;
    private String ssex;
    private String sbirthday;
    private String sdept;
    private String memo;
    //此处省略了对应的 GET 和 SET 方法
}
```

6. edu.usc.lzh.filter 过滤器包

CharacterFilter.java 文件主要负责将请求和响应的编码格式设置为 UTF-8，其代码如下所示。

```
package edu.usc.lzh.filter;
import javax.servlet.*;
import javax.servlet.annotation.WebFilter;
import javax.servlet.annotation.WebInitParam;
import java.io.IOException;

// url 映射/*，为所有页面处理中文乱码
@WebFilter(filterName = "CharacterFilter", urlPatterns = "/*", initParams = {@WebInitParam
(name="encoding", value = "utf-8")})
public class CharacterFilter implements Filter {// Implement the filter interface
    // Character Encoding
    private String encoding;
    @Override
    public void init(FilterConfig filterConfig) throws ServletException {
        //获取初始化参数
        encoding = filterConfig.getInitParameter("encoding");
    }
    @Override
    public void doFilter(ServletRequest servletRequest, ServletResponse servletResponse, FilterChain
filterChain) throws IOException, ServletException {
```

```
        if (encoding! =null) {
            //设置 request 字符编码
            servletRequest.setCharacterEncoding(encoding);
            //设置 response 字符编码
            servletResponse.setContentType("text/html;charset="+encoding);
        }
        //传递给下一个过滤器
        filterChain.doFilter(servletRequest,servletResponse);
    }
    @Override
    public void destroy() {
        encoding=null;
    }
}
```

12.4.4 系统界面

在浏览器地址栏输入 http://localhost:8080/StuManage 后，得到学生信息展示页面，如图 12-8 所示。

学生管理系统

localhost:8080/StuManage/

学生信息表

添加

学号	姓名	性别	生日	所在系	备注	修改	删除
060101	钟文辉	男	1997-05-01	计算机系	优秀学生	修改	删除
060102	吴细文	女	1997-03-24	计算机系	爱好:音乐，旅游	修改	删除
060103	吴朝西	男	1998-07-01	计算机系	爱好:音乐	修改	删除
070101	王冲瑞	男	1998-05-04	机电系	爱好:音乐	修改	删除
070102	林滔滔	女	1997-04-03	机电系	爱好:体育	修改	删除
070103	李修雨	女	1996-03-03	机电系		修改	删除
070301	李奇	男	1998-09-18	信息管理系	爱好:体育	修改	删除
091101	李小刚	男	2001-12-05	信息管理系	爱好:旅游	修改	删除

图 12-8 学生信息列表

添加学生信息界面如图 12-9 所示。

图 12-9 添加学生信息界面

修改学生信息界面如图 12-10 所示。

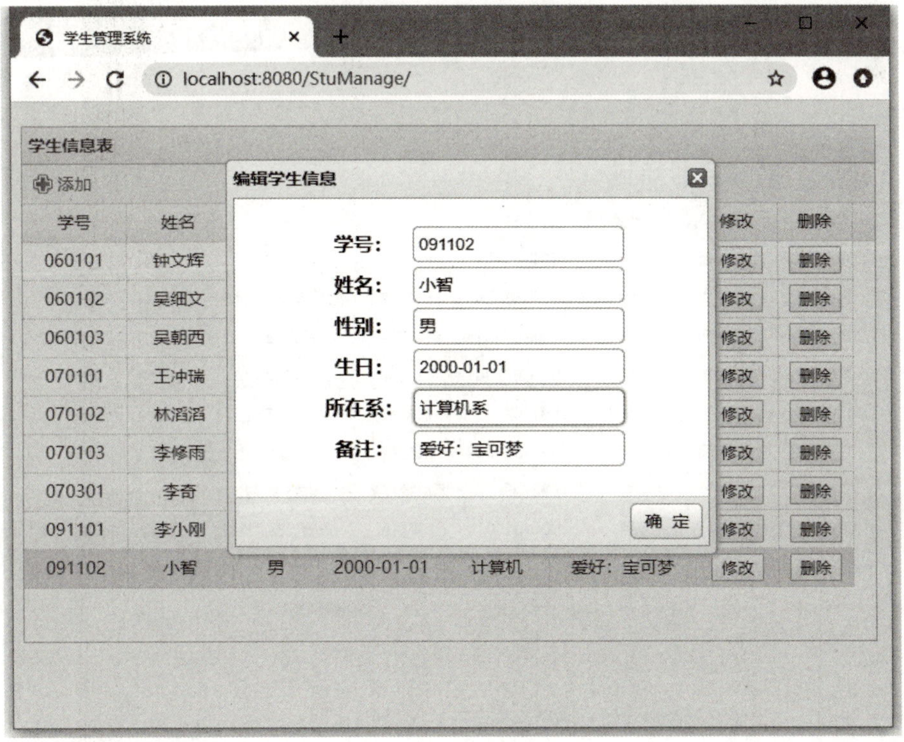

图 12-10 修改学生信息界面

删除学生信息界面如图 12-11 所示。

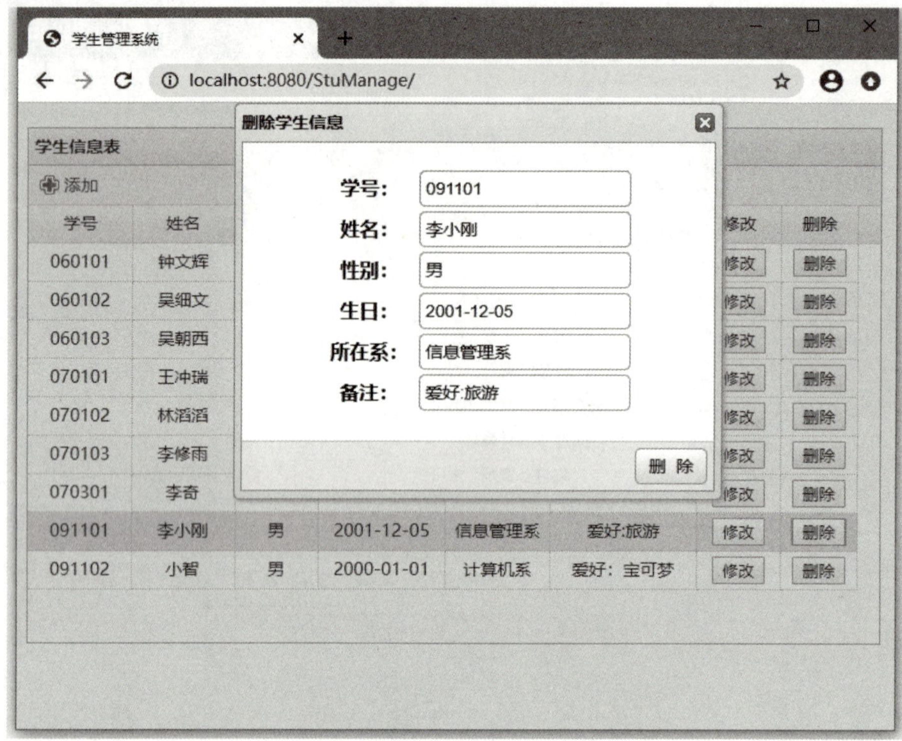

图 12-11 删除学生信息界面

删除学生信息成功界面如图 12-12 所示。

图 12-12 删除学生信息成功界面

参考文献

[1] 加西亚·莫利纳著，杨冬青译. 数据库系统实现(第 2 版)[M]. 北京:机械工业出版社，2010,5

[2] 厄尔曼著，岳丽华译. 数据库系统基础教程(第 3 版)[M]. 北京:机械工业出版社，2009,8

[3] Abraham Silberschatz 著，杨冬青译. 数据库系统概念(第 6 版)[M]. 北京:机械工业出版社，2012,4

[4] Thomas Connolly 著，宁洪译. 数据库系统:设计、实现与管理(基础篇)(第 6 版)[M]. 北京:机械工业出版社，2016,5

[5] 王珊,萨师煊著. 数据库系统概论(第 5 版)[M]. 北京:高等教育出版社，2014,9

[6] 何玉洁. 数据库系统教程(第 2 版)[M]. 北京:人民邮电出版社，2015,12

[7] 刘征海,肖建田. 数据库原理与应用[M]. 上海:上海交通大学出版社，2018,1

[8] 李雁翎，李鹏谊. 知识的内化:计算思维的培养与数据库教学[J]. 中国大学教学，2013(07):32+35-37.

[9] 程春玲，张少娴，陈蕾. 基于计算思维能力培养的数据库课程教学研究[J]. 中国电力教育，2012(8):81-82.